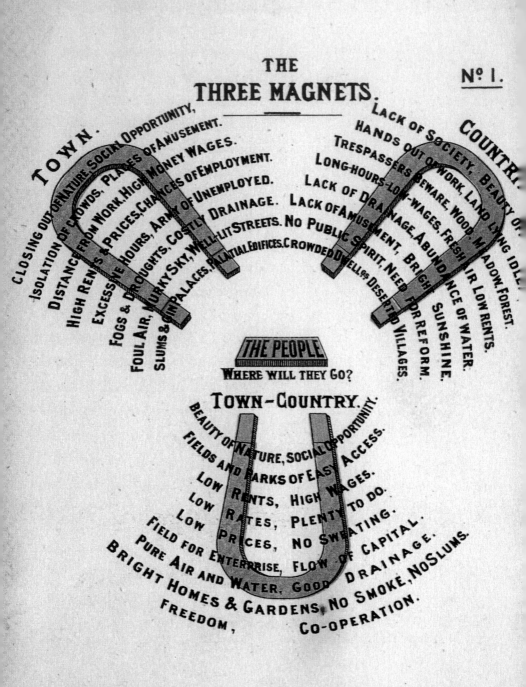

THE THREE MAGNETS.

TOWN.

Closing out of Nature. Social Opportunity, Isolation of Crowds. Places of Amusement. Distance from Work. High Money Wages. High Rents & Prices. Chances of Employment. Excessive Hours. Army of Unemployed. Fogs & Droughts. Costly Drainage. Foul Air. Murky Sky. Well-lit Streets. Slums & Gin Palaces. Palatial Edifices.

COUNTRY.

Lack of Society, Beauty of Nature. Hands out of work. Land lying idle. Trespassers beware. Wood, Meadow, Forest. Long hours, low wages. Fresh Air. Low Rents. Lack of Drainage. Abundance of Water. Lack of Amusement. Bright Sunshine. No Public Spirit. Need for Reform. Crowded Dwellings. Deserted Villages.

THE PEOPLE

WHERE WILL THEY GO?

TOWN-COUNTRY.

Beauty of Nature. Social Opportunity. Fields and Parks of Easy Access. Low Rents, High Wages. Low Rates, Plenty to do. Low Prices, No Sweating. Field for Enterprise. Flow of Capital. Pure Air and Water. Good Drainage. Bright Homes & Gardens. No Smoke, No Slums. Freedom, Co-operation.

三磁鐵圖

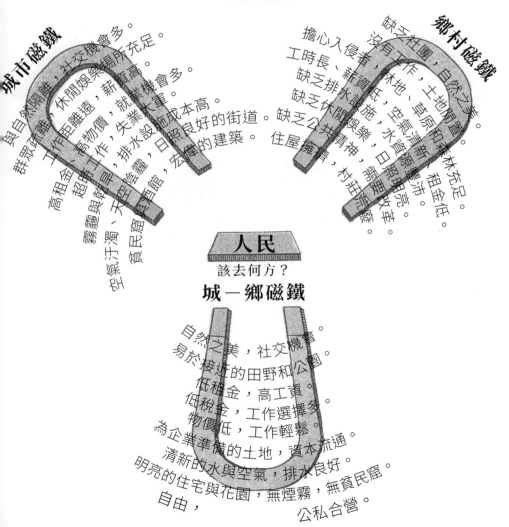

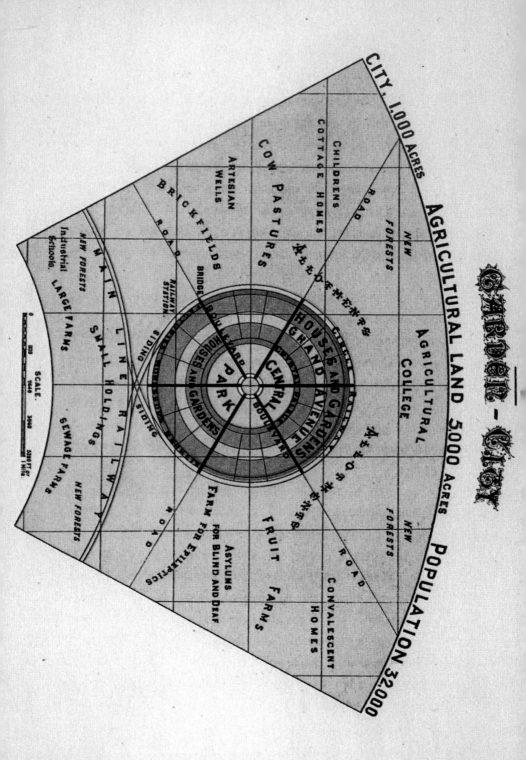

GARDEN-CITY

CITY, 1,000 ACRES — AGRICULTURAL LAND 5,000 ACRES — POPULATION 32,000

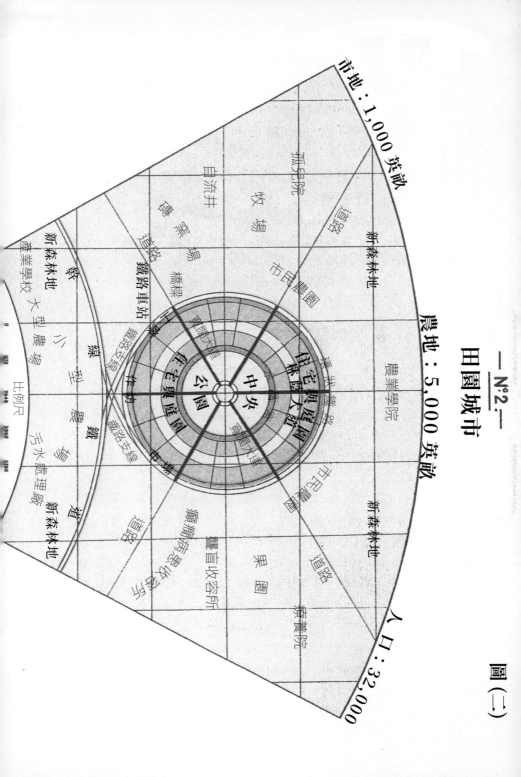

—Nº.2.—
田園城市
圖（二）

市地：1,000 英畝
農地：5,000 英畝
人口：32,000

新森林地
農業學院
新森林地

孤兒院
牧場
道路
菜園
農田
中央公園
住宅與庭園
果園
療養院

自流井
菓業場
道路
鐵路車站
橋樑
綠型
小型
幹
農場
鐵道
污水處理廠
新森林地
癲癇病患收容所
聾啞收容所

農業學校
大型農場
比例尺
0 1000 2000 3000 4000

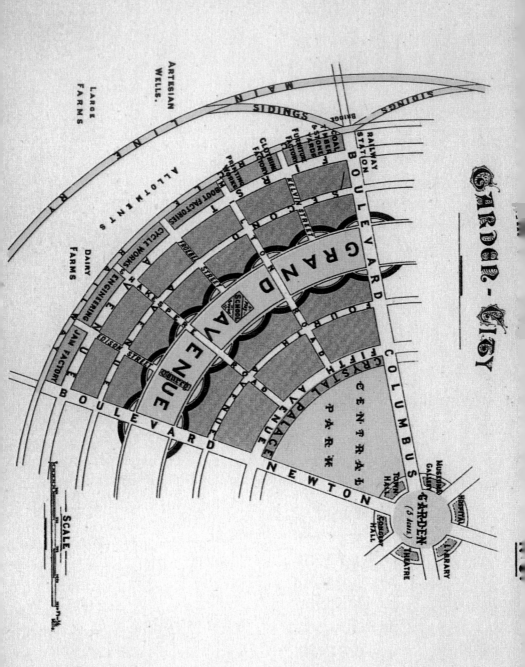

GARDEN-CITY

LARGE FARMS

ARTESIAN WELLS.

MAIN

SIDINGS

SIDINGS

R'Y LINE

ALLOTMENTS

BRIDGE

RAILWAY STATION

DAIRY FARMS

COAL
TIMBER
& STONE
YARDS

FURNITURE FACTORY

CLOTHING FACTORY

PRINTING WORKS

BOOT FACTORIES

CYCLE WORKS

ENGINEERING

JAM FACTORY

EDISON STREET

JOSEPH STREET

DRAKE STREET

TENNYSON

SPENSER

BROAD

FROBEL

KELVIN STREET

NEWTON

UNION

COLUMBUS

GRAND

AVENUE

AVENUE

BOULEVARD

BOULEVARD

SCHOOL

GARDEN

SCHOOL

CRYSTAL PALACE

FIFTH

FOURTH

AVENUE

THIRD

SECOND

FIRST

CENTRAL PARK

GARDEN
(5 Acres)

MUSEUM

GALLERY

TOWN HALL

HOSPITAL

LIBRARY

CONCERT HALL

THEATRE

SCALE

分區與中心
田園城市

No. 3. 圖 (三)

博物館·畫廊
醫院
圖書館
市政廳
劇院
音樂廳

花園
（3英畝）

中央公園

大道

比例尺

英尺–英里

The Vanishing Point of Landlord's Rent.

RENT & LOCAL RATES of an average population equal to that of GARDEN-CITY working under present conditions are about

AVAILABLE FOR LANDLORD'S RENT £80,000. Municipal Purposes £64,000.

£144,000 per annum being £4.10s per head of population, and with a constant tendency to rise.

By migrating to GARDEN CITY rents and rates are at once reduced to £2 per head,

out of which a Sinking-fund is provided for the gradual extinction of Landlord's Rent. This end being

ON COMPLETION. AVAILABLE FOR SINKING FUND Landlord's Rent £3,600. Municipal Purposes £44,000.

AFTER 10 YEARS. AVAILABLE FOR SINKING FUND Landlord's Rent £7,466. Municipal Purposes £44,000.

AFTER 20 YEARS. AVAILABLE FOR SINKING FUND Landlord's Rent £4,375. Municipal Purposes £44,000.

AFTER 25 YEARS. AVAILABLE FOR SINKING FUND £11,750. Municipal Purposes £44,000.

30TH YEAR. AVAILABLE FOR SINKING FUND £13,800. Municipal Purposes £44,000.

Landlord's Rent £200.

THENCE-FORWARD AVAILABLE FOR OLD-AGE PENSION FUND £14,000. Municipal Purposes £44,000.

attained, all the funds hitherto devoted to that purpose may be applied municipally, or to the provision of

Old Age Pensions.

地 租 遞 減 要 點

地租與地方稅
平均人口的
等於
田園城市
在目前情況下

可用於
地租總額
£80,000
市政用途總額£64,000

£144,000
每年平均人口每人
£4.10，
隨著時間持續增加

移居**田園城市**後，
租金與稅金立即降至
每人**£2**。

其中設
置一項
償還基
金，以
便讓地
租逐漸
消除。

田園城市完成時
可用於
償還基金總額
地租總額
£3,600
市政用途總額£44,000

田園城市完成後 10 年
可用於
償還基金總額
地租總額
£1,466
£6,514
市政用途總額£44,000

田園城市完成後 20 年
可用於
償還基金總額
地租總額
£4,515
£9,625
市政用途總額£44,000

當地租
完全消
除時，

田園城市完成後 25 年
可用於
償還基金總額
地租
總額
£11,730
市政用途總額£44,000

地租£200
田園城市完成後 30 年
可用於
償還基金總額
£13,800
市政用途總額£44,000

從今爾後
可用於
老人年金金額
£14,000
市政用途總額£44,000

這項基
金就可
用於市
政或是

老 人 年 金

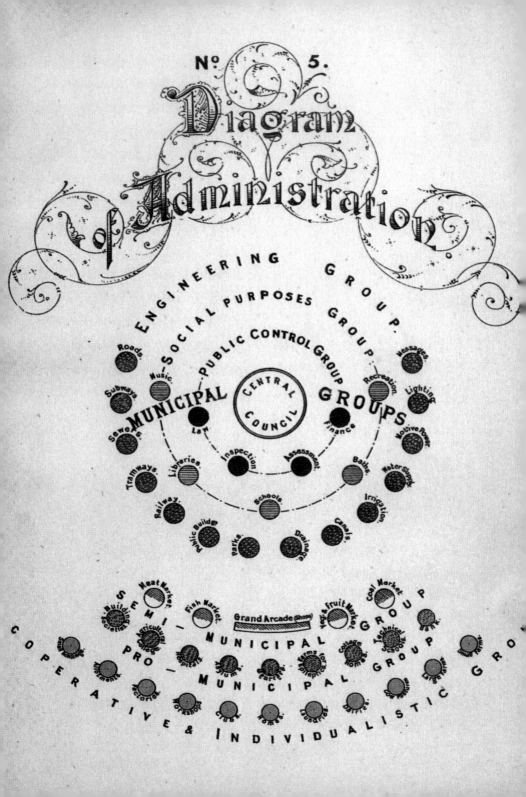

No. 5.

Diagram
of Administration

ENGINEERING GROUP.

SOCIAL PURPOSES GROUP.

PUBLIC CONTROL GROUP

MUNICIPAL CENTRAL COUNCIL GROUPS

Roads. Messages. Subways. Music. Recreation. Lighting. Sewers. Law. Finance. Motive Power. Tramways. Libraries. Inspection. Assessment. Baths. Water Supply. Railway. Schools. Irrigation. Public Buildgs. Parks. Drainage. Canals.

SEMI-MUNICIPAL GROUP

Meat Market. Coal Market. Building Societies. Fish Market. Vege & fruit Market. Bank. Grand Arcade (Shops). Agricultural. Technical Schools. PRO-MUNICIPAL GROUP. Hospitals. Dairies. Laundries. College. Cottage Homes.

COOPERATIVE & INDIVIDUALISTIC GRO

N⁰ 5.

行政組織圖

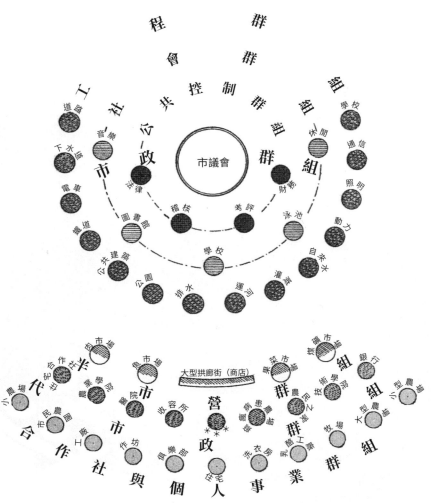

注：＊字號者為印刷字體無法辨識。

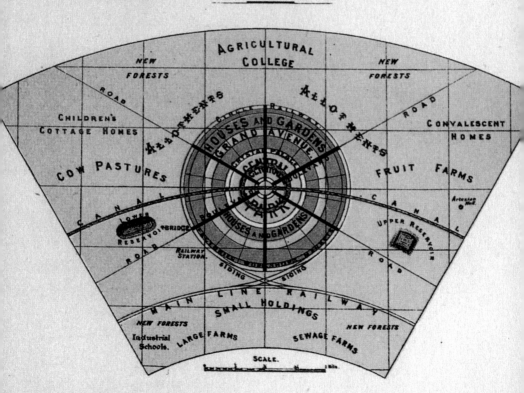

Nº 6.

田園城市

—— 新 式 供 水 系 統 ——

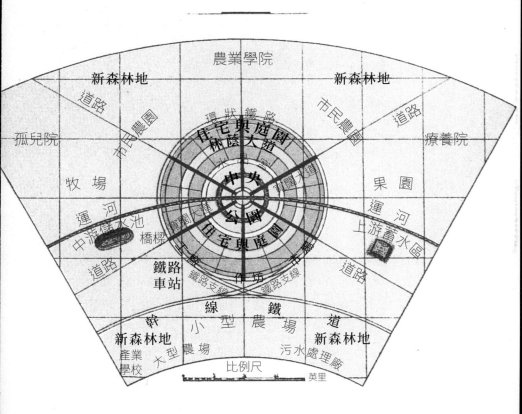

比例尺 ————— 英里

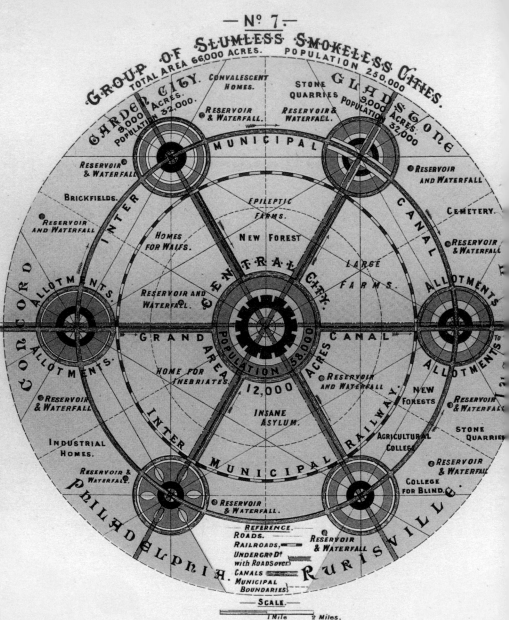

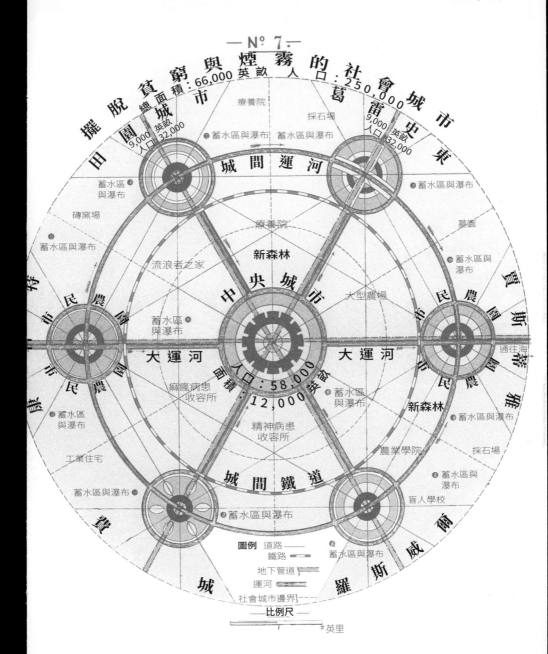

TO-MORROW

a Peaceful Path to Real Reform

百年眾望經典
明日田園城市

埃伯尼澤・霍華德

（Ebenezer Howard, 1850-1928）

侯彼得（Sir Peter Hall）、丹尼斯・哈迪（Dennis Hardy）
科林・瓦德（Colin Ward）──評注

吳鄭重──譯注

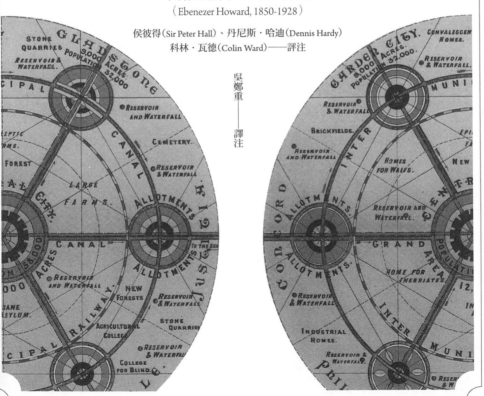

目次

5　譯序　　塵封百年的規劃經典與歷久彌新的城市論述　　吳鄭重

19　導讀　　跨越東西，回到未來：讓夢想照進現實裡的
　　　　　　《明日田園城市》　　　　　　　　　　　吳鄭重

59　版本說明

63　前言

65　誌謝

67　百年復刻紀念版：評注導論

87　**緒論**
　　評注（一）

105　**第一章　城—鄉磁鐵**
　　　評注（二）

121　**第二章　田園城市的收益及其取得途徑——農地**
　　　評注（三）

137　**第三章　田園城市的收益——市地**
　　　評注（四）

143　**第四章　田園城市的收益——支出的總體考察**
　　　評注（五）

163　**第五章　田園城市支出的其他細項**
　　　評注（六）

179　**第六章　行政管理**
　　　評注（七）

191　第七章　半市營企業─地方選擇權─禁酒改革
　　　評注（八）

203　第八章　代市政事業
　　　評注（九）

217　第九章　行政管理──綜觀鳥瞰
　　　評注（十）

223　第十章　質疑與回應
　　　評注（十一）

235　第十一章　綜合提案
　　　評注（十二）

255　第十二章　後續之路
　　　評注（十三）

273　第十三章　社會城市
　　　評注（十四）

293　第十四章　倫敦的未來
　　　評注（十五）

309　附錄──供水系統
　　　評注（十六）

323　後記
349　圖片來源
351　參考文獻
357　原書索引
366　評注索引

譯序

塵封百年的規劃經典與
歷久彌新的城市論述

吳鄭重

　　埃伯尼澤・霍華德（1850-1928）於 1898 年出版的《明日田園城市：邁向改革的和平之路》（*To-morrow: A Peaceful Path to Real Reform,* London: Swann Sonnenschein），[1] 是都市計畫領域中最受推崇，也最遭誤解的跨世紀經典。這本比中華民國建國歷史更早（1912 年），被喻為和飛機並列 20 世紀之初兩大發明的「小書」（Mumford, 1965: 29），[2] 至今持續發揮它的影響力，在規劃理論和設計實務上，引領建築師、規劃者和都市政策制定者的專業思維與實務作為。這也是為什麼本書除了 1902 年更名再版之外，幾

---

1. 由於《明日：邁向改革的和平之路》（1898）在 1902 年再版時更名為《明日的田園城市》（*Garden Cities of To-morrow*），而且之後發行的版本也都是以《明日的田園城市》為名，廣為世人所熟知。因此，本譯本刻意將 1898 年原始版本的書名譯為《明日田園城市：邁向改革的和平之路》，以保留「明日」二字在原始書名上的前瞻意義，並彰顯「田園城市」概念在整本書中的核心地位。譯本在提及本書內容及相關影響時，特指 1898 年出版的原始版本，會以《明日田園城市：邁向改革的和平之路》（1898）的完整書名表示，1902 年再版之後的其他版本則以《明日的田園城市》指稱。若只是泛指霍華德書中的田園城市理念，則一概以《明日田園城市》表示。

2. Mumford, Lewis. (1965) 'The garden city idea and modern planning,' introductory essay in Ebenezer Howard Garden Cities of To-morrow. Cambridge, Mass.: The MIT Press, pp. 29-40.

乎每隔一段時間，每當社會有重大都市變革時，就會再版一次，而且陸續被翻譯成各種語言的譯本。

除了 1898 年以《明日：邁向改革的和平之路》為名的原始版本之外，後來幾個較重要的再版版本，包括：1902 年將書名改為《明日的田園城市》（*Garden Cities of To-morrow, London: Swann Sonnenschein*），並且更動書中部分圖文內容的更名版；1946 年沿用《明日的田園城市》為書名，由腓德列克‧奧斯朋（F. J. Osborn）和劉易士‧孟福德（Lewis Mumford）撰寫序言和導讀的英國版（London: Faber and Faber）；1965 年由麻省理工學院出版社依據 1946 年英國 Faber 版重新排版的美國版（Cambridge, Mass.: The MIT Press）。1965 年的美國版是目前臺灣最為通行，在各大學圖書館裡面最常看到的版本，也是前國科會（現已更名為科技部）經典譯注書單上公告建議的翻譯版本。此外，最近幾十年較新的版本還包括：1985 年由雷‧湯姆士（R. Thomas）導讀，附有新插圖的英國 Attic Books 版；2003 年為了紀念世界首座田園城市列區沃斯（Letchworth）創建百年，由英國城鄉規劃學會（Town and Country Planning Association, TCPA）策劃，侯彼得、丹尼斯‧哈迪和科林‧瓦德等知名學者評注，並由 Routledge 出版社發行，原文／評注逐頁對照解說的百年復刻紀念版；2009 年由劍橋大學出版社重印 1898 年原始版本的經典復刻版（Cambridge: Cambridge University Press）；以及 2011 年之後由美國亞馬遜網路書店旗下獨立出版平臺 CreateSpace 印行的複製版等。尤其是邁入 21 世紀之後，英美各大出版社紛紛重新出版本書，其中還包括 Kindle 的電子書，本書歷久彌新的經典地位，可見一斑。

可惜的是，在中文譯注部分，除了北京商務印書館在 2000 年時曾經出版過 1965 年美國 MIT 版本的簡體中譯本，少量短暫

流通外（2009 年又再版一次），特別是在臺灣，本書一直未見完整的繁體中文譯本，尤其缺乏適當的導讀和完整的評注。儘管科技部的經典譯注計畫，曾經連續多年公告徵求本書的中文譯注，卻一直乏人問津。當一本又一本的空間經典陸續被翻譯成中文出版，《明日田園城市》遂成為冷冷清清地高掛在地理與區域研究學門徵求譯注書單上面的一顆「孤星」。這個現象充分反映出臺灣都市計畫學界，以及地理與都市相關領域，對於本書的漠視，以及隱藏在此一漠視背後的嚴重誤解。造成此一經典蒙塵的根本原因，可以從本書譯注申請審查過程中的一個小插曲，略見端倪。請容我完整引述其中一個審查意見：

> 霍華德的《明日的田園城市》確為都市計畫的經典著作，歷經一百年，為一般都市設計與都市規劃人員所熟知。然而，該書的重點乃是提出一種所謂理想城市的主張，在一般都市計畫或都市設計教科書均會加以介紹，並非一本學術理論發展的經典。因此，對於都市發展史的介紹具有參考價值，對於實質的都市計畫與設計則不具直接應用價值。換言之，以今日的都市計畫理論及實務來看，該書的譯注不具備應用價值，對於學術發展也僅止於作為都市計畫史的參考書本，對本土學術發展不具太大意義。至於當年依據該書理想所劃設的新鎮，也多已經改頭換面，即使實地現勘，對於計畫品質的貢獻也是有限。

雖然審查意見一開頭似乎是肯定「霍華德的《明日的田園城市》確為都市計畫的經典著作，歷經一百年，為一般都市設計與都市規劃人員所熟知……在一般都市計畫或都市設計教科書均會

加以介紹」，卻認為這樣的經典「並非一本學術理論發展的經典」，其價值只對「都市發展史的介紹具有參考價值」，「對於實質的都市計畫與設計則不具直接應用價值。⋯⋯對於學術發展也僅止於作為都市計畫史的參考書本，對本土學術發展不具太大意義」。我不得不說，這樣的觀點恰恰反映出臺灣都市計畫界長久以來的嚴重問題——人云亦云地狀似熟知，但因並未親炙而不真知。導致所謂的學者專家往往只知其然，卻不知其所以然，凡事但求速效和物用，卻迷失在片段知識和零碎理解的工具理性當中，而不自覺。

　　殊不知，《明日田園城市》是一本不折不扣的都市計畫書範本。沒有這些超越時代原創經典的開路先鋒，哪來後來一連串規劃理論與實務發展的承先啟後？不讀原典的結果，不僅讓這個當代第一本，也是深深影響世界各國都市發展理論建構與實務應用的規劃典籍，被隱匿在許多剪貼拼湊而成的都市計畫教科書背後蒙塵，不見天日；更讓本土的都市規劃理論與實務發展，難以生根。不信的話，可以調查一下，究竟有多少相關領域的大學師生和專業人士，真正逐字逐頁讀過這些教科書上一提再提的重要原典？又或者，臺灣都市計畫界究竟發展出哪些引領思潮的規劃學派，提出過什麼原創性的規劃理論？

　　而數典忘祖與捨本逐末的重大代價，就是臺灣都市計畫的理論與實務，往往罔顧整體社經背景與時空脈絡，生吞活剝地片面擷取西方都市計畫的零散概念。而且，特別偏重技術層次的都市設計手法和土地使用管制法規，結果反而造成治絲益棼的都市亂象。導致「都市計畫在臺灣」，往往只是技術官僚的操作工具。卻因為缺乏「社會規劃」和「民生規劃」的人道胸懷與微宏視野，結果變成理論上什麼都管，但實際上卻什麼也管不了的都市夢

魘。甚至淪為官商勾結、利益輸送的技術修辭。我懷疑，正是這種只想仿效、不求甚解的功利思維和讀書態度，以及隨之而來的「技術整頓」傾向，才是臺灣學術，尤其是社會人文學科，積弱不振的最大迷思。就是因為規劃界普遍存在著這些似是而非的工具理性觀點，才會對於《明日田園城市》這本當代都市計畫和城市論述的時代之作，不屑一顧。因此，我們必須回頭反思，為何百年來英國在都市計畫理論與實務各方面，一直獨步全球？其關鍵就在於《明日田園城市》背後那種試圖將當前實際的社會問題加以概念化和重新操作化的創新思維模式，而非只求立即應用解決的技術皮毛。令人遺憾的是，從 19 世紀末，跨越整個 20 世紀，到了 21 世紀都過了十多個年頭之後，我們依然不明白箇中的道理。

　　即便吾人只局限在工具應用的技術層面，《明日田園城市》依然是一本活生生、值得被徹底研究的都市計畫書範本，而且是一個充分結合人道關懷、社會調查、都市理想、經濟理論、創新與企業家精神（entrepreneurship）、行動計畫和政治折衝技巧，且能立即付諸實現的成功都市計畫先鋒，絕非一般人所誤解的烏托邦城市夢想。否則，它絕對不可能在歷經世事變化與人間滄桑之後，依然屹立不搖，甚至歷久彌新。但由於許多學者嚴重混淆了田園城市理念與花園城市外觀、田園城市設計與興建本身、新市鎮開發和現代都市發展，以及東西方城市之間，錯綜複雜的辯證關係，甚至輕忽了城市史／都市計畫史、城市規劃／都市設計和城市經營／都市治理之間的思想連結與理論啟發，才會誤以為百年前在英國風起雲湧，且延續到今天的田園城市風潮，和當前臺灣本土都市發展與規劃研究的學術發展，毫無關聯。

　　雖然沒有直接的證據顯示，但若從國父孫中山先生和倫敦的

時空淵源，以及中華民國建國的歷史來看，我甚至大膽推論，
《三民主義》在資本主義和社會主義之間的折衷路線、《建國方
略》中大膽務實的〈實業計畫〉，甚至《土地法》中漲價歸公的
社會正義理念，可能都和當時霍華德《明日田園城市》所帶動的
田園城市運動風潮，或多或少都有一些關聯。尤其是中華民國的
歷史，幾乎是亦步亦趨地跟隨著田園城市發展的腳步，加上這幾
年來臺灣發生像是苗栗大埔強制徵收事件、士林文林苑的都市更
新議題、都市房地產價格狂飆、馬政府試圖抑制土地投機的奢侈
稅、師大夜市土地使用分區管制的住商衝突，以及各種社會住宅
或合宜住宅的規劃興建等等，讓我覺得適時地重新檢視《明日田
園城市》一書的具體內容與相關脈絡，對於臺灣城市未來百年的
發展反思，絕對會有醍醐灌頂的重大啟發。

　　幸好，科技部人文處這 20 年來持續推動人文社會學科的經
典譯注計畫，還有地理與區域研究學門推薦本書之譯注，使得這
本在一百年前早該被翻譯成中文的規劃經典和城市論述，終於有
機會完整地呈現給臺灣的讀者。巧的是，在 2003 年時，英國的
城鄉規劃學會（Town and Country Planning Association）為了慶祝
世界首座田園城市列區沃斯（Letchworth）誕生一百周年，在列
區沃斯田園城市襲產基金會（the Letchworth Garden City Heritage
Foundation）的贊助之下，特別邀請侯彼得、丹尼斯・哈迪和科
林・瓦德等都市計畫的知名學者撰寫導論、評注和後記，由著名
的勞特利奇（Routledge）出版社重新出版。此版本的特色有三：
（1）書名恢復為 *To-morrow: A Peaceful Path to Real Reform* 的 1898 年原
始書名；（2）以復刻的方式忠實呈現該書最初的原始內容，讓
讀者得以看見1902年改版之後被刪除、修改的一些圖文原貌；（3）
除了精闢的導論和後記之外，本版還加入與原書逐頁對照，相關

背景、概念細節和後續影響的專業評述,尤其是集評注人、城鄉規劃學會及列區沃斯田園城市襲產基金會等眾人之力精心蒐集的大量插圖和照片,本身就是相當珍貴的文獻史料。使得這本承先啟後的都市經典,有了重新被世人理解的機會。這也是為什麼我會選擇 2003 年 Routledge 的百年復刻紀念版,而非科技部原始公告的 1965 年 MIT 版,作為經典譯注的依據。

遺憾的是,儘管本版本圖片豐富,但在取得圖片權利一事上,歷經波折。必須一一釐清書中每一張圖片的來源、授權單位,再逐一聯繫、議價、付款、取得。往往一張圖片得花費數月時間,還不見得能夠順利取得。最令人氣餒的是,詢問信件寄出之後,卻杳無音信。因為書中有大量未標示來源的公版圖片,可能取自某本不知名的古書,尋找起來有如大海撈針。還有許多評注人個人提供的照片、藏品等等,需要逐一洽談授權,更是麻煩。加上主要評注人侯彼得教授於 2014 年去世,這讓取得圖片版權一事,變得更加複雜。經過聯經出版的版權專員與編輯努力數年,好不容易取得本書 126 張圖片中的 64 張授權,僅及半數。雖然成果有限,但已近乎不可能的任務。其中的辛酸與挫折,外人實在難以體會。本中文譯本得以順利出版,厥功甚偉。

於侯彼得等評注人的導論、評注和後記,不僅在篇幅和面向上比霍華德的《明日田園城市》正文更多且更廣,但又有近半的圖片因版權問題必須割捨,加上中文導讀的部分,使得中文譯本在版面編排上,必須格外費心。特別是這本老書在一百多年前試圖處理的前瞻規劃議題,更讓這本百年之後才出現的繁體中文譯本,在原典、評注和簡體中文版的參差對照之下,呈現出一種其他原典翻譯所沒有的時空連結與思想並置效果——一場「跨越東西,回到未來」的知識考掘和系譜再現歷程。換言之,以此版本

進行譯注和導讀，也肩負著從臺灣在地的反身現代性觀點，對百年來的都市計畫思潮及其影響，重新加以評述的艱鉅任務。這樣的重責大任，顯然遠非我的能力所及。然而，也因為本版本已有西方都市計畫學者的詳細評注，讓我可以跳脫傳統譯注的技術細節，改採更為宏觀的理解視野，讓這本深具時代意義的都市經典和規劃範例，充分展現其智慧光芒。

　　在正式導讀之前，我想從三個面向來提醒與強調，此時此刻譯注本書的必要性與迫切性。

從教科書回歸經典原著的學術扎根工作

　　閱讀經典原典是任何學術領域得以生根、茁壯的基本步驟，也是最高境界。尤其是人文社會學科，更是如此。然而，臺灣的高等教育和學術研究在過去很長的一段時間裡，並未正視這個問題（其實，這也是中、小學學校教育的一大問題），以至於大學生在學習過程中過度倚賴精心編排的教科書，因而難以產生具有原創性的好奇發問；多數大學教師和研究生的學術生產與進階學習，又過度聚焦在精簡短小的期刊論文上面，卻無意深耕博大精深的學術專論，造成高等教育和基礎學術的淺碟化發展。這個問題充分反映在中文學術專書在質與量上的嚴重不足上面。絕大多數的學生，甚至包括許多教師在內，都只在教科書中人云亦云地「間接讀過」這些經過多次剪輯與片面轉述的經典著作，卻從未親炙過這些學術「原典」的完整面貌，也難怪我們的學術根基一直無法穩固，整個社會發展的步調，更是躓躓蹣跚。

　　根據一般字典的定義，「經典」（classics）是指某個時代，某些領域普遍認為最重要、具有指導作用的著作（五南《國

語活用字典》）、歷久彌新的一流文學作品（Webster's College Dictionary）、公認最佳，尤其是用希臘或拉丁文寫作的一流原典（The Oxford English Dictionary），或是同類作品中，最知名、最高品質，足堪作為典範的代表性作品（Collins Cobuild English Language Dictionary）。雖然這些有關「經典」的中、外定義，所指的多半是文學作品；然而，「經典」的概念也可以應用到其他學術著作，泛指學術界普遍認為最重要、具有指導作用、最知名、最高品質、歷久彌新、被翻譯成多種語言、足堪典範的代表性作品。已故的義大利文學家伊塔羅‧卡爾維諾（Italo Calvino, 1923-1985）在《為什麼讀經典》（2005，臺北市：時報）一書中，共列出 14 點有關經典的定義，對於我們思考什麼是學術經典，有很大的幫助，值得引述和深入思考。卡爾維諾（2005：1-9）的經典定義是：

1. 經典就是你經常聽到人家說：「我正在重讀……」，而從不是「我正在讀……」的作品。
2. 經典便是，對於那些讀過並喜愛它們的人來說，構成其寶貴經驗的作品；有些人則將這些經典保留到他們可以最佳欣賞它們的時機再閱讀，對他們來說，這些作品仍然提供了豐富的經驗。
3. 經典是具有特殊影響力的作品，一方面，它們會在我們的想像中留下痕跡，令人無法忘懷，另一方面，它們會藏在層層的記憶當中，偽裝為個體或集體的潛意識。
4. 經典是每一次重讀都像首次閱讀時那樣，讓人有初識感覺之作品。
5. 經典是初次閱讀時讓我們有似曾相識的感覺之作品。

6. 經典是從未對讀者窮盡其義的作品。

7. 經典是頭上戴著先前的詮釋所形成的光環、身後拖著它們在所經過的文化（或者只是語言與習俗）中所留下的痕跡、向我們走來的作品。

8. 經典是不斷在其四周產生由評論所形成的塵雲，卻總是將粒子甩掉的作品。

9. 經典是，我們愈是透過道聽塗說而自以為了解它們，當我們實際閱讀時，愈會發現它們是具有原創性、出其不意而且革新的作品。

10. 經典是代表整個宇宙的作品，是相當於古代護身符的作品。

11. 「你的」經典是你無法漠視的書籍，你透過自己與它的關係來定義自己，甚至是以與它對立的關係來定義自己。

12. 經典就是比其他經典更早出現的作品；不過那些先讀了其他經典的人，可以立刻在經典作品的系譜中認出經典的位置。

13. 經典是將當代的噪音貶詆為嗡嗡作響的背景之作品，不過經典也需要這些噪音才能存在。

14. 經典是以背景噪音的形式而持續存在的作品，儘管與它格格不入的當代居主導地位。

卡爾維諾不厭其煩地提醒讀者，要閱讀第一手的作品，盡量避免二手的參考書目、評論和其他詮釋，因為閱讀經典原典可以讓我們更貼近作者的「全書」（total book）原旨和相關的文本脈絡，進而在閱讀與討論的過程中，直接和理論對話。同時，在經典閱讀的過程中，我們也經常發現書中有許多有趣或是重要的看

法，一語中的地說出千萬人心中的共同感覺，也回答了許多想做
類似嘗試，卻百思不得其解的提問。這就是經典的普世價值和領
導作用，也是學術研究追求的最高境界。換言之，唯有鎖定經典
和回歸原典，才是學術扎根的基本步驟，這是臺灣學術界必須回
頭修補和迎頭趕上的基本功課。然後，我們才有可能從過去的智
慧火炬中，激盪出引領未來的創新火苗。

引領社會思潮與拓展學門領域的社會使命

　　像霍華德的《明日田園城市》這樣的人文社會經典，已經不
只是城市規劃或都市設計等學術專業的「參考教材」，其重點也
不在特定理論的爬梳闡述或是相關概念的技術應用，而是藉由它
來了解西方城市的整體發展脈絡、當代社會思潮與都市論述的宏
觀走向，以及二者之間辯證發展的動態關係。正如我前一次參與
科技部人文社會經典譯注成果──珍‧雅各（Jane Jacobs）的《偉
大城市的誕生與衰亡：美國都市街道生活啟發》（*The Death and
Life of Great American Cities*）（2007，臺北市：聯經）一書，就是
著眼於該書在國外早就是每隔幾年就會再版一次的長期暢銷經典
──它是超越專業學科領域知識範疇，具有社科普特色的社會思
潮火苗。然而，將近半個世紀，卻遲遲不見中文譯本問世，所以
才會主動向科技部推薦譯注。果然，繁體中文的經典譯注版本才
一出版，就獲選為 2007 年「誠品讀書節」一百本好書推薦、誠品
七月份《誠品好讀》選書、獨立書店唐山書局讀者票選 2007 年
度十大注目書籍第三名，以及《好書 Good Books：100X100 Must
Read》（2008，臺北市：誠品）百分之百不能錯過的好書等多項
肯定，並創下上市不到兩週就再版二刷，目前已經銷售超過萬本

的佳績。它可能也是科技部經典譯注計畫中，到目前為止銷售成績最好的譯注之一。換言之，好的學術經典可以是，也必然是賺錢的好生意。

　　同樣地，霍華德的《明日田園城市》更是被臺灣學術界和中文出版界冰凍百年，導致其中許多重要觀點備受誤解的當代經典名著。作為一本充分反映當代都市狀態與社會思潮的先鋒著作，它的重要性也因為長期缺乏此一重要典籍的完整呈現，才會讓城市規劃、景觀建築等空間專業和都市研究、區域研究等地理學門，被社會大眾誤解為缺乏理論深度與思想視野的工具技術學科。因此，我們非但不能因為本書的時空久遠，而再度錯失一窺其思想堂奧的譯注機會，反而應該更加珍惜此一難得的契機，將它作為地理與區域研究學門向臺灣社會展示其思想傳承與理論演進的敲門磚。我猜測這個問題的嚴重性，相較於有眾多經典譯注推薦書單的其他人文社會學門，也充分反映在區域研究學門在2012年度僅僅列出大衛・哈維（David Harvey）的《正義、自然與差異地理學》（*Justice, Nature and the Geography of Difference*, 1996）和霍華德的《明日田園城市》這兩本相距近百年，孤零零相望的空間經典書單上面——地理與區域研究學門，實在不能再漠視經典原典對於學門領域和整體社會思潮的重要性。我想大聲呼籲人文社會各學科，應該在課程設計或是畢業門檻上，引領學生多多接觸該學科領域必讀的一些經典原典。哪怕是只有五本、十本也好。大學圖書館也可以藉由類似「書海明燈」的經典典藏專區或簡單的標示系統，讓大學師生重視學術原典的重要性。甚至大學附設的出版社或書店，也可以長期展示和銷售這些經典長銷的中外原典及譯本。長期下來，臺灣學術的軟實力，終將厚實起來。本土學術的全面發展，也只是時間早晚的問題而已。

繁體中文經典譯本的必要性和急迫性

　　或許有人覺得，既然《明日田園城市》（1965 年版）已有簡體中文譯本，因此沒有必要浪費資源和人力譯注它的繁體中文版。關於此一論點，有必要加以釐清。

　　首先，就《明日田園城市》一書的簡體中文譯本而言，幾年前我聽說過大陸的商務印書館已經出版本書的簡體中文譯本（1965 年版本），但我在國內各大學圖書館中遍尋不著（臺大圖書館也是這兩年才購入典藏）。也試了誠品、博客來等網路書店，問津堂、秋水堂等簡體書店，甚至到北京、上海各大書城詢問，均被告知已無存貨。換言之，即便本書曾經短暫出過簡體中文版，但已經絕版，而且該譯本是根據刪改過的 1965 年 MIT 版，並無法忠實呈現本書的原始風貌。再者，從商務印書館翻譯出版的一些其他人文地理學著作來看，一來缺乏提綱挈領和深入淺出的中文導讀，二來翻譯的文字生硬，而且缺乏重要名詞的原文對照和中英文索引，加上整個系列封面都是非常單調的呆板設計，除了作為文獻典藏之用，很難吸引讀者閱讀。因此，我有充分的理由相信，應該要盡快譯注這本以 2003 年百年復刻紀念版（而不是 1965 年版）為依據的《明日田園城市》。我們甚至得加緊腳步，趕快搜羅和翻譯，與地理和區域研究學門相關的空間思想與人文地理經典；否則，臺灣人文社會科學的基礎，必將因為近年來大陸學術界的快速發展而逐漸侵蝕、鬆垮！

　　其次，我覺得從 2000 年開始的 20 年間，將是兩岸學術扎根競賽的關鍵時期。許多西方學術經典的中文譯注工作，兩岸幾乎都是不約而同地同步展開。拜兩岸三地繁體與簡體中文並存之賜（版權也是繁體、簡體個別授權），讓我們有機會看到兩岸在學

術發展上的良性競爭。不僅看誰翻得快，也比誰譯得好。但是，在學術經典的翻譯數量上，臺灣已經遠遠落後。然而，因為大陸的翻譯品質良莠不齊，而且海峽兩岸的學術環境、專業用語和書寫模式，也有相當差異。因此，絕不能因為大陸已經有了簡體譯本，我們就自動放棄相關譯注的扎根工作。否則，以大陸高等教育的人才數量，臺灣的人文社會科學根本就沒有發展的空間。事實剛好相反，我們就是要利用這種兩岸競合的學術壓力，勉勵自己奮發向上，持續精進，如此才能確保臺灣學術根基的穩固，甚至引領華人社會的發展方向。

可惜的是，西方學術經典在臺灣一直缺乏「快、狠、準」的大規模譯注計畫。儘管有科技部人文處不遺餘力地推動經典譯注工作，國立編譯館也有一些零散的翻譯補助，卻因為整個學術界只看 SCI/SSCI 的「i 瘋」心態，經典譯注的扎根工作一直未能獲得國內學界的重視。因此，我要藉此呼籲，當務之急不僅在於西文經典的中文譯注，好讓大學生能夠大量閱讀西方學術經典、碩士生能夠紮實地閱讀西文原典或其英文譯本、博士生和年輕學者能夠翔實地翻譯這些經典原典，更重要的是，我們也應該同步推動優良中文學術著作的英文書寫或英譯工作，以打破中、西學術理論與應用「不均衡發展」的荒謬現象。那麼，或許 10 年、20 年，或是 50 年之後，我們也可以看到一本又一本像霍華德《明日田園城市》一樣的中文原創經典，在臺灣的學術沃土上誕生，甚至被翻譯成各國文字、傳世。

謹誌於列區沃斯田園城市　2013 年夏
2019 年夏補述

導讀

跨越東西，回到未來：
讓夢想照進現實裡的《明日田園城市》

吳鄭重

　　或許你會說，的確也有許多都市計畫的學者專家這麼說，霍華德在 1898 年出版的《明日田園城市》是上上個世紀老掉牙的英國烏托邦城市夢想，和現代臺灣都市的發展現實，實在是天差地別。作為都市計畫史的神主牌放在書架上憑弔膜拜，或許（象徵）意義非凡，但是要拿來研讀、應用，這也太不切實際了吧！但是我要說，而且要大聲地說，正是這種敢夢又肯想的「不切實際」性格，以及努力在現實的基礎上逐步實現夢想的奮鬥過程，造就了偉大的都市文明，也因此開創了一個重要的專業領域和新興學科──都市計畫（urban planning）。都市計畫，或是所有的規劃、設計，就是設法讓夢想照進現實裡的理念（理論）實踐過程，而不只是一本計畫書或一張設計圖。所以，如果想要徹底領略都市計畫的精髓，我們不僅必須仔細閱讀像《明日田園城市》這樣的規劃經典，還要連皮帶籽，甚至連土帶水地一併理解它所處的時空脈絡，而不是只拘泥在書中有關土地利用的技術細節，才得以充分理解《明日田園城市》的基本精神，進而真正感受到它的強大魔力。

　　導讀的目的，就像點燈帶路，除了提綱挈領地指出書中的重

點之外，更在於照亮該書背後的時空脈絡，包括作者寫作當時的時空脈絡，以及讀者閱讀當下的時空脈絡。不僅要讓書中的論點得以回到它當初所對應的政治、經濟、社會、文化與科技脈絡當中，自我彰顯；同時，也必須從我們所處的現實情境裡面，找到自我啟發的靈光線索。換言之，從首版霍華德親自撰寫的緒論，到歷經多次再版和翻譯成各國譯本的過程中，每一次再版或翻譯都是將《明日田園城市》放到不同的時空脈絡中，重新對話。因此，每一個版本或譯本的序言或導論，都一而再、再而三地彰顯《明日田園城市》的原創性，以及相關概念得以與時俱進的前瞻性。例如，1946 年英國的 Faber 版就凸顯出田園城市和英國戰後新市鎮的緊密關係；1965 年美國的 MIT 版則反映出田園城市、新市鎮和郊區化之間的連帶關係。同理，本譯本所依據由英國城鄉規劃學會策劃，侯彼得、丹尼斯·哈迪和科林·瓦德共同評注，Routledge 出版社發行的 2003 年百年復刻紀念版，更彰顯出本書及田園城市在誕生百年之後，如何在永續發展的世紀新風潮中，繼續發光發熱，而且歷久彌新。

　　這本結合原始文本、導論、後記與逐頁評注的經典重現，娓娓細數和總結歸納百年以來都市計畫如何在英國萌芽、發展和演變的曲折歷程。由於已經有了這些「在地書寫」的專業導論、後記和逐頁評注，中文繁體譯本的導讀也就沒有必要重複這些精彩內容，而是試圖從「異地／易地閱讀」的自為主體性和情境共鳴性，來介紹這本歷久彌新的時代之作，試圖釐清一些似是而非的長期誤解、揭櫫本書最重要的核心價值、重新審視田園城市的具體成果，進而反思《明日田園城市》對於臺灣當前都市計畫和城市論述的重大啟發。有了這些新的體認與瞭解，書中一些蒙塵已久的重要理念，自然而然也就得以重新彰顯。

接下來，就讓我們一起「跨越東西，回到未來」，重新理解為什麼《明日田園城市》是現代都市計畫與當代城市論述不可不讀的經典之作。

人云亦云，以訛傳訛：
世人對於《明日田園城市》的誤解

《明日田園城市》一書，名氣雖然響亮，但是有緣一窺該書完整內容的讀者，實在不多。間接引述，以訛傳訛的結果，使得「眾所周知」的田園城市理念，反而與作者的初衷有所出入，甚至相互牴觸。最常見的幾個誤解包括：（1）將田園城市的城鄉論述，誤認為「花園城市」的景觀建築設計；（2）將田園城市腳踏實地的都市計畫，視為不切實際的烏托邦夢想；（3）將田園城市主張兼顧正義與效率的社會企業經營理念，當作偏執激進的社會主義城市革命，以及（4）將田園城市試圖將城市生活的生產與再生產納入區域規劃的宏觀視野，視為畫地自限的孤立城鎮。這些誤解，需要逐一釐清。

Garden City 是田園城市，不是「花園城市」

中文的都市計畫教科書，不論是國內學者自己撰寫或是翻譯的，尤其是比較早期的著作，經常將「garden city」譯作「花園城市」。就算作者或譯者沒有曲解霍華德的完整主張，「花園城市」的名稱也很容易誤導讀者，以為它就是在市中心規劃大型公園，以及廣設景觀大道的「花園新城」。加上第一座田園城市列區沃斯的首席建築師雷蒙‧歐文（Raymond Unwin）和貝里‧帕

克（Barry Parker），他們在實際規劃時大量採用具有前庭、後院，充滿鄉村風格的住宅設計，所以田園城市就被想像成一個充滿鳥語花香的花園新城。然而，霍華德的初衷，毋寧是想在英格蘭的田野之上，以預先規劃好的土地利用方式和類似合作社的市政企業經營模式，建造一座結合鄉村農業和都市工商業的完整聚落。因此，田園城市的整體概念包含外圍廣大的「田園」（garden）部分（占六分之五的土地面積），內圈密集的「城市」（city）部分（只占六分之一的土地面積），以及散布在交界地帶的各種生產事業與社會組織；二者相輔相成，缺一不可。這樣的「田園－城市」理念，充分展現在書中第一章開頭的引文當中：「我不會停止奮鬥，也不會讓刀劍在我手中沉睡，直到我們在英格蘭的田野之上，建立耶路撒冷（Jerusalem）〔人間天堂〕為止。——布萊克（Blake）」。換言之，將田園城市曲解為花園城市，不僅落入「見樹不見林」的管窺之見，也凸顯出以景觀建築為主的都市設計、以土地利用為主的都市計畫，還有以民生福祉為主的社會規劃，三者在空間尺度、標的對象和手段目的上面的根本差異，更呈現出相關議題在臺灣的規劃領域裡，存在著技術化約和越俎代庖的理論與實務錯亂。問題是，從田園城市到花園城市的變形、失焦，連帶地也讓霍華德《明日田園城市》所秉持的社會改革理想，逐漸被規劃設計的技術細節所掩蓋，甚至本末倒置地變成政治修辭和地產行銷的口號，讀者不可不察。

田園城市不是不切實際的烏托邦城市主張

　　隨著田園城市的傳奇光芒愈來愈耀眼，尤其是透過報紙的傳播、渲染，世人對其基本精神和核心主張的誤解，也愈嚴重，甚

至因此招致詆毀，即使在它發源的英國本土，也難逃此一厄運。
其中最大、最深的誤解就是將《明日田園城市》視為一本充滿社
會主義色彩的烏托邦城市主張。所謂「烏托邦」者（utopia），
原本是英國作家湯姆士‧摩爾爵士（Sir Thomas More, 1478-1535）
在 1516 年所出版的一本政治寓言小說書名，描寫大西洋某個小島
上擁有完美政治、法律和社會制度的理想國度，後來被引申為空
想、不存在的美好境地。但是，霍華德的《明日田園城市》和摩
爾的《烏托邦》，截然不同。它既不是寄情於小說幻想的政治寓
言，也不是昧於現實、不切實際的書生之見，而是從政治現實的
社會汙泥當中所萌生出來的創意種子。這麼高難度的私人造鎮計
畫，竟然在《明日田園城市》出版之後短短五年之內，就綻放出
美麗的花朵，付諸實現──世界第一座田園城市列區沃斯在 1903
年正式誕生。而且，當 1910 年代初期列區沃斯達到預計的人口規
模時，第二座田園城市威靈也在霍華德的親自參與之下，於第一
次世界大戰之後的 1919 年成立。如果再加上 20 世紀初期田園城
市的理念及其實踐分別在德國、法國、美國、日本、澳洲等地開
花結果（參閱 Ward, 1992），顯見田園城市絕非只是「桌上畫畫，
牆上掛掛」的規劃夢想，而是一種經過複雜社會醞釀、經濟計算
和政治折衝的社會工程。

　　雖然霍華德並非學富五車、才高八斗的學者專家，也不是闖
蕩政壇、大權在握的政治人物，更不是家財萬貫、野心勃勃的資
本家，然而，他在英國國會擔任速記員長達數十年，親臨現場卻
又冷眼旁觀許多重大政策辯論過程的特殊經歷，讓他對於 19 世
紀末期困擾英國社會的許多重大問題，尤其是 1880 年代甚囂塵
上，包括英格蘭農地大蕭條、愛爾蘭獨立運動、紐澳殖民與工業
城市過度擁擠在內的土地問題，知之甚詳（Hall and Ward, 1998:

8-11）。加上他在工作之餘，積極加入民間學社，熟讀一些當時流行的社會思潮和經濟理論，進而試圖運用相關理論，提出具體的解決之道。而這種古往今來知識分子的經世濟民之道，在霍華德所關心的工業城市過度擁擠問題上，也逐漸淬鍊出現代規劃的基本雛型──針對重大社會問題，從理論觀點加以釐清，並根據相關論點，找出可操作的關鍵變數，設定具體目標、投入資源、加以操控，進而達成目標、解決問題。

因此，《明日田園城市》本身就是一本不折不扣的都市計畫書。細心的讀者一定注意到霍華德花費全書過半的篇幅，不厭其煩地計算田園城市各項收益、支出的財務計畫，並且具體規劃田園城市的行政組織和公共建設的經營管理，附錄中甚至針對田園城市所需的供水系統，提出一套翔實的整體方案。這些有如實業計畫般的城市提案，絕非空談理想，毫無細節的烏托邦想像。而隨之而來的各項行動計畫，包括 1899 年成立田園城市協會（Garden City Association）鼓吹相關理念、1903 年設立第一田園城市公司（First Garden City Corporation）建造田園城市，以及分別於 1905 年和 1907 年兩度舉辦廉價住宅展覽（Cheap Cottage Exhibition），鼓勵建築專業和吸引民眾參與田園城市計畫，都是相當務實和經過縝密計算的規劃行動，並且獲得實現。縱使其間經歷過各種波折與變動，但列區沃斯和威靈這兩座田園城市始終屹立不搖，甚至衍生出世界各國的田園城市和戰後的英國新市鎮，也因此奠定現代的規劃理論和都市實務。所以《明日田園城市》絕非有如海市蜃樓般的城市烏托邦，也不是不切實際的烏托邦城市，而是將理想帶進現實裡的都市計畫和計畫城市。這就不得不進一步釐清，世人認為本書是社會主義激進主張的另一誤解。

田園城市不是激進社會主義的都市實驗

　　由於《明日田園城市》試圖利用信託購地的方式，建立一個類似合作社經營的田園城市公司，以市營企業、半市營企業和代市政企業經營各項公共事業，並且主張只租不賣、漲價歸公的土地經營策略，試圖將規模經濟和土地增值的集體利益，回饋給田園城市社區的所有居民，這與 19 世紀末年絕大多數只顧私人利益、貪得無厭的資本家，完全背道而馳。加上早年「都市計畫」和「計畫經濟」之間的模糊關係，還有列區沃斯成立之初，試辦了一些小型的合作社事業和設有社區食堂的集合住宅，因此常被誤認為社會主義或共產主義的城市主張。

　　其實，霍華德在書中曾經多次澄清──包括第六、七、八章，尤其是在第十章〈質疑與回應〉和第十一章〈綜合提案〉等章節──田園城市的各項作為，都試圖調和個人主義（資本主義）和共產主義（社會主義）的人性自利傾向和社會組織力量，進而將民胞物與、公平正義的社會主義理想，與自利心和自由選擇的生產效率相互結合，發展出遲至一個世紀之後人們才逐漸領悟出來的「第三條路」或「新中間路線」，甚至說它是目前正夯的「社會企業」（social enterprise）先驅，也不為過。換言之，對於霍華德和田園城市的主張而言，利己和利他、個人主義和共產主義、資本主義和社會主義，甚至理想和現實、城市和鄉村之間，既不是孰是孰非的是非題，也不是如何取捨的選擇題，而是如何折衷和整合的申論題。在當時歐洲新舊並存的社會思潮和政治現實之下，霍華德也極力調和工人、資本家、政治人物和學者之間的歧見，甚至彼此衝突的利害關係，設法透過田園城市的實驗，釐清和解決當時個人和國家都無力解決的社會問題──都市過度擁擠

和快速擴張的一連串問題。

　　換言之，《明日田園城市》是以資本主義手段實現社會主義理想，並以共產主義組織達成個人主義目標的「綜合提案」。它不是激進社會主義的都市實驗，而是都市計畫理論與實務的最佳體現——務實的理想主義。

田園城市不是畫地自限的封建城鎮

　　另一個嚴重的誤解是將田園城市的主張視為畫地自限、自給自足的計畫聚落，而且是由田園城市的「市政公司」或「自治市」一手掌控，有如中央集權般的地方法西斯。這樣的誤解，部分是來自珍・雅各（Jane Jacobs）在《偉大城市的誕生與衰亡》（*The Death and Life of American Cities*）一書中對於夷平式開發和藍圖式規劃等主流規劃思維的強烈抨擊（Jacobs, 2007: 33-37）。當她以田園城市由上而下的藍圖式規劃方式、分區使用的僵化管制，以及小城鎮的土地和人口規模無法支撐多樣性的消費選擇作為對照，來論述唯有大城市以混合使用為主的街道生活，才足以造就出充滿經濟活力和文化多樣性的文明城市時，田園城市的主張被形容成有如狂熱宗教般、只局限在當地市場，而且非常僵化的法西斯規劃。過去我在翻譯珍・雅各的《偉大城市的誕生與衰亡》時，也曾一度如此認為。但是當我逐字逐句仔細研讀霍華德《明日田園城市》的原文內容之後，我發現珍・雅各的指控，並非全然屬實。我甚至覺得兩人的主張，其實有諸多契合之處——二者都是以身體空間的「人性尺度」為依歸的城市論述。只是他們分別面對截然不同的時空環境和都市狀態—— 19 世紀末英國工業城市的過度擁擠和缺乏規劃，以及 20 世紀中美國城市的更新課題

和過度干預——讓原本可以彼此包容的城市主張，變成南轅北轍的城市論述和行動策略。關鍵在於二者遠、近不同的時間歷程，彼、此互異的空間尺度，以及直接、間接有別的行動策略，讓田園城市以「社會城市」為依歸的區域規劃，以及迂迴拯救倫敦的長遠目標——這也是《明日田園城市》最後三章的重要主張——極可能因為讀者在閱讀過程中的虎頭蛇尾（只讀全書的緒論和第一章）或是見樹不見林（只關注分區管制的土地利用方式），而遭到忽略或被誤解。換言之，田園城市只是拯救現有城市迂迴策略的第一步，其最終目標是以中心城市和相鄰田園城市所構成的市鎮聚落（town clusters）——社會城市（區域）——來實現合乎人性尺度的生活城市，進而回頭重建像是倫敦、伯明罕、曼徹斯特等已經過度擁擠卻難以動彈的工業城市。它和 20 世紀中葉試圖用夷平式更新來拯救美國城市於頹圮的規劃策略，截然不同。田園城市的主張絕非遠離既有城市，另起爐灶的逃避主義，而是一種迂迴前進、由遠而近、由小而大，將夢想帶回現實裡的基進策略。即便是在個別田園城市以同心圓方式規劃的公、商、住、工、農分區範圍內，由於住家與工作場所幾乎都在步行距離之內的近便性，它也具有不亞於珍‧雅各所說，由混合使用的多樣性所營造出來具有人性尺度的街道生活，且具體展現在銜接中央公園和住宅區之間的水晶宮上。而所謂田園城市只局限在當地市場的自給自足誤解，乃是因為霍華德專注在滿足當地需求的集體消費上，而將非關民生事業的生產決策，留給個人和企業自行決定。加上田園城市的市地邊緣設有一圈防止都市蔓延的綠帶（green belt），容易給人一種畫地自限的錯覺。以當時英國本地的農產品市場已經面臨來自美國和紐澳低價穀物和肉品的激烈競爭，導致農業大蕭條的實際情況來看，加上當時正是英國海權達到巔峰

的極盛時期，霍華德不可能不知道國際貿易日趨激烈的整體趨勢。相反地，他從運輸成本出發的在地消費主張，反而更符合減少生態足跡和縮短碳旅程的現代綠色消費觀點。如果再配合書中最後幾章所談到的社會城市（區域）概念，我們不得不佩服霍華德循序漸進地利用田園城市的群聚關係來奠定區域計畫雛型的前瞻思維。請記住，《明日田園城市》出版的年代是 1898 年，不是 1998 年。我們絕對不能用「後見之明」的現代知識和當代思維來評價這本上上世紀的規劃經典，否則將難以看見這本傳世之作的諸多洞見。

規劃的永恆之道：如何領略《明日田園城市》的精義？

　　除了上述對於田園城市基本主張的誤解之外，世人對於《明日田園城市》的低估——尤其是臺灣以實務應用取向為主的景建規劃專業的模糊失焦，以及相對短視近利的政治人物的以訛傳訛——也在於吾人不知如何領略田園城市論述的精義。那麼，霍華德的《明日田園城市》究竟有哪些重要的啟發，值得臺灣的產、官、學界，細細思量？

● 掌握經世濟民、務本創新的「時代精神」

　　我認為，閱讀本書最重要的事情是必須先掌握它的「時代精神」。《明日田園城市》是一本大時代的產物，也是一本引領新世紀的著作。這樣的精神與企圖，正是 21 世紀之初，位處西方舊霸權儼然式微，新中國勢力正在崛起之際的「中華民國在臺灣」，最為欠缺的基本態度。從國會殿堂的朝野兩黨到庶民百姓

的普羅大眾，我們似乎只在乎眼前的經濟是好是壞、每個月的油
價電費是漲是跌、這一次選舉藍綠政黨是勝是敗等民粹式的喜怒
哀樂，網路轉貼和新聞報導也特別關注個人奮鬥成功與失敗的勵
志啟發，舉國上下似乎完全沉溺在「小清新」和「小確幸」的「奇
摩子」（情緒）裡面，卻不見正本清源和承先啟後、繼往開來的
大氣魄。所以，在面對房價高漲的土地投機時，政府只想用對高
價豪宅課徵「奢侈稅」的迂腐政策和消極作為來討好無殼蝸牛族
的「奇摩子」，卻無助於捍衛土地正義和導正住宅市場的發展方
向——能夠照顧大多數薪水階級的合宜住宅和社會住宅才是政府
應該關注的大問題。而作為首善之都的臺北市，近年來竟然以醫
學美容整形、拉皮作為立論基礎的「臺北好好看」和辦活動（花
博、世大運、設計之都、跨年晚會、路跑……）、放煙火的節慶
統理模式，作為市政建設的主軸，讓人直呼荒唐。我們不禁要
問，那個 19 世紀即將結束，20 世紀尚未展開的 1898 年，究竟是
個什麼樣的年代，為什麼會出現像《明日田園城市》這樣的著作？
當時的英國、中國和臺灣，又分別處於什麼樣的社會狀態？

　　先說英國吧！當時是橫跨 19 世紀三分之二時間（1837-1901）
的維多利亞女皇在位的最後幾年，同時也是英國國力最為昌盛的
巔峰時期。作為工業革命發源地的英國，已經經歷了一百年的工
業化歷程，資本主義的商業發展也蒸蒸日上，還創立了現代民主
的議會政治，而海外的帝國殖民更涵蓋全世界四分之一的土地和
三分之一的人口。當時英國的科學、教育、技術、工業、貿易、
軍事、外交各方面，均獨步全球，倫敦也順理成章地成為世界第
一大城，聚集了大量的人口、產業、財富，還有隨之而來的各種
都市問題，包括貧富不均、公共衛生、住宅、交通運輸、環境汙
染、犯罪等等。但正是這種獨步全球、不進則退的大環境，讓英

國人不論各行各業和貧富階級，皆勤於思考和勇於創新，自然得以持續精進。

　　相反地，同時期的中國正處於清朝盛極而衰、內憂外患最為嚴重的光緒年間。列強瓜分中國的情勢，愈演愈烈；以康有為、梁啟超為首的戊戌變法在 1898 年 6 月展開，卻在同年 9 月宣告失敗；沿襲數百年的科舉考試也在 1898 年廢除，同年成立今日北京大學前身的京師大學堂，是中國第一所現代大學。這時距離孫中山為了號召推翻專制，建立民國所成立的興中會（1894 年）已經四年多，與他在倫敦蒙難、確立三民主義主張的時間（1896-1897）僅相距兩、三年（參閱黃宇和，2007），但距離辛亥革命創立中華民國的時間（1912 年）還有十多年的艱苦歷程。整體而言，當時中國社會的知識分子，不論是封建守舊的士大夫或是激進創新的革命黨人，都認為中國在列強霸權的鯨吞蠶食之下，唯有改弦更張才得以救亡圖存，只是救亡圖存的策略不同。前者可以早期李鴻章、曾國藩、左宗棠的「洋務運動」為代表，他們試圖用「師夷之長技以治夷」的方式模仿西方強權發展工業和強大國防，但歷經 30 多年（1861-1895）的整備，卻禁不起兩次英法聯軍、太平天國和中日甲午戰爭的考驗，還因此割讓了臺灣、澎湖和遼東半島（馬關條約）。而後者包括康、梁的百日維新和孫中山的共和革命，主張從政治體制的徹底變法帶動產業、經濟、教育、軍事各方面的全面改革。可惜動盪不安的政軍局勢從清末、民初、北伐、抗戰、國共內戰到冷戰時期，一直籠罩著神州大地，直到 1978 年採取改革開放政策之後，中國這頭睡獅才逐漸醒來，跟上時代的步伐。

　　而 1898 年時的臺灣，已經在甲午戰敗之後的馬關條約中（1895 年）割讓給日本。當時日本對於臺灣尚無明確的殖民方

針，也陸續遭遇臺灣人民或大或小的武力抵抗，處於動盪不安的局面。一直到1915年之後，才在同化政策和皇民化政策（1937年）的持續經營之下，逐漸脫離與中國之間的臍帶關係，被收編到與日本本土現代化歷程亦步亦趨，但是人民地位與權利義務並不均等的發展過程當中。臺籍菁英只能投身於醫學、農業等術業之學，抑或寄情於文學、藝術的太虛當中；容有大志者，唯有遠走他鄉，回到「祖國」唐山的懷抱。整體而言，臺灣在日本統治之下的50年間（1895-1945），城市發展與都市計畫的現代化程度，的確優於同時期的中國大陸，但集中在1915年之後的日本統治後期階段（參閱張景森，1993）。換言之，在1898年日本統治初期，約當清末民初的20年間（1895-1915），臺灣依然處於農業社會的落後階段和抗日獨立的戰亂狀態。

　　在瞭解了英國、中國、臺灣在1898年當時的時空背景與政治經濟脈絡之後，我們並不苛責當時的臺灣、中國無法產生像霍華德《明日田園城市》那樣大膽、創新的城市論述和規劃理念，實乃大環境條件不足使然。然而，在歷經百年的擴散發展與東、西方社會的互動消長之後，身處東、西方浪潮之間的現代臺灣，還能夠無視於此一引領風潮的時代之作嗎？更重要的是，領略本書精義的關鍵環節，不只是書中的技術內涵或田園城市的實驗成敗，更在它所體現的時代精神，以及時代精神背後的整體社會狀態。如果我們不能領略這樣的時空意涵與社會脈絡，臺灣的都市計畫注定要在西方理論的斷簡殘篇和實務技術的零碎細節中，飄忽不定、隨波逐流。

　　從霍華德的生平當中不難發現，出生於倫敦市區、在英格蘭南部切森特郡的鄉間小鎮成長，15歲回到倫敦工作，21歲到美國農場開墾，但受不了鄉村的單調生活，一年之後到芝加哥，以

法庭的速記採訪維生。26 歲時從美國回到倫敦，除了在國會擔任速記員的正職工作，霍華德也積極參與倫敦一些學社的聚會和討論。尤其是 1879 年時加入一個自由主義的辯論社團——探索學會（Zetetical Society），結識蕭伯納（George Bernard Shaw）和席德尼‧韋伯（Sidney Webb）等知識分子，開始接觸包括彼得‧克魯泡特金（Prince Peter Kropotkin）、約翰‧史陶特‧彌爾（J. S. Mill）、赫伯特‧史賓塞（Herbert Spencer）等思想家的著作，並廣泛閱讀當時非常普遍，兼納各家之言，以評論時事為主的各種學刊，加上每天在國會親眼目睹產、官、學界對於英國重大社會問題的激烈辯論。長期耳濡目染的結果，讓他不斷思索和與人熱烈討論困擾英國社會的根本問題。霍華德甚至在 1888 年成立了勞動國有化學社（Nationalization of Labour Society），試圖推展類似愛德華‧貝勒米（Edward Bellamy）所構思的社會主義社區（Beevers, 1988；Hardy, 1991）。正如霍華德在書中第十一章〈綜合提案〉一開頭就直言：「雖然田園城市計畫是一個全新的實驗……事實上它是試圖結合一些我認為過去從未整合過的不同計畫，包括（1）威克菲爾德和馬歇爾教授所提出的計畫移民運動提案；（2）由湯姆士‧史賓斯率先提出，而後由赫伯特‧史賓塞大幅修改的土地制度；以及（3）白金漢的模範城鎮計畫。」因此，《明日田園城市》一書應該被視為維多利亞時期，包括霍華德在內的英國知識分子的集體產物，而非霍華德個人的一己之見。

　　問題是，在民智早已大開的 21 世紀，臺灣高等教育的普及率在世界上更是名列前茅，但是知識分子和相關學社及其出版品的數量，特別是對於當前重大社會問題的思考與行動，明顯不足。就算有的話，也比較偏向民粹式的社會運動和抗議行動，相

對缺乏理論思考、策略部署與行動實踐的建設力量。換言之，
「中華民國在臺灣」先後歷經清末民初、北伐抗戰和國共內戰等
巨大的社會變動，我們已經充分理解各種救亡圖存的「大破」之
道，卻因為不諳承平改革的「大立」之道，使得我們的國家社會
一直未能臻於文明進步的高度境界。我們需要十本、一百本，甚
至更多像《明日田園城市》這樣的社會主張，這是我們在春秋戰
國諸子百家立論爭鳴之後就不復存在，只有在國破邦危之際——
例如清末民初時期——才會偶一出現的時代之作，像是康有為的
《大同書》、梁啟超的《變法通議》和孫中山的《建國方略》等。
其實，從全球氣候變遷、經濟與文化的全球化發展、網路技術與
資訊革命、能源危機與創新、生命科學和太空科技等發展趨勢，
甚至兩岸之間剪不斷，理還亂的微妙關係來看，臺灣現在所處的
時空環境都是前所未有的大時代，我們所欠缺的是站在世界頂端
與時代前端思考問題的基本心態，而不是隨波逐流、抄襲跟進的
仿效心態。所謂「有為者，亦若是」，因此，在閱讀本書的時候，
一定要先領略它所蘊涵經世濟民和務本創新的時代精神，這才是
《明日田園城市》的極致精髓。

● 學習審慎樂觀、理想務實的規劃門道

　　其次，要領略《明日田園城市》的精義，不能只閱讀書中的
文本內容，還要知道霍華德如何透過本書所推動的一連串田園城
市運動，包括本書出版之後次年（1899 年）成立田園城市協會
糾集同志，以組織的力量四處演說推廣相關的理念；設立第一田
園城市公司（1903 年）募集資金，正式著手興建田園城市；以
及舉辦廉價農舍展覽（1905 年和 1907 年各舉辦一次），結合社

會企業的理念和公益行銷的手法，讓建築師和社會大眾在實際參與和好奇參觀合宜住宅設計的過程中，實踐並推廣田園城市的住宅理念（Miller, 1989；Hall and Ward, 1998；Harrison and Walker, 2006）。所謂「徒法不足以自行」，光有計畫書而無具體的行動，不論多麼美好的夢想，都將無法實現。因此，除了仔細研讀書中的各項主張之外，我們更要看到霍華德等人如何推展田園城市的理念。換言之，《明日田園城市》的出版及其後續行動，就是都市計畫理論與實務的最佳體現，我們必須從中學習都市計畫的整體內涵及其操作模式。

　　作為一本都市計畫書的原型，《明日田園城市》樹立了都市計畫書的典範。它從核心問題的釐清與界定、概念思考和理論建構、組織管理和財務計畫、長期規劃和發展預測等，都以相當嚴謹的邏輯思維，巨細靡遺地詳細論述。對於社會大眾可能產生的誤解，也具體引述相關理論和實際案例加以闡述。對於計畫書中重要的技術內容──在田園城市的例子中是現代供水系統的規劃設計──也以附錄的方式，詳加說明。這樣的思考模式和操作方式，甚至可以作為規劃研究的參考範本，尤其是霍華德在〈緒論〉中試圖以城、鄉磁鐵的比喻來概念化城鄉人口消長和都市過度擁擠的問題，進而找出城－鄉磁鐵的第三條路，可能是許多現代都市計畫或規劃研究，不該省略的概念思考和理論建構步驟。特別是他嘗試以城鄉關係的宏觀思維來理解都市人口過度擁擠和解決都市貧民窟等社會問題，並且用在偏遠鄉間興建田園城市的迂迴之道來重新定義都市發展的可能方向，進而回頭徹底解決倫敦等工業城市的沉痾，都是臺灣目前都市計畫的理論與實務發展，相對欠缺的宏觀視野。換言之，雖然臺灣的規劃制度在名目上已經有國土計畫、區域計畫和都市計畫等不同層次和規模尺度的計畫

法規，但是上、下位計畫之間，實際上是各吹各的號，而且往往也和土地利用之外的政策目標和社會價值，缺乏聯繫，甚至相互扞格。

此外，《明日田園城市》書中花費大量篇幅說明組織管理和財務計畫等看似繁瑣卻至關重要的營運計畫，也是臺灣許多都市計畫和市政建設，非常薄弱的一環。中央和地方政府試圖以消極的土地使用管制法規來引導都市發展，還有各縣市數不清的蚊子館，或是只圖省錢省事的各種 BOT 計畫，在在說明了都市計畫在臺灣的官樣文章色彩，以及只重單一施為，缺乏持續經營的營運理念。不信的話，我們可以策劃一場中華民國都市計畫書的文獻展覽，請中央部會、地方政府和相關學會、社團，推薦他們認為是歷年來最好的都市計畫書，看看究竟有多少本影響國計民生的重大計畫，是禁得起理論和實務檢驗的時代之作？

更重要的是，我們應該效法霍華德推展田園城市理念的做法，除了著書立論（1898 年）之外，還進一步採取有計畫的行動方案，逐步實現田園城市的理念。從成立田園城市協會（1899年）到實際創辦第一田園城市公司籌募資金（1903 年），並選定位於倫敦東北方 35 英里的列區沃斯正式興建世界第一座田園城市，在在都展現出近年來才蔚為風潮，但尚未充分實現的「公共參與」和「社會企業」精神與內涵。隨著《明日田園城市》在 1898 年出版之後，霍華德和 12 位志同道合，包括律師、商人、學者等仕紳背景的朋友在 1899 年成立了田園城市協會，著手推廣田園城市的理念和計畫，德國和法國也在《明日田園城市》的影響之下，陸續成立他們自己的田園城市協會。1904 年國際田園城市會議（International Garden City Congress）在倫敦召開，有來自德國、法國、美國、匈牙利、比利時、瑞典、瑞士、澳洲和日

本等國的代表或個人與會。田園城市協會在 1909 年時，為了遊說首宗全國性規劃法案的通過，改組為田園城市與都市計畫協會（Garden Cities and Town Planning Association）；在 1941 年時為了因應整個英國規劃思潮和城鄉實務的改變，再度更名為城鄉規劃學會（Town and Country Planning Association），延續迄今。使得田園城市與都市計畫的理念，得以進一步延伸。此外，在 1905 年於列區沃斯舉辦的「廉價農舍展」，除了吸引建築師運用各式各樣的設計手法和建材來實現每棟農舍不超過 150 英鎊的競賽規則（當時工人階級每年可負擔的房屋租金是 8 英鎊），在接近列區沃斯市中心的地方共興建了 131 戶獨棟、雙拼或群落住宅，其中有 119 棟保存至今，成為當地重要的文化資產。展覽期間共吸引了超過 6 萬人次的參觀人潮，讓新聞媒體和社會大眾有機會親眼目睹田園城市的社會實驗。由於「廉價農舍展」的成功，列區沃斯又在 1907 年舉辦了「都市農舍與小戶住宅展」（Urban Cottages and Small Holdings Exhibition），進一步擴大田園城市的住宅計畫（Proudlove, 2005）。有了這些與《明日田園城市》相互呼應的具體行動，田園城市的理念才可能實現，這才是都市計畫的完整體現。

　　儘管從《明日田園城市》到田園城市協會，再到列區沃斯田園城市的夢想實現過程中，有越來越多的事情讓霍華德不得不做出妥協，甚至整個田園城市的發展方向，也已逐漸背離霍華德的原始構想，例如逐年調高地租和漲價歸公的社會福利初衷，因為吸引產業進駐不易而並未真正在列區沃斯實現，但這些因為現實考量或是個人私心所拉扯出來的規劃政治，本來就是都市計畫必須面對的嚴苛試煉，也是理論與現實磨合的辯證歷程，絕對無損於《明日田園城市》的智慧光芒。它反而讓霍華德

愈挫愈勇，在列區沃斯的基礎之上，於 1919 年在列區沃斯南方約 15 英里的威靈，順勢推出第二座田園城市，使得《明日田園城市》書末的社會城市區域計畫構想，逐漸浮現。若是加上戰後英國第一座新市鎮——位於列區沃斯和威靈田園城市之間的史蒂芬尼區（Stevenage），以及沿著東北海岸線鐵路和 A1 高速公路分布的哈特菲爾德（Hatfield）、希特金（Hitchin）和紐布沃斯（Knebworth）等新市鎮或小城鎮，整個社會城市（區域）的雛型，儼然以一種線性排列的方式，局部實現。這可能也是侯彼得和城鄉規劃學會近年來積極推展沿著高速鐵路發展城市廊道的靈感來源—— 21 世紀高科技版的社會城市（Hall and Ward, 1998）。從英國城鄉規劃學會歷年來在媒合規劃理論、政策與實務上所做的努力及獲得的成果，我們都可以看到當年霍華德出版《明日田園城市》和推動田園城市運動的操作模式，這些組織行動是當代都市計畫史上必須和相關文件相提並論，才能充分領略規劃精奧的重要門道。

英國田園城市的前世今生

　　或許讀者會和我一樣好奇，經過百年的發展與變遷，這個當年號稱可以逃避工業城市喧囂與提振鄉村活力的人間仙境，不知現況如何？於是，我利用 2013 年暑假期間，專程到列區沃斯和威靈這兩個田園城市，以及相鄰不遠的史蒂芬尼區新市鎮，一探究竟。雖然結果有些令人失望，卻也並不意外。

　　先說列區沃斯。從倫敦市區的國王十字（King's Cross）車站搭乘往劍橋方向的火車，大約半小時（快車）到 50 分鐘（普通車），就可到達距離倫敦 35 英里，人口約 3 萬 3000 人的列區沃

斯田園城市（真的和霍華德當初規劃的人口規模一樣！）。建於
1913 年的火車站，至今依然保持一百年前的古樸模樣。列區沃斯
的「市中心」（city centre）離火車站只有一、兩百公尺的距離，
和英國一般小鎮的規模差不多。規劃為行人徒步區的市區街道比
傳統市鎮更為整齊，但是店家不多，生意也很清淡，甚至連一般
城鎮大街（town centre or high street）上常見的連鎖商店，也不多
見，反而比較像是社區型的鄰里中心。不論平時或假日，街上的
人潮都比一般城鎮的市中心少，除了帶小孩的年輕婦人之外，幾
乎看不到年輕族群。往市區的外圍走去，緊鄰的住宅區也和倫敦
郊區類似，但是街道比較開闊，房屋的形式也比較多樣化。以小
型獨棟和雙拼住宅為主，也有一些複合型的集合住宅，但不像一
般英國城鎮或都市郊區常見的連棟街屋，鄉村農舍的風格濃厚。
整體住宅密度也比鄉村地區的集村聚落低，頗能呼應田園城市的
「城－鄉」（town-country）意象。除了偶爾駛過的汽車和一兩個
神情呆滯的老人在等候公車，寂靜的氣氛讓人幾乎難以感受到霍
華德所描繪的田園城市活力。再往更外圍走去，偶爾會看到一些
零星的工廠坐落在優美的環境中，但是數量和規模並沒有大到足
以設置《明日田園城市》書中所規劃的外環鐵路支線和卸貨月臺。
整體而言，列區沃斯田園城市給人的整體感覺是舒適有餘，但活
力不足。難道這就是霍華德所謂的城－鄉磁鐵？他所主張的社區
自治模式，是否真的付諸實現？田園城市究竟出了什麼問題？

　　自從霍華德於 1903 年成立第一田園城市公司興建列區沃斯
田園城市以來，「市政公司」或「自治市」的理想就沒有完全實
現，主要的原因是這樣的理念一直無法和地方政府的組織法規接
軌，形成「市政府」和「公司」雙軌並行的模式。在獨立運作的
田園城市公司之外，列區沃斯於 1908 年時成立了列區沃斯郡轄市

政府（Letchworth Parish Council），隸屬在希特金農業區（Hitchin Rural District）之下，但只是臨時性質的地方民意組織。到了1919年時才正式設立列區沃斯自治市區政府（Letchworth Urban District Council），提供圖書館、公園、休閒設施等公共服務，並選舉市政代表（councillors）。1974年時，為了因應1972年國會通過的地方政府組織法，改組為北赫福德郡區政府（North Hertfordshire District Council）。一直到2006年時，經由市民公投的方式，變更為列區沃斯田園城市政府（Letchworth Garden City Council）。

　　另一方面，從1903年設立之初，第一田園城市公司就完全擁有列區沃斯多達5,300英畝的土地和不動產，出租給市民經營農業或興建住宅，並經營水、電、瓦斯等公用事業，而市民也是田園城市公司的股東，所以霍華德的「市政公司」理念，還算成功。1947年之後，由於城鄉規劃法的實施（都市計畫成為地方政府的權責業務）和戰後工黨政府的國營事業政策（電力和瓦斯收歸國營，自來水則因當地的強烈反彈而未收歸國營），田園城市公司逐漸退縮為「大地主」的消極角色。加上股權的轉讓和財團的介入，到了1960年代初期，第一田園城市公司逐漸淪為追逐私人利益而非社區公益的土地財團。為了挽救列區沃斯，英國國會在1962年特別通過列區沃斯田園城市法案，限定列區沃斯田園城市公司為公法人，不得私自買賣股份，並由政府指派董事。到了1995年時，由於柴契爾夫人所領導的保守黨政府強力推行國營事業私有化政策，田園城市公司經由國會修法後，改組為列區沃斯田園城市襲產基金會（Letchworth Garden City Heritage Foundation），成為秉持社會公益目標的私人信託基金會，除了住宅之外，還擁有15萬平方英尺的辦公室、工業區和商店。近

年來，在收益和經營管理的多重考量下，基金會也出售部分土地和住宅（Harrison and Walker, 2006；Letchworth Garden City Heritage Foundation, 2013）。

　　和鄰近的城鎮相較，除了鄉村風格特別明顯的住宅和景致優美的街道設計，以及「鄉間有城，城裡有鄉」的整體規劃之外，似乎不太容易感受到列區沃斯田園城市和一般都市郊區或是鄉間小鎮的明顯差別。當地的房地產價格，多少也反映出類似的訊息。此外，從創立之初以來，列區沃斯一直無法成功地吸引工商業，使得霍華德試圖結合城市、鄉村與工作、居家的初衷，打了折扣。但是如果靜下心來，從 19 世紀飽受擁擠、嘈雜、汙染之苦的倫敦貧民窟來思考列區沃斯的現況，這不就是當時霍華德苦心規劃的人間仙境嗎？甚至從臺北目前房價與物價高漲，但是居住與生活品質卻極不相稱的都市狀態來比較，相信到過列區沃斯的人一定也會讚歎它的恬靜宜居。當然，如果它的市區能再「熱鬧」一點，那就更棒了！

　　離開列區沃斯，接著前往威靈田園城市。這個同樣是由霍華德親自參與規劃，建於 1919 年的第二座田園城市，距離倫敦大約 20 英里，人口約 4 萬 3000 人。或許是因為有了列區沃斯田園城市的實際經驗，也因為整體社會條件的進步，尤其是汽車的日漸普及，加上由路易士·迪索森（Louis de Soissons）擔任首席規劃師和腓德列克·奧斯朋（Frederic Osborn）擔任總幹事的新團隊，威靈田園城市的整體規劃，明顯比列區沃斯「大器」許多。光是火車站就比列區沃斯壯觀，而且整個火車站就是一座現代化的購物中心（建於 1980 年代）。出站之後，筆直交錯的景觀大道綿延 1 英里，氣派非凡。緊鄰景觀大道的市區規模也比列區沃斯大，建築物和商店也密集許多，但街道卻更為寬敞，景觀植栽也更加

豐富，人潮也熱鬧許多。外圍住宅區的街道和房舍也比列區沃斯寬闊、豪華，但依然維持田園城市特有的安逸氛圍，甚至與倫敦郊區有些神似，只是住宅密度較低，街道更加宛延，建築物外觀的鄉村風格也比較明顯。

離開威靈田園城市，再往北走，在列區沃斯和威靈田園城市中間，就是建於 1946 年，英國戰後第一個新市鎮——史蒂芬尼區。它距離倫敦約 30 英里，城鎮的規模又比威靈田園城市更大、也更密集，包含 6 個經過規劃的鄰里單元和 1 個緊鄰住宅區的工業區，共有 8 萬 4000 人口。從火車站出來，跨越大型停車場的陸橋（不難推測有相當多人將汽車停放在此，轉乘火車到倫敦工作），就可到達全部是行人徒步區所構成的市中心，它也是英國第一個以行人徒步區方式設計的市中心購物區，鄰近就是混合著平房和公寓大樓的住宅區。不論是市區的購物中心或是住宅區的房舍，都是以簡潔幾何線條和標準工法所構成的現代建築。穿梭於市區和鄰里之間的人群也很頻繁，各個年齡層的人都有，但從他們的衣著舉止、市區的商店類型，以及街道的整潔程度來判斷，整個史蒂芬尼區具有相當濃厚的工人社區氣氛，與列區沃斯和威靈田園城市居民的中產樣貌，有相當明顯的差異。整體而言，史蒂芬尼區給人的感覺和倫敦東區（East End）的國宅社區比較類似，而列區沃斯和威靈田園城市比較像是倫敦外圍的田園郊區，只是它們在地理位置上並未與倫敦連成一氣，而是必須依賴火車或汽車連結附近的城鎮，包括西南邊的大倫敦都會區或是東北邊的劍橋。

坐在往返於倫敦和劍橋之間的火車上，望著窗外綿延不絕的麥田、牧場和偶爾出現的大片金黃色油菜田，沿途也經過威靈田園城市、史蒂芬尼區、列區沃斯和其他大小不一的新舊城鎮，讓

人不禁好奇，歷經一整個世紀的考驗，包括汽車普及的科技洗禮、戰後安置退伍軍人的造鎮需求、1970 與 80 年代去工業化與經濟重構的產業壓力，1990 年代迄今資訊科技所掀起的全球化風潮，以及從頭到尾暗藏其中的環境生態危機，不知道田園城市的基本命題在 21 世紀的網路時代，是否依然有效？或許，從跳過列區沃斯、威靈田園城市和史蒂芬尼區新市鎮，直接連接倫敦與劍橋之間快車班次的密集程度，就可以得到部分解答。問題是，在日漸抽離卻又密不可分的雲端科技和在地生活之間，是否有像百年前的霍華德和《明日田園城市》一樣的城市遠見，深入探討全球地方化時代「流之空間」（space of flows）和「地方空間」（space of places）的複雜關係（參閱 Castells, 1986），進而指引出另一條未來百年「邁向真正改革的和平之路」？

橘逾淮為枳的臺灣田園城市？

　　將英國田園城市時空拉回臺灣，我們也很好奇，究竟田園城市的理念是否曾經對臺灣當代的都市發展和規劃實務產生影響？從戰後迄今的都市計畫文獻來看，大概有三個個案和霍華德的田園城市理念有比較密切的關係，包括（1）1954 年開始規劃的中、永和都市計畫；（2）1956 年開始規劃、興建的南投中興新村；以及（3）1968 年興建的新店「花園新城」社區。其中又以新店山坡地上的「花園新城」住宅社區，與田園城市在名稱上最為接近，但實質內涵卻相去最遠。雖然它是由臺灣知名建築師修澤蘭所設計、規劃並集資興建的臺灣第一座整體開發的大型花園住宅社區，但嚴格來說，花園新城只是借用田園城市作為理念修辭和行銷手法的郊區山坡地私人住宅開發案，甚至連住宅

形式、街道設計或社區管理，都和田園城市毫無關聯，最多只能說是延續田園郊區（garden suburbs）理念所進行的社區規劃和地產開發。

　　其次，在規劃界經常和田園城市扯到一塊兒的中永和地區，不論就都市計畫的實質內容或當地的發展現況而言，都和田園城市大異其趣。它是國民政府遷臺，尤其是 1954 年中共連續對金門砲轟 8 個月的九三砲戰之後，在防空疏散和減輕臺北市（當時還是省轄市，直到 1967 年才升格為院轄市）人口壓力（當時臺北匯集大量大陸政治難民和島內城鄉移民，造成遍地違章建築的都市亂象）的雙重考量之下，被定位為「防空疏散功能住宅區」（廖盈琪，1999：41）。而且，隨著眷舍興建所湧入的大量軍公教人口，在 1954 年的中永和（鄉）綱要計畫和 1958 年的臺北市衛星市鎮計畫中，採用了受到田園城市運動影響，但實則源自美國的一些規劃手法，包括使用分區（zoning）、鄰里單元（neighborhood unit）、道路層級（street hierarchy）和囊底路（cul-de-sac）等，尤其是在所規劃的 7 個鄰里單元中設置公園所產生的「花園」聯想（中和鄉志編纂委員會，1960：333-338），加上臺灣長期以來都將「garden city」譯為「花園城市」，因此以訛傳訛地將中永和地區視為田園城市理念在臺灣實踐的例子。隨著當地人口的快速成長和後來陸續興建的大量公寓住宅，不僅原本規劃的工業區和商業區先後被密集的住宅區所併吞，都市計畫區外圍的農田也陸續變更為住宅用地，而且中永和與臺北市僅新店溪一水之隔，藉由便利的橋梁連接，早已成為臺北市南邊的內城腹地。這和早年疏散臺北市人口的田園郊區想像，已經相去甚遠，更遑論田園城市的原始主張。

　　與新店花園新城和中永和地區截然不同，位於南投的中興新

村，可能是臺灣都市計畫史中和田園城市關係最為密切的規劃案例。就其規劃興建的背景而言，中興新村一方面是為了因應當時兩岸軍事緊張關係的防空疏散需求，同時也是為了紓解臺北市人滿為患，中央、省府機構集中臺北，造成辦公與宿舍空間不足，加上蔣中正總統在 1953 年發表之《民生主義育樂兩篇補述》中所楬櫫之「都市鄉村化，鄉村都市化」的均衡城鄉發展主張，在苗栗、臺中、南投、彰化等替案當中選擇了南投草屯鎮山腳段和南投鎮營盤口段作為疏遷臺灣省政府辦公室的基地，命名為中興新村（王怡雯，2003：18-61；Wang and Heath, 2014）。這樣的時代背景，恰巧與 19 世紀末期過度擁擠的工業倫敦和二戰結束時飽受戰火蹂躪摧殘的戰後倫敦，相互呼應，中興新村也就順理成章地成為帶有田園城市色彩的新市鎮規劃。然而，當時臺灣並無專業的都市規劃師，也沒有專責的規劃機構，而是靠著一批隨著國民政府播遷來臺，以上海交通大學土木工程系畢業生為班底的省建設廳與公共工程局的技術官僚，在出國進修和考察英美自來水工程和新市鎮之後，所催生出來的藍圖式都市計畫實驗。

在仔細研究中興新村的敷地計畫和相關文獻之後，不難發現它和霍華德的田園城市理念，還是有相當大的落差，只是因緣際會和陰錯陽差地被冠上「臺灣花園城市」的稱號。

首先，從中興「新村」的名稱和它作為省府辦公室及其員工住所的事實來看，它都是一個社區尺度的造鎮計畫，最多只是接近 19 世紀末期英國產業村落（industrial village）或是 20 世紀初期美國公司城鎮（company town）的複合社區，而不是像田園城市那樣試圖建造一種可以普遍複製、大量推廣的自治市模式，儘管二者都具備非常濃厚的示範意味。中興新村在 1956 年初期規劃時的面積包含一個行政區、一個市鎮中心，以及兩個住宅鄰里單元

在內的 106 公頃（約 262 英畝），雖然東側山麓有自然保護的林地屏障，而西側有農田耕地所形成的綠帶包圍，但這些綠地並非和田園城市一樣的城鄉整體規劃。中興新村在 1957 年時又擴增了三個鄰里單元和四個使用分區，使總面積增加為 442 公頃（約為 1,092 英畝），其中包含 188 公頃（約為 465 英畝）的農業用地和保護區，以及 254 公頃（約為 628 英畝）的市地，才比較接近田園城市的原始理念，但是整體面積還是比田園城市（6,000 英畝）或新市鎮小了許多。中興新村 43：57 的農地／市地比例，也和田園城市農地／市地約為 83：17 的比例，相去甚遠。所以就此而言，中興新村比較接近以新市鎮想像作為遠景的社區規劃。

其次，由於當時兩岸軍事的緊張局勢和戒嚴時期由上而下的治理模式，中興新村從選址、用地取得的先期規劃到實際的設計、興建，乃至於後續的使用、管理，都是國家直接介入的結果，與霍華德試圖將田園城市打造為地方福利政府的自治市理念，相去甚遠。倒是對於在省政府上班的中興新村居民而言，由於政府照顧公教人員的許多措施，包括提供宿舍、配給口糧、減免學雜費和類似合作社經營的福利中心和社區衛生所等等，會讓人誤以為身處在田園城市的理想境界。但是居住在中興新村周圍，近在咫尺卻不具公教人員身分的老百姓，則無法享受這些有如福利國家般的美好待遇。

第三，就規劃理念和設計手法而言，除了分區使用和基礎設施的整體規劃，以及最初田園城市及戰後新市鎮的藍圖式規劃過程接近之外，中興新村迥異於臺灣城鎮的空間型態──包括層級路網、鄰里單元、超大街廓、囊底路、U 形環等（周志龍，1984：43；王怡雯，2003：86），則是直接採擷美國都市計畫理念與都市設計手法，包括克拉倫斯‧培里（Clarence Perry）在

1910 年時提出，之後普遍應用於紐約區域計畫當中，結合學校與社區的鄰里單元原則，以及克拉倫斯·史坦（Clarence Stein）在 1929 年紐澤西雷特朋計畫（Radburn project）中針對日漸普及的汽車交通率先提出結合鄰里單元、公園、住宅設計、囊底路、層級路網的超大街廓（superblock）概念等（Relph, 1984: 62-67；Hall, 1988: 122-132）。

　　需要說明的是，霍華德的《明日田園城市》書中所楬櫫的「田園城市論述和社會規劃理念」，和後來隨著田園城市運動興起之後所流行開來，以建築師雷蒙·歐文（Raymond Unwin）和貝里·帕克（Barry Parker）為代表，著重空間型態和建築風格的「花園城市設計手法」，是截然不同但常被混淆的兩回事。後人常將歐文與帕克早在 1890 年即應巧克力大亨約瑟夫·朗特里（Joseph Rowntree）之邀，在約克（York）外圍的新厄斯威克（New Earswick）為其規劃工廠社區時首度採用的囊底路設計，後來也應用在列區沃斯田園城市和倫敦北郊的漢普斯特（Hempstead）地區（也就是所謂的田園郊區），加上歐文與帕克在設計列區沃斯的公共建築與住宅採用了大量英國農舍的建築元素，使得當時和後來英美住宅開發的建築設計，大量仿效這種具有強烈農舍風格與庭院設計的建築形式，甚至刻意採用具有田園城市（或是花園城市）味道的名稱來混淆視聽，因而助長了世人對於田園城市和花園城市之間的混淆與誤解，尤其是經過美國郊區化過程的市鎮規劃與建築設計中介，才演變出中興新村是具有「臺灣花園城市」美譽的都市計畫「傳奇」。

《明日田園城市》對當前臺灣都市發展的啟發

　　霍華德在 19 世紀末年出版的《明日田園城市》和相關的田園城市運動，它在傳播遞嬗的歷史進程中，剛好也和中華民國的建國歷程，前後呼應、齊頭並進。然而，自民國創建以來，我們在政治、經濟、國防、外交，乃至於社會、文化、科學、教育各方面，皆不斷向西方社會學習與借鏡，試圖從他們成敗的經驗中汲取養分，作為我們發展的方向，甚至連中華民國的憲法都是翻譯、拼湊而來的法典。我們不禁要捫心自問，在不斷移植和挪用西方典章制度、產業技術、學說理論和流行文化的過程中，這一百多年來，我們究竟發展出多少屬於我們自己的原創事物？

　　這並不是主張閉門鎖國、坐井觀天，無視於國外日新月異的理論思潮和社會實踐，否則我也不會回頭翻譯《明日田園城市》這本被我們冷落和誤解了一百多年的城市論述和規劃經典。相反地，此言的目的是在提醒國人，尤其是要提醒一不小心就可能淪為西方學術買辦的社會科學家們，西方的理論學說和社會實踐固然是值得我們學習和效法的對象，但是更重要的事情在於掌握它們背後的時代精神、思維模式和實踐方法，進而釐清我們自己的問題、創立學說和解決問題；而非一味低頭追隨別人的腳步，彎腰拾取別人努力創造出來的成果。否則，套句汽車廣告商的行銷口號，「追隨者永遠只能看到領先者的背後！」換言之，我並不期待臺灣的田園城市美夢成真。我們迫切需要的是做自己的夢和走自己的路。最後，就臺灣當前的社會條件與都市狀態而言，我認為霍華德的《明日田園城市》至少可以為臺灣帶來三大啟發，值得我們深思細量，進而起身力行，著手規劃和建造明日的臺灣城市。

● 擺脫「小清新／小確幸」，邁向「大時代」的社會思考與
　城鄉提問

　　回顧《明日田園城市》，它開宗明義就具體點出 19 世紀末
期英國社會，乃至於歐美各國，不分黨派、宗教、階級一致同意
的重大問題──都市人口過度擁擠，以及城鄉消長所伴隨而來的
各種問題，進而提出城鄉磁鐵的分析架構，以及建造田園城市，
最終擴大為社會城市的區域主張，回頭拯救像是倫敦、曼徹斯特
等幾乎動彈不得的工業大城。如果將同樣的提問放到臺灣今日的
時空脈絡當中，我們不得不問，臺灣當前最重大、最迫切和最根
本的社會問題究竟為何？是民族認同、民主法制，還是國計民生
的問題？或是在城鄉發展和都市計畫的脈絡之下，究竟是土地利
用、產業技術、工商發展、住宅問題、交通建設、災害風險、環
境永續，或是其他一時也說不清楚的沉痾重疾？這是亟待產、
官、學界正本清源，長遠謀劃的核心議題。我個人在此也不敢妄
下定論。但可以確定的是，臺灣社會迫切需要一本、十本和一百
本像霍華德《明日田園城市》這樣的時代之作，而且是集產、
官、學界群策群力之效的共同思考和集體書寫。我們肯定這些
年來人民自發或政策鼓勵的各式各樣「小創意」，但是更深切期
待正本清源的「大智慧」。為了擺脫臺灣社會這些年來日漸內縮
與自我陶醉的「小清新」性格和「小確幸」主張，重新注入務本
創新的「大時代」精神，我認為有必要仿效英國在 1851 年時所
舉辦的第一屆萬國博覽會做法來籌劃一場批判回顧與大膽前瞻臺
灣重大發展的「臺灣博覽會」，之後每 10 年、20 年或 25 年舉
辦一次。它不是為了展示科學、技術與文化國力的炫技秀，也不
是奧運、花博或設計之都之類的城市嘉年華會，更不是為了發展

觀光、刺激消費或是行銷城市所做的擦脂抹粉作為，甚至不用向任何一個國際單位申辦，而是舉國上下試圖一起靜下心來反思臺灣社會的根本問題，並且共同努力來找出具有智慧創意的解決之道。它不急在一時，也不限於單一形式，甚至可以突破傳統的做法，結合政府和民間的力量，例如舉辦政黨辯論、公民論壇、公開競圖、規劃展覽、學術研討會、產業工作坊、實驗示範園區、模擬體驗等各種方式，讓「臺灣博覽會」成為描繪明日臺灣辯證圖像的異托邦（heterotopia）。就算一時無解，光是徹底釐清當前臺灣社會重大問題的「問題意識」與仔細思考未來發展願景的「問題設定」，未來都有可能成為無比珍貴的時代遺產，持續發光發熱。例如瑞士出生、逝世於法國的建築與規劃大師科比意（Le Corbusier）在 1922 年時就曾經提出一個「300 萬人的當代城市」（a contemporary city of three million people）計畫，於巴黎的秋季沙龍（the Salon d'Automne）公開展覽。他主張剷平巴黎塞納河右岸數百英畝土地，重新建造一個可容納 300 萬人，以「矗立在公園當中的摩天大樓」（the skyscraper in the park）作為核心概念的「光輝城市」（the radiant city）。整個計畫試圖融合減少市中心的擁擠程度、增加都市人口密度、提升整體交通便利、增加公園與開放空間等看似衝突，實則互利的規劃原則，運用幾何設計、預鑄量產的集合住宅，他稱之為「生活機器」（machine for living），以及從天上到地下有效連結市區和外圍郊區的各式快捷路網，來回應汽車科技當道的「機械時代」（the Machine Age）（LeGates and Stout, 1996: 367-68）。儘管這個偉大的計畫並未實現，但後來集結改寫成《明日城市及其規劃》（The City of To-morrow and Its Planning, 1929）及《光輝城市：作為機械時代文明基礎的都市主義信條構成元素》（*The Radiant City: Elements of a Doctrine of Urbanism to be Used as the Basis of Our Machine-Age Civilization*, 1933）等書，除了展現他受霍華德田園城市既有概念啟發卻發展出截然不同的規劃理念之對話脈絡，也為當代和後世的建築師及規劃者帶來許多重大影響，流傳至今。因此，我甚至想建議總統府或行政院成立一個「國家發展委員會」，而不是目前隸屬於行政院的國家發展委員會，由副總統和行政院副院長擔任正副主任委員，負責統合政府各部會和民間團體的力量，再藉由臺灣博覽會和各種公共參與的平臺，逐漸形成朝野與社會共識，進而以此作為國家施政方針的指導原則，不因政黨輪替或閣揆更換而擅自變動，持續下去。假以時日，臺灣社會要不脫胎換骨，也難。

● 持續建構從「宜蘭厝」到「臺灣厝」的設計論述

就算我們只將《明日田園城市》的啟發，限定在都市計畫和住宅問題的狹隘範疇之內，它的基本主張、思維模式和行動方案，也值得我們借鏡、學習。就以長期困擾臺灣城市和都市居民的不動產投資（投機）和都市住宅問題為例。雖然在《土地法》中規定的土地增值稅原本具有和《明日田園城市》相同的土地增值、漲價歸公理念，但是長期放任不動產市場炒作，幾乎毫無社會住宅政策與作為的結果，尤其是 1989 年「無殼蝸牛運動」之後的不動產流通時代，房價高漲，生活品質低落的住宅問題，更成為壓得小老百姓喘不過氣來的心頭大患（吳鄭重，2010：275-284），也迫使「無殼蝸牛運動」發生四分之一個世紀之後，2014 年臺北市長選戰方酣之際，還得加碼推出「巢運」的無奈窘境。這時候，除了仿效《明日田園城市》在窮鄉僻壤建造田園城市的激進方案之外，或許在臺灣地狹人稠的特殊條件下，我們更應該採用

「城中新城」（new towns in town）的基進方案，利用過去 20 年來宜蘭縣政府和仰山文教基金會所合作發展的「宜蘭厝」模式，加上近年來行政院在產業科技策略下所推動的智慧生活科技計畫，在中央或地方政府的公有土地上進行各式各樣的前瞻住宅實驗——2050 年的新臺灣厝計畫（吳鄭重，2011，2012）。一方面集合產、官、學界的專業知識和創意智慧，另一方面則是促進公共參與和凝聚社會共識，讓普羅百姓人人負擔得起的「平價國宅」或是「合宜住宅」，成為有如北歐宜家（IKEA）家具般的庶民美學工藝，而不是粗製濫造或敷衍了事的「貧民住宅」。但令人遺憾的是，長久以來受到中央與地方政府忽略的社會住宅，通常只會在縣市選舉前為了吸引選票而短暫現身，例如 2010 年臺北市政府就在選前拋出仁愛路「小帝寶」的超級國宅方案，社會大眾立即眼睛一亮，熱烈討論。但隨著選舉結果塵埃落定，不僅「小帝寶」的社會住宅方案胎死腹中，其他社會住宅的規劃和興建也是雷聲大、雨點小，頂多蓋一小批「樣板屋」交差了事，都市住宅的民生大事依然深深困擾著許許多多的小市民。

回顧 1851 年在倫敦舉辦的第一屆萬國博覽會，現場就有一個「模範住宅」（model dwellings）的前瞻設計，希望為將來的工人階級提供一個舒適便利的居家環境（Matrix, 1984: 61-63）。這個夢想住宅的意義在於積極回應 1845 年腓德列克・恩格斯（Friedrich Engels）於《英國工人階級的生活狀態》（*The Condition of the Working Class in England*）一書中所揭露的英國工業城市裡宛如人間地獄的惡劣居住條件。接著在 1880 年代和 1890 年代巧克力製造商喬治・卡德伯里（George Cadbury）和肥皂製造商威廉・海斯吉斯・李佛（William Hesketh Lever）分別在伯明罕外圍邦威爾（Bournville）和利物浦附近的日照港（Port Sunlight）興建優質

的工業村莊，終於促成 20 世紀初期的田園城市規劃和二戰後的
新市鎮發展，共同為英國當代的社會住宅政策與都市規劃實務奠
定良好的基礎，進而影響歐美各國，以及新加坡、香港等英國屬
地的住宅發展。如果再加上 20 世紀初期德國以簡樸實用為依歸
的包浩斯（Bauhaus）建築工藝教育、瑞士建築與規劃大師科比意
於 1952 年在法國馬賽設計的馬賽公寓等，我們可以清楚看到歐洲
各國的產、官、學界如何通力合作為人民的住宅需求共同努力。
這些經典的住宅設計後來也成為世人爭相觀摩和收藏的傳世珍品
（吳鄭重，2010b）。

其實，臺灣從 1975 年「國民住宅條例」通過之後所展開的
臺灣住宅現代化歷程中，以國家直接興建和獎勵民間興建為主的
國民住宅雖然帶頭將臺灣都市住宅提升到三房兩廳雙衛的現代水
準，但是草率移植西方的住宅模式，粗糙的營建品質，加上民間
預售屋制度大量複製推波助瀾的結果，反而種下今日公寓式集合
住宅的種種問題，例如：單調的住宅地景、冷漠的社區關係、狹
小封閉的公寓廚房和缺乏友善的公共空間等。因此，臺灣未來 3、
50 年，甚至 100 年之後的都市地景和住宅願景，迫切需要像《明
日田園城市》這樣膽大心細的創新嘗試！

●從「田園城市」的批判閱讀到「四合院城堡」的辯證轉繹

在導讀的最後，也是即將正式閱讀霍華德的《明日田園城市》
之前，我要特別提醒讀者批判閱讀、辯證轉繹的「讀書之道」。
過去之所以誤解、漠視像霍華德的《明日田園城市》這樣的經典，
是因為吾人只在文本內容的技術細節上吹毛求疵，卻對全書的時
代背景和社會脈絡不求甚解，而在應用時也因為先前的閱讀沒有

融會貫通，只能照單全收地進行技術移植，因此造就出當前臺灣的規劃怪獸和都市亂象，也就不足為奇。換言之，在閱讀《明日田園城市》時，我們需要領略的是田園城市整體論述背後的思維模式，而非田園城市的技術規範或其最終產品。因為相同的理念極可能早已化整為零地應用在許多真實的都市案例裡面，以不同的規劃手法和變形的建築元素，融合在既有的都市紋理當中。例如倫敦市區羅素廣場（Russell Square）附近有一個名為龐茲威克中心（Brunswick centre）的集合住宅。標準的 1960 年代現代建築。從外面看起來，它就像一座冰冷的現代城堡，十足現代建築冷酷主義（Brutalism）的典型代表。拜「混合使用」之賜（但從微型的尺度而言，它其實也是建築內部的分區使用），一進到中庭廣場裡面，卻展現出一種完全不同的氣氛，有點兒像田園城市水晶宮般的味道。一樓盡是各式各樣的商店和餐廳，還有一家大型超市；中庭是開放空間和散落在各個角落的露天咖啡座，假日還有小型的攤販市集；隱身地下樓的則有聲名遠播的獨立書店和藝術電影院，以及住戶專用的停車場，二樓以上則是住家，從地面開始逐層向後退縮的建築設計，讓中庭的空間兼具合院的寧適與寬廣的天際線，一點兒都沒有擁擠的感覺，簡直就是一個「迷你」的田園城市或城中新城。換言之，藉由混合、融合到整合的辯證轉繹（dialectical transduction），也就是舉一反三地跳躍思考和融會貫通地權變應用（吳鄭重，2008），看似迂腐過時的田園城市理念，早已悄悄地投胎轉世，附身在超現實的現代建築當中。它讓我想到同樣是 1960 年代現代建築冷酷主義的代表作品——位於倫敦金融中心西堤區（the City）邊上，占地 7 英畝（約 2.8 公頃）的超大型集合住宅巴比肯中心（Barbican centre）。基地內有高低錯落的住宅單元，還有倫敦交響樂團所在的藝術中心和城市大

學（City University）、倫敦博物館等，甚至還有羅馬時期的城牆遺址和修道院，中庭的植栽設計結合了大型溫室、荒野生態池和一般公園的綠地、遊戲場，最重要的是提升到二樓高度並與整個周邊區域大樓連接的人行廊道。這些看似與田園城市截然不同的規劃方式，或許在外形上和理念上都和科比意的光輝城市比較接近，也呼應義大利建築師保羅・索列里（Paolo Soleri）以垂直發展縮短路徑的生態建築（arcology）概念。但是在實際使用上，由於缺乏像龐茲威克一樓中庭的混合使用所產生的商業活力和人際互動，使得巴比肯更像垂直發展的田園郊區。

　　將場景拉回與我們日常生活切身相關的臺灣城市，即使是像中興新村那樣經由美國鄰里單元規劃，輾轉借用田園城市理念的半吊子都市計畫實驗，也已經是一甲子之前的大膽嘗試。反觀當前最需要創意和突破的中心市區和鄉村邊陲，我們反而躊躇退縮起來，放任地方政府勾結財團大搞都市更新和土地重劃的金權遊戲。像是這些年臺北市推行的一些都市更新方案，大概只聚焦在拉皮美容的膚淺層次和地產開發的功利意圖，卻看不到一絲絲的城市遠見。試想，如果當初大安森林公園不只是單純的都會公園，而是結合國宅政策、社區營造和景觀建築創意的大膽嘗試，那麼今日許多都市更新的問題根本就不會出現，甚至還因此打造出留名青史的未來建築。例如：將大安森林公園周邊的大安國宅安置在公園的四周，形成類似大型合院的城堡結構，並且採取類似科比意馬賽公寓的主題設計。一樓作為商業用途，二樓以上靠近馬路的外側作為辦公大樓，內側作為居住用途，出租給商家行號和一般家庭；然後將新生國小、幼稚園等國教設施放到公園裡面，讓社區、學區合而為一；再配合其他設施和規劃，建構出一個個具有特色的四合院城堡。而不是將精華地段的土地一塊塊地

標售出去給財團炒作地皮，這樣反而可以營造出有如城中新城般的都市綠洲，不僅符合廣大市民的公共利益，而且在財政規劃上也更為永續。同樣地，在苗栗大埔這樣具有悠久農業根基的地方，硬是要以強制徵收的手段剷除良田、設立臺灣已經多到難以消化的科學園區，只是更加凸顯都市計畫在臺灣如何淪為權貴炒地皮的政治工具，令人不勝唏噓。

　　這幾年全球吹起一陣文化創意產業的新旋風，加上石油及原物料短缺所造成的物價高漲，預告了知識經濟時代的到來和創意階級的興起。這樣的轉變意味著在自然資源日益匱乏的新經濟裡，人力資源將占有史無前例的重要地位。而且，有別於工業化生產所仰賴的「勞動力」（labor power），知識時代的文化創意生產最需要的是「腦動力」（brain power）。因此，我們必須深刻體認，這個新世代最關鍵的思維邏輯，已經從傳統歸納（induction）、演繹（deduction）的封閉思維，變成辯證轉繹的創意思維。簡言之，歸納是從眾多的經驗事件中，找出共同的原理或法則，這是傳統農業社會最根本的生存心態。相反地，演繹則是從尚未證實的法則出發，藉由經驗事件的不斷驗證，以證實或排除某個理論的可能性，這是現代工業社會提倡的科學方法。然而，不論是歸納或演繹，都將我們的思維局限在既定的封閉關係裡面：歸納只是將事實轉換成法則，將特殊的變成普遍的，將偶然的歸結為必然。反之，演繹則是將普遍的延伸到獨特的，將確定的轉換成啟發的，將必然的因果機制變成偶然的情境關係。在文創產業當道的知識經濟時代，這兩種思維皆不足以支撐新的創意生產過程，我們更需要的是跳躍性思考的辯證轉繹邏輯。作為引爆「腦動力」的思維邏輯，它強調將既存現象視為有問題的存疑動作，產生具有批判意識的「問題設定」，進而利用正、反、

合的辯證思維去「發明」可能的「策略性假設」。這種從既有的條件和過程去想像新的可能性，並且利用現實的批判去建構可能的知識概念，進而實現新的事實的過程，就是辯證轉繹的創新之道。其實，這樣的創意思維從來都不曾間斷過，也普遍體現在古往今來各行各業的頂尖人才身上，包括霍華德和他的《明日田園城市》。只是它們都被神祕化了，被視為極少數「天才」科學家或藝術家的天賦異稟，而未被納入當代教育的課程訓練裡面。換言之，辯證轉繹所楬櫫的創意思考，並非天馬行空、漫無邊際的胡思亂想；而是奠基在理論概念的結構縫隙和社會實踐的行動皺褶當中，突破現實僵局和跳脫思想框架的創意蟲洞。這是當代設計的基本步驟，也是都市計畫的最高境界。

這時候，再回頭看看一百多年前《明日田園城市》書中所展現的時代精神和規劃熱情，或許這就是我們目前最欠缺的社會文化資產——讓夢想照進現實裡的城市遠見。

參考文獻

王怡雯（2003）《中興新村的現代性：西方理想城鎮規劃的臺灣經驗》。私立東海大學建築系碩士論文。

中和鄉志編纂委員會（1960）《中和鄉志》。臺北縣，中和鄉：中和鄉志編纂委員會。

吳鄭重（2008）〈引導未來設計的辯證轉繹創意思維〉，《當代設計》第190期，頁42-44。

吳鄭重（2010a）《廚房之舞：身體和空間的日常生活地理學考察》。臺北市：聯經。

吳鄭重（2010b）〈百年社會住宅，就要小帝寶〉。《聯合報》A17版民意論壇。2010年12月15日。

吳鄭重（2011）〈2050年「臺灣曆」的現代化想像〉，《當代設計》第226期，頁30-32。

吳鄭重（2012）〈新臺灣厝：建築工藝與生活城市的辯證轉繹〉。《臺灣建築》第
202 期，頁 98-104。

周志龍（1984）《臺灣省政府、中興新村對於南投縣發展衝擊之研究》。國立中興
大學都市計畫研究所碩士論文。

張景森（1993）《臺灣的都市計畫 1895-1988》。臺北市：業強。

黃宇和（2007）《孫逸仙在倫敦，1896-1897》。臺北市：聯經。

廖盈琪（1999）《昨日的明日花園城市：永和都市計畫之移植與形構》。國立臺灣
大學建築與城鄉研究所碩士論文。

Beevers, Robert. (1988) *The Garden City Utopia: A Critical Biography of Ebenezer Howard.*
London: Macmillan.

Castells, Manuel. (1986) *The Informational City: Economic Restructuring and Urban Development.*
Oxford: Blackwell.

Hall, Peter. (1988) *Cities of Tomorrow: An Intellectual History of Urban Planning and Design in the
Twentieth Century.* Oxford: Basil Blackwell.

Hall, Peter and Colin Ward. (1998) *Sociable Cities: The Legacy of Ebenezer Howard.* Chichester:
John Wiley & Sons.

Hardy, Dennis. (1991) *From Garden Cities to New Towns: Campaigning for Town and Country
Planning, 1899-1946.* London: E and FN Spon.

Harrison, Roger and David Walker. (2006) *Letchworth: First Garden City.* Letchworth,
Hertfordshire, UK: David's Bookshops.

Jacobs, Jane 著，吳鄭重譯注及導讀（2007）《偉大城市的誕生與衰亡：美國都市街
道生活的啟發》。臺北市：聯經。

LeGate Richard T. and Frederic Stout (eds.)(1996) *The City Reader.* London and New York:
Routledge.

Letchworth Garden City Heritage Foundation. (2013) Property Portfolio. http://www.
letchworth.com/heritage-foundation/property-to-let/property-portfolio. 2013.10.23.

Matrix. (1984) *Making Space: Women and the Man Made Environment.* London: Pluto Press.

Miller, Mervyn. (1989) *The First Garden City.* Chichester: Phillimore.

Proudlove, John. (2005) *Letchworth's Exhibition Cottages.* Letchworth, Hertfordshire:
Letchworth Garden City's Exhibition Cottages Group.

Relph, Edward (1987) *The Modern Urban Landscape.* Baltimore: John Hopkins University Press.

Wang, Yi-wen and Tim Heath. (2014) 'Towards garden city wonderlands: new town planning
in 1950's Taiwan,' *Planning Perspectives* 25(2): 140-169.

Ward, Stephen V. (ed.) (1992) *The Garden City: Past, Present and Future.* London: E & FN Spon.

版本說明

　　埃伯尼澤・霍華德（Ebenezer Howard）的《明日田園城市》（*To-morrow: A Peaceful Path to Real Reform*），無疑是當代都市計畫史中最著名的經典之作。它於 1898 年問世，之後多次以《明日的田園城市》（*Garden Cities of To-morrow*）作為書名再版，並且被翻譯成多國語言。霍華德在 1899 年創立田園城市協會（Garden City Association），也就是現在城鄉規劃學會（Town and Country Planning Association）的前身，形成一股田園城市的風潮，並將田園城市和田園郊區推廣到法國、阿根廷、德國、日本、俄羅斯和美國等地。在其發源地英國，田園城市運動於二戰之後也促成近 30 座由政府出資的新市鎮（new towns）計畫，其中包括著名的史蒂芬尼區（Stevenage）、哈洛（Harlow）和彌爾頓・凱因斯（Milton Keynes）等新市鎮。

　　然而，《明日田園城市》的原始版本自從初版後，就不曾再發行過。部分原因是書中包含一些精美、昂貴的彩色圖片，那是了解霍華德核心理念的重要途徑，卻在後來的版本中被刪除，也導致霍華德的理念被誤解、扭曲。其中最值得關注的是，大部分評論者都認為霍華德主張在偏遠的鄉間建造遺世獨立的田園城市，卻沒有注意到與此相反的另一個重點：他充分展現在社會城市（Social Cities）示意圖中的完整主張，其實是要建立經過縝密規劃的多核心群集城市（polycentric urban agglomerations）。書中另一個核心概念同樣被誤解，也就是社區應該善用（到目前為止還是）流向私人地主手中的地租，因為書中另一個重要的圖表

——地租遞減要點（The Vanishing Point of Landlord's Rent）——
在後來的版本中也遭到刪除。

為了慶祝世界首座田園城市列區沃斯（Letchworth）成立
一百周年，城鄉規劃學會特別企劃了這個彌足珍貴的《明日田
園城市》原始版本復刻計畫，和全世界的規劃學者與實務者分
享。學會特別邀請侯彼得（Peter Hall）、丹尼斯·哈迪（Dennis
Hardy）和科林·瓦德（Colin Ward）三位著名的規劃學者，為本
版撰寫評注和新的導論與後記——這些評注為霍華德在撰寫《明
日田園城市》時的 1890 年代倫敦，以及影響他的相關人物，注入
新的觀點。這個逐頁評注的復刻版本，對都市計畫領域中每一個
嚴肅看待自己專業的師生和專業者來說，是必備的經典讀本；它
也是現代社會、經濟、政治與史地研究等相關領域，不可或缺的
重要文獻。

侯彼得爵士是倫敦大學學院（University College London）巴
特萊學院（Bartlett School）的規劃教授兼社區研究所所長。他撰
寫、主編過 36 本有關都市計畫和發展研究的專書，包括著名的
《明日城市》（*Cities of Tomorrow*）、《文明城市》（*Cities in Civili-
zation*）和《社會城市》（*Socialble Cities*）（與科林·瓦德合著）
等書。

丹尼斯·哈迪是英國米德薩克斯大學（Middlesex University）
研究都市計畫史的專任教授，並兼任該校的策略發展執行長。他
撰寫過多本有關規劃史的著作，其中包括城鄉規劃學會史（上、
下冊）。

科林·瓦德是倫敦政經學院（London School of Economics
and Political Science）的訪問教授。他的研究領域是非官方環境
的歷史研究，著有《佃農與黑戶：隱藏的住宅史》（*Cotters and*

Squatters: Housing's Hidden History）以及《新市鎮，老家園的經驗教訓》（*New Town, Home Town: The Lessons of Experience*）等書。

前言

　　本評注版本，是 1898 年由史旺‧索尼森（Swan Sonnenschein）出版社出版的埃伯尼澤‧霍華德最原始版本的《明日田園城市》首次再版。評注者包括：（一）侯彼得爵士，他是城鄉規劃學會的現任會長，該學會的前身是 1899 年時為了推廣霍華德理念所設立的田園城市協會；（二）科林‧瓦德，負責介紹本書的內容及提供相關注解；（三）丹尼斯‧哈迪，他是城鄉規劃學會的歷史學家，負責撰寫本書後記。《明日田園城市》對社會的影響相當快速、直接，而且深遠：第一座田園城市列區沃斯在 1903 年成立，第二座田園城市威靈（Welwyn）在第一次世界大戰之後的 1919 年出現。類似的發展在許多國家同步展開，尤其是在德國和法國。

　　腓德列克‧奧斯朋（F. J. Osborn）是霍華德在建造威靈田園城市的經理，後來成為城鄉規劃學會的領導人，經由他努力不懈的推動，《明日田園城市》一書也促成了英國 1946 年的新市鎮法案（New Towns Act 1946）。該法案讓國家以「非新市鎮」的低價取得土地，並且為 28 座英國新市鎮和 4 座北愛爾蘭新市鎮奠定基礎。政府在這些計畫中的龐大投資，連本帶利全數回收。所有住在新市鎮的居民──約有 200 萬人──大體而言，都享受到新市鎮的高品質生活。這也使得英國為了永續發展精心規劃和執行的模式，廣為世界各國仿效。

　　霍華德將各種理念結合起來的獨特方式，引起社會大眾要求英國政府訂定土地利用的相關法規和設計準則，也促成了 1947 年

城鄉規劃法（Town and Country Planning Act 1947）的制定，賦予國家在土地開發上的權力。雖然在規劃許可制實施之後，這項法案在獲取土地增值利益所提供的效果相形失色，但是它對於打造現代英國，以及為大部分已開發國家都市計畫體系所提供的設計參考，都具有指標性的影響力。

　　《明日田園城市》復刻版本的出版，是為了慶祝首座田園城市列區沃斯誕生一百周年。當英國政府為了幫 20 萬人打造家園而在英國東南部規劃了 4 個大型成長區域時，或許也在田園城市的發源地揭示了新市鎮運動的復興。因此，本復刻版本的意義遠遠超過了規劃史的實踐：所有那些實際參與新市鎮規劃的人，不論是在英國或是其他國家，都將在閱讀《明日田園城市》的全新評注版時獲益良多。他們的各種疑問也將於本書獲得解答。

大衛・洛克（David Lock）

城鄉規劃學會理事長

2003 年 3 月

誌謝

感謝列區沃斯田園城市襲產基金會（Letchworth Garden City Heritage Foundation, http://www.lgchf.com）慷慨贊助霍華德這本經典著作本的重新出版，作為慶祝列區沃斯田園城市一百周年的成果之一。該基金會是一個具有慈善性質，目前負責管理 5,300 英畝列區沃斯田園城市地產的前瞻產業社團。

同時要感謝瑪格麗特·奧斯朋·帕特森女爵信託基金會（Lady Margaret Osborn Paterson Trust）的參與、贊助。城鄉規劃學會誠摯地感謝這兩個機構的支持，如果沒有他們的贊助，本復刻計畫絕對無法完成。

學會還要感謝侯彼得、丹尼斯·哈迪和科林·瓦德，謝謝他們為評注本書所做的貢獻。尤其要感謝彼得，謝謝他和安·魯特金（Ann Rudkin）在完成評注、尋找和挑選圖片，以及校訂草稿過程中的辛勞付出。

最後，我們要由衷地感謝安·魯特金，謝謝她全程掌控本書（英文版）的出版過程，包括她對於相關圖片進行研究的重要工作，同時也要感謝理察·波頓（Richard Burton）的排版。我們要特別感謝安、理察和彼得在非常短暫的截稿期限內通力合作，包括在復活節的假期中抽空工作，才使得本書得以順利出版。

吉第安·亞摩斯（Gideon Amos）
城鄉規劃學會執行長
2003 年復活節

百年復刻紀念版：評注導論

　　《明日田園城市》無疑是當代都市計畫史中最重要的一本書。它於 1898 年出版後即大受歡迎，使得發行的史旺・索尼森出版社立即加印售價低廉的平裝本，幾年之內便售出 3,000 冊（Fishman, 1977, p. 54； Beevers, 1988, pp. 43, 57, 104）；1902 年書名更改為《明日的田園城市》，並於 1946 年和 1985 年兩次再版（Howard, 1902, 1946, 1985）。在 10 年之內，本書就有其他語言的譯本。不僅止於此：世界首座田園城市於 1903 年在英格蘭的列區沃斯開始興建；同年，德國也著手規劃幾座田園城市，第一座坐落於德勒斯登（Dresden）外圍的海樂盧（Hellerau）。不出半個世紀，霍華德的田園城市就蔚為風潮，英國國會還通過法案，在英格蘭和北愛爾蘭等地分別規劃了 28 座和 4 座田園城市。

　　本書剛出版時，完全不被看好。作者埃伯尼澤・霍華德，時年 48 歲，在英國國會擔任速記員；他還是向美國友人借了 50 英鎊，才讓本書得以順利出版。作為霍華德信徒與忠實助手的腓德列克・奧斯朋說，霍華德是一個「非常溫和、謙遜的人……非常景仰霍華德的蕭伯納（Bernard Shaw）先生只有在描述他是一個看似『平凡老翁』的『奇人』時，才會溢於言表地說出這個事實。證券交易所甚至將霍華德視為一個微不足道的怪人，把他打發走。」（Osborn, 1946, pp. 22-23）。

　　與霍華德交情深厚的奧斯朋說：「請容我強調，霍華德既非政治理論家，亦非夢想家，而是一個發明家。」（Osborn, 1946, p. 21）田園城市是一項發明，就像他試圖改良打字機的行距設

埃伯尼澤·霍華德（1850-1928）在出版《明日田園城市》時和晚年的照片。

定，讓它變得可調整一樣，只可惜他對打字機的想法並未實現（Beevers, 1988, p. 12），但是田園城市是截然不同的。

　　商人之子霍華德，在 1850 年 1 月 29 日誕生於倫敦的巴比肯區（Barbican）。童年在英格蘭南方的鄉間小鎮長大──切森特郡伊普斯威奇鎮的薩德伯里（Sudbury, Ipswich, Cheshunt）──這或許是他為什麼喜歡鄉村的原因。15 歲離開學校之後，他在城市擔任職員。21 歲時前往美國，在內布拉斯加州從事墾荒農業。但好景不長，一年之後他又前往芝加哥，成為一名速記員，而且一待就是 4 年。雖然後來他否認受到美國經驗影響，但顯然田園城市的名稱，甚至想法，似乎都是由此而來（Osborn, 1950, pp. 226-227; Stern, 1986, pp. 133-134; Beevers, 1988, p. 7）。1876 年霍華德回

到倫敦，在國會找到速記員的工作，做了一輩子，而且「他的一生總是辛勤工作，收入微薄」（Osborn, 1946, p. 19），但是，這份工作讓他有機會接觸到當時重大社會議題的各種辯論（Beevers, 1988, p. 7）。

　　霍華德從美國歸來後，倫敦正處於一種騷動不安的城市狀態，它是激進活動和「理想改革」（causes）的溫床。威廉・莫里斯（William Morris）與 H・M・韓德曼（Henry Mayers Hyndman）分道揚鑣，成立了社會主義聯盟的《共和國》（*Commonweal*）期刊；無政府主義者在俄國王子彼得・克魯泡特金（Prince Peter Kropotkin）的資助下，創立了《自由》（*Freedom*）期刊；另外亨利・錢賓（Henry Champion）和赫伯特・布蘭德（Herbert Bland）則成立了《今日》（*To-Day*）期刊（MacKenzie and MacKenzie, 1977, pp. 76-77）。他們各自追尋不同的目標，莫衷一是。1879 年秋天，霍華德加入一個自由主義的辯論社團——探索學會（Zetetical Society），其成員包括蕭伯納（George Bernard Shaw）和席德尼・韋伯（Sidney Webb）等人，不久之後他們就彼此熟識。霍華德閱讀廣泛，在《明日田園城市》書中引述的作家超過 30 位，從威廉・布萊克（William Blake）到德比夏郡（Derbyshire）衛生部的醫療官員，不一而足；他還閱讀新聞報導、皇家調查委員會（Royal Commission）報告、《評論雙週刊》（*Fortnightly Review*）、費邊學社（Fabian Society）論文，以及約翰・史陶特・彌爾（J. S. Mill）、赫伯特・史賓塞（Herbert Spencer）等人的文章，其中，又以史賓塞對於霍華德的影響最為關鍵。他上不信奉英國國教的教堂（Dissenting chapels）；霍華德的許多閱讀是根源於此一宗教傳統（Beevers, 1988, pp. 13-14, 19, 23）。重要的是，除了克魯泡特金之外，歐陸的人物似乎並未對霍華德的思想產生任何影響——

甚至連馬克思也沒有（Beevers, 1988, p. 24）。

　　在 1880 年代晚期，霍華德開始關注土地問題。這是當時的重大社會議題：英國的土地正面臨重大危機（Fishman, 1977, p. 62）；愛爾蘭的「土地戰爭」（Land War）對英國政局的影響僅次於愛爾蘭獨立（Irish Home Rule）運動；亨利‧喬治（Henry George）於 1881 年出版的《進步與貧窮》（*Progress and Poverty*）銷售超過 10 萬冊；它啟發了 1883 年成立的英格蘭土地復興聯盟（English Land Restoration League），其目標在將所有賦稅導向土地價值，並將地租用於公共目的。這項運動深受 1888 年新設立且銷路暢旺的《星報》（*The Star*）擁戴，連帶在 1889 年第一屆倫敦郡政府（London County Council）選舉時，讓主張對地價課稅的激進派候選人當選；倫敦郡政府極力主張從 1894 年開始徵收地價稅，其他地方政府也群起效法。1901 年時，皇家調查委員會還針對地方稅的問題，展開了調查（Douglas, 1977, pp. 44-45, 47, 113, 118-119）。

　　不只如此，還有些主張更為激進：1881 年時，一個名為土地國有學社（Land Nationalization Society）的社團成立，製作了一系列的傳單。這個社團的核心人物，是著名的社會學家阿弗雷德‧羅素‧華勒斯（Alfred Russel Wallace），他主張要提供小額的鄉村土地股份，讓人民重回土地。他和霍華德彼此熟識，由於該社團的支持，霍華德在 1899 年成立了田園城市協會（Douglas, 1977, pp. 45-46; Hardy, 1991a, p. 30; Aalen, 1992, pp. 45-47）。當時一位重要的政治人物，約瑟夫‧張伯倫（Joseph Chamberlain）相當受到擁戴：他在 1883-1885 年間的文章裡，支持「三畝土地一頭牛」（three acres and a cow）的耕者有其田主張（Douglas, 1977, pp. 48-49）。因為這項主張對於剛剛獲得選舉投票權的鄉村勞工

而言，深具吸引力，而讓民主黨人（the Liberals）贏得 1885 年的大選；但是，如同一位當時的政治人物亨利・萊布奇里（Henry Labouchere）所言，民主黨缺乏住者有其屋的「都市牛」（an urban cow）訴求（Douglas, 1977, p. 53）。

因為民主黨對倫敦地區的重大議題——住宅問題，並無答案（Osborn, 1950, pp. 228-229）。當時，有大批農民從鄉村湧入首都倫敦，使得人口激增。在 1871 年到 1901 年的 30 年間，倫敦的人口幾乎每 10 年增加 100 萬人，一路從 390 萬人增漲到 660 萬人。隨著住宅拆除，建築變更為辦公大樓和用來興建鐵路，許多倫敦人淪落到住貧民窟的窘境（Douglas, 1977, pp. 72, 105-106; Beevers, 1988, pp. 9-10）。

在這樣的背景下，霍華德試圖找出自己的解決方案。他曾經仔細思考赫伯特・史賓塞的土地國有化方案（Beevers, 1988, p. 20），但是最後卻從英格蘭北方一個沒沒無名的激進主義者湯姆士・史賓斯（Thomas Spence）處得到解答。史賓斯於 1775 年發行的小冊子，在 1882 年時被社會民主聯盟發起人 H・M・韓德曼重新印行，冊子中提到：「每個行政區都應該變成一個公司，並重新掌握它在土地上所喪失的集體權利，收取租金並用於公共目的。」（Beevers, 1988, pp. 21-23）史賓斯並未說明究竟該如何利用土地，但是霍華德卻從 J. S. 彌爾的《政治經濟學原理》（*Principles of Political Economy*）書中得到一個計畫殖民（planned colonization）的構想，就如同愛德華・吉朋・威克菲爾德（Edward Gibbon Wakefield）在此之前 40 年所提出，試圖混合城市與鄉村的想法。為失業人口建立「本土殖民地」（home colonies）的想法在當時頗為流行；其中有一個倡議者是新生活團契（Fellowship of the New Life）的創始人之一，湯姆士・大衛遜（Thomas Davidson），而費邊學社又是從新生活團契衍生出來的。霍華德掌握到有關「都市牛」的核心問題：失業的倫敦人不會變成持股的小農戶，他們需要的是工廠的工作機會（Beevers, 1988, pp. 25-26）。

　　上述問題的答案來自經濟學家阿弗雷德‧馬歇爾發表於 1884 年的一篇文章：「長期而言，倫敦人口中的多數階級移往鄉村在經濟上是有利的──而且是對選擇移往鄉村或是留在城裡的人都有利。」（Marshall, 1884, p. 224）。鐵路、廉價郵政、電報、報

阿弗雷德‧羅素‧華勒斯（1823-1913）。他在 1855 年所發表的論文〈論新物種的引進法則〉（**On the law which has regulated the introduction of new species**），讓他成為和達爾文的演化論齊名的共同發現者。

約翰‧史陶特‧彌爾（1806-1873）。

紙的普及使得產業得以離開大城市，尤其對於毋需仰賴諸如煤礦等天然資源的產業而言，更是如此；如果這些大城市的勞工得以移出的話，這些產業也會跟進。而勞工正在離開城市：有五分之一的倫敦人已經搬離首都（Marshall, 1884, pp. 223-225, 228）。因此，馬歇爾主張：

> 整個計畫是成立一個委員會，在遠離倫敦煙霧與塵霾之處設立墾殖地。當想好該如何在當地興建或是購買農舍之後，就可以和一些低薪勞工的雇主們展開協商。（Marshall, 1884, p. 229）

因此，霍華德已經有了自己的核心構想，只是尚未將其整合起來。早在 1888 年時，他就讀了愛德華・貝勒米（Edward Bellamy）的暢銷書《回顧》（*Looking Backward*）。書中的主人翁打了一個盹兒之後，醒來發現自己身處在西元 2000 年的波士頓。那是一個規劃良好，具有林蔭大道、開放廣場和美麗景觀的無煙城市。在巨型工廠裡面工作的產業大軍，生產力高得嚇人；貧窮、犯罪、貪婪和貪瀆都銷聲匿跡（Mullin and Payne, 1997, pp. 17-20）。從貝勒米的書中，霍華德構築出一幅「社會主義社區」（socialist community）的圖像，社區同時擁有農業和都市土地（Osborn, 1946, p. 21）；霍華德成立一個社團──勞動國有學社（Nationalization of Labour Society）──在英國推行貝勒米的理念（Hardy, 1991a, p. 31）。但不久之後他發現貝勒米的想法過於威權（Meyerson, 1961, p. 186; Fishman, 1977, p. 36）。1888–1890 年間，霍華德一定是讀了俄國流亡到英國的無政府主義者彼得・克魯泡特金在《19 世紀》（*The Nineteenth Century*）雜誌上的一系列文章，

這些文章後來集結成《田野、工廠與工坊》（*Fields, Factories, and Workshops*）一書。克魯泡特金提出一個以電力為主的「工業村莊」（industrial villages）構想（Fishman, 1977, p. 36）。霍華德後來盛讚克魯泡特金是「有史以來生在權貴家庭中最偉大的民主人士」；從此霍華德的夢想中就奠定了無政府主義的根基（Fishman, 1977, p. 37，引自霍華德未完成的自傳手稿）。

克魯泡特金是當時知識分子重要的思想啟發來源。自許為發明家的霍華德也不斷尋找實際範例，而且有一些具體收穫。愛德華‧吉朋‧威克菲爾德的計畫殖民地方案深受約翰‧史陶特‧彌爾的贊許，促成了南澳的殖民地，其中還包括了威廉‧萊特上校（Colonel William Light）為南澳首府阿德萊德（Adelaide）所做的規劃。該計畫主張當一個城市的人口到達某個規模時，規劃者應該用綠帶（green belt）來遏止城市繼續成長，並建造第二個城市：這是霍華德的社會城市理念。詹姆士‧席克‧白金漢（James Silk Buckingham）在 1849 年時為一個模範城市所做的規劃，就涵蓋了許多霍華德田園城市計畫圖中的特徵：有限的規模、中心區域、放射狀大道、外圍產業、圍繞的綠帶，以及飽和之後另建新城等想法（Buckingham, 1849; Wakefield, 1849; Ashworth, 1954, p. 125; Benevolo, 1967, p. 133）。1880 年代和 1890 年代位於開放鄉村的工業村莊——例如喬治‧卡德伯里（George Cadbury）在伯明罕外圍邦威爾（Bournville）的規劃，以及威廉‧海斯吉斯‧李佛（William Hesketh Lever）在利物浦附近設計的日照港（Port Sunlight）——都提供了具體的實例。烏托邦式的回歸土地社區，想必已經深植霍華德心中，在這些例子中所看到的，幾乎全是鄉村的形式（Darley, 1975, chapter 10; Hardy, 1979, pp. 215, 238; Hardy, 2000, 散見書中各處）。同時，當時瀰漫著由威廉‧莫里斯和約

翰・羅斯金（John Ruskin）所領導的社會改革運動，受到雷蒙・
歐文（Raymond Unwin）和貝里・帕克（Barry Parker）等建築師
擁戴。他們拒絕工業主義的建築設計，致力回歸工藝生產與社區
感的建築設計（Hall, 2002, p. 101）。霍華德欣然擷取他所需要的
各種理念（Osborn, 1950, p. 230）；如同他自己承認的，田園城市
的提案並無新穎之處，他只是將這些理念整合在一起。

　　如同《明日田園城市》書中第十一章的著名標題「綜合提案」
顯示，霍華德結合了威克菲爾德和馬歇爾的計畫移民主張、史賓
斯和史賓塞的租地制度、白金漢的模範城市空間型態，以及萊特
詮釋威克菲爾德的城市型態。將這些理念結合起來，霍華德覺得
自己已經找到解決方案：一個理想的社區，藉由自身存在及努力
創造自我利用的土地價值，逐步實現土地國有的目標。或許最令
人匪夷所思的是，資本家在田園城市興建過程中，被要求扮演重
要的中介角色。

　　從 1892 年起，霍華德開始將其理念介紹給他熟識的倫敦社
團。1892 年，他提議和土地國有學社共同組成土地合作社（Co-
operative Land Society）。他支持市有土地公司的構想，這構想後
來加以修正，改為支持各種不同擁有形式並存的主張。此時，霍
華德已經預見自己可能需透過股份有限公司的方式，向有錢有勢
的人借款，才能夠實現田園城市的計畫。

　　霍華德最終在《明日田園城市》書中提出的計畫有兩個主要
特徵：實質的空間形式，以及創造的方式。如同哈迪在本書後記
中所討論到的，二者都是理想化的描述，很難在現實中實現。

　　霍華德從他著名的三個磁鐵示意圖（Three Magnets diagram）
談起。該圖和書中的其他示意圖一樣，都具有精巧的維多利亞字
體──顯然是霍華德自己動手畫的。在原始版本中，這些圖案都

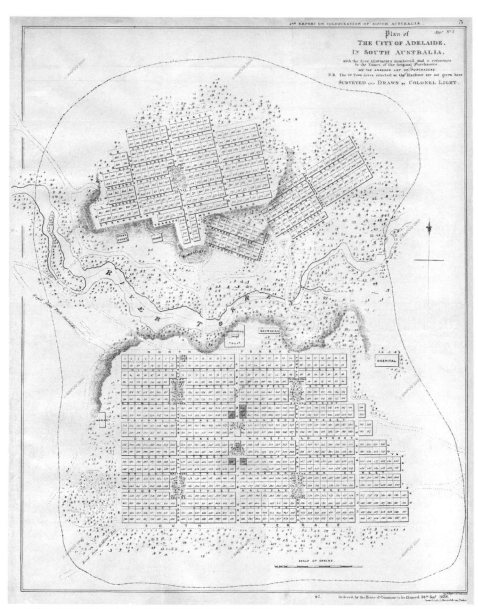

威廉·萊特在 1837 年為阿德萊德所做的規劃，他在 1839 年因肺癆死於當地。

有淡雅的著色，顯露出一種古樸的魅力。然而，仔細檢視圖案的內容之後，便會發現它精闢地概括了維多利亞時代晚期英國城市與鄉村的優點和缺點。城市具有經濟和社交的機會；但是住宅過度擁擠、物質環境惡劣。鄉村提供開闊的田野和新鮮的空氣；但是工作機會太少、社交生活不足。最弔詭的是，一般工人的住宅品質普遍不佳。如果省略下述當時的時代背景，將會難以理解這個城鄉對比：長達 20 年的農業大蕭條讓農民大舉移往城市，而城市也面臨幡然巨變——住宅區被改建成辦公室、鐵路和碼頭，窮人被迫擠到貧民窟裡租屋而居。因此，問題在於如何反轉城鄉移民的方向。

答案的線索在於，有無可能在城、鄉之外，找出第三種空間型態與生活方式，而且優於二者——也就是所謂的第三個磁鐵。在此，它有可能化腐朽為神奇：既有城市的所有機會，又有鄉村的環境品質，毋需犧牲彼此：「城市與鄉村必須結合。這個快樂的結合將會帶來新的希望、新的生活和新的文明。」它可以透過位於鄉村地區的全新城市實現，在遠離既有城市的地方，以不景氣時的低廉農地價格購買土地：這就是田園城市。它有一定的規模，霍華德建議讓 32,000 人居住在 1,000 英畝（405 公頃）的土地上。在田園城市邊緣是工廠帶，霍華德對此有具體的描述：如同他自己強調，由於被吸引到此的產業最重視的是勞動力的品質，所以這裡安置的產業是所謂的輕工業，類似的前例有卡德伯里的邦威爾和李佛的日照港，它們都是採取這種方式。田園城市的外圍會受到一圈永久的綠帶包圍，是由田園城市管理公司在整個購地計畫中購買、擁有的部分土地——霍華德建議綠帶的面積為 5,000 英畝，或是 2,235 公頃——在綠帶上，不只是農場，還有各式各樣準都市的機構，像是適合設置在鄉村地方的少年感化院和

中途之家。

　　田園城市占地狹小（只比倫敦的西堤區〔the City of London〕稍大）、人口稠密（比較像是倫敦的伊斯林頓區〔Islington〕，而非薩里郡的坎伯里〔Camberley, Surrey〕）、生活密集（compact）。用現代比較俗濫的詞彙來說，它是永續都市發展（sustainable urban development）的縮影。「有關霍華德的規劃，其驚人之處在於，它和一個世紀之後有關良好規劃的所有認知完全一致：田園城市是一個步行尺度的聚落，在那裡，人們毋需仰賴汽車就能暢行無阻；人口密度只比現代標準稍微高一點，因此可以經濟、有效地利用土地；整個聚落內、外，充滿了開放空間，因此可以維持一個自然棲地。」（Hall and Ward, 1998, p. 23）。

　　這些觀點可以從霍華德如何因應田園城市的成長，一窺究竟。當一座田園城市到達 32,000 人的計畫人口上限時，在不遠處就會另外建造一座田園城市，依此類推，因此建造的並非單一的田園城市，而是一個多核心的群集城市。每一座田園城市各自提供工作與服務；城市之間有快速運輸系統連結，所以能夠產生大型城市所有的經濟與社會機會。霍華德稱之為社會城市。在本書的社會城市示意圖中可以清楚看到它的樣子，可惜在第二版之後的《明日的田園城市》，將其移除。社會城市涵蓋 66,000 英畝（26,710 公頃）的土地範圍，只比當時倫敦郡的行政區稍微小一點點；人口 25 萬，大約相當於當時英格蘭區域城市的人口規模，例如赫爾（Hull）或是諾丁罕（Nottingham）（Hall and Ward, 1998, pp. 23-25）。但是從書的內文中可以得知，社會城市可以不斷地複製成長，直到它涵蓋整個英國，成為普遍的聚落形式為止。由於社會城市的示意圖在第二版之後的書中被移除，所以大部分讀者都沒掌握到一個重要的事實，那就是社會城市，而非孤

立單一的田園城市，才是霍華德心中的理想願景。

　　因此，田園城市的實質空間表現是相當新穎的，它和過去的城市截然不同。然而，田園城市的創造方式，同樣令人驚奇。每座田園城市的土地，包括周圍占地 6,000 英畝（2,428 公頃）的綠帶，將以不景氣時的農業土地價格在公開市場購得：每英畝 40 英鎊（每公頃 100 英鎊），總價值 240,000 英鎊，並以 4% 的債券利率，依法交付四位誠信、名譽的紳士，以信託的方式持有。一方面是為了確保債券持有人的權益，另一方面則是接受田園城市市民的委託，加以信託。不久之後，田園城市的成長將會提升土地價值並帶動租金上漲。

　　這整個財務計畫的基礎是租金將會定期調漲，讓這四位負責信託的紳士不僅可以支付債券的利息，而且經過一段時間之後，就足以產生可供社會目的之用的基金：成為地方型的福利國家（a local welfare state），毋需經由中央政府和地方政府課稅，而直接對當地市民負責。

　　對今日讀者而言，最令人驚訝之處，是本書中充滿了精細的財務計算。這是有道理的：霍華德必須給錙銖必較的維多利亞商人強而有力的保證，確保他們的金錢投資是安全穩當的。而財務計算愈成功，就愈容易募集到資金。

　　對霍華德而言，田園城市不單單只是一個城市：它是比維多利亞時期的資本主義或中央官僚集權的社會主義，都要優秀的第三種社會經濟制度。

　　在三個磁鐵示意圖下方的自由─合作社字眼，並非矯飾的修辭。每一座田園城市都是一個地方自治的具體實踐，「它是一種無政府合作社的願景，毋需大規模的中央政府干預，即可達成。霍華德對克魯泡特金的誇讚並非信口開河，田園城市將會透過個

別企業的方式實現。在這種做法之下，個人主義與合作社將會巧妙地結合。」（Hall and Ward, 1998, p. 28）。至於這樣的願景究竟有多激進？究竟能夠實現多少？將留待讀者自行檢視。

＊閱讀說明：霍華德原文提及之圖 (一) 至 (七)，
　請見書前彩頁。

TO-MORROW:

A Peaceful Path to Real Reform

BY

E. HOWARD

" New occasions teach new duties ;
  Time makes ancient good uncouth ;
  They must upward still, and onward,
  Who would keep abreast of Truth.
  Lo, before us, gleam her camp-fires !
  We ourselves must Pilgrims be,
  Launch our Mayflower, and steer boldly
  Through the desperate winter sea,
  Nor attempt the Future's portal
  With the Past's blood-rusted key."
      —" The Present Crisis."—*J. R. Lowell.*

LONDON

SWAN SONNENSCHEIN & CO., Ltd,

PATERNOSTER SQUARE

1898

明日田園城市

邁向改革的和平之路

埃伯尼澤·霍華德——著

新的時刻有新的本分；
時間讓舊事物不再美好；
唯有與時俱進者，
方能與真理並駕齊驅。
瞧，眼前閃爍著明亮的光芒，
吾人必須秉持朝聖之心，
堅定地駕駛五月花號啟航，
穿越險峻的冬日冰洋。
勿以鏽蝕斑斑的昨日之鑰，
試圖開啟明日的大門。

——〈當前的危機〉，J·R·洛威爾

倫敦
史旺·索尼森有限公司
培頓諾斯特廣場
1898

〔對原版書名頁的評注〕

　　霍華德在《明日田園城市》的書名頁引述美國浪漫派詩人詹姆士‧羅素‧洛威爾（James Russell Lowell, 1819-1891）1844 年《詩集》（*Poems*）中的〈當前危機〉（*The Present Crisis*）詩篇。洛威爾是一名熱情擁護廢奴主義的詩人，這對於霍華德的禁酒理念有極大的吸引力。洛威爾於 1855 年接任亨利‧瓦茲沃斯‧郎費羅（Henry Wadsworth Longfellow）在哈佛大學的現代語言學教授職位，並擔任《亞特蘭大月刊》（*Atlantic Monthly*）的首任主編（1857-61），後來又接任《北美評論》（*North American Review*）的主編（1864-72）。他職業生涯的最後階段則是擔任美國政府的駐外使節──包括美國駐西班牙（1877-80）和英國倫敦的代表（直到 1885 年）。洛威爾的晚年大部分是在倫敦和約克郡的惠特比（Whitby）度過。至於霍華德是否見過洛威爾，則不得而知。

緒論

在社會作用的沉靜外表下，新的力量、新的渴望和新的目標，正在醞釀，隨時準備破繭而出。

——格林（John Richard Green）《英格蘭民族簡史》
（*Short History of the English People*, X）

在眾多爭議與動盪之後，改變已經發生，而且人們並未察覺到，幾乎每一件事情都是被極少人留意到的因素所悄悄改變。在某個世代不可能突破的制度，在下一個世代就有勇者大膽突破，而第三個世代的人則會加以捍衛。某個時期最難以駁斥的高深論點，如果真的有人駁斥的話，在另一個時期可能只要幼兒的知識，就足以推翻。原本精闢說理也無法為之辯護的制度，可能會因為社群意識習慣和思維模式的逐漸改變，而變為合宜。當這些制度受到某些即便是最嚴苛的分析可能也無法解釋的影響而改變時，屆時只要吹灰之力，就足以摧毀搖搖欲墜的制度結構。

—— 1891 年 11 月 27 日《泰晤士報》（*The Times*）

在當前政黨強烈對立與社會、宗教議題激烈辯論之際，不論其政黨立場或社會意見為何，可能很難在國民生活和社會福祉各方面，找到一個眾人完全同意的看法。

談到禁酒改革（temperance cause）的動機，你會聽到約翰‧莫雷（John Morley）如是說，「這是自從廢除奴隸運動以來最大

的道德運動」；但是布魯斯勳爵（Lord Bruce）則會提醒，「每年光是酒的買賣，就貢獻 4,000 萬英鎊的稅收給國家，用來維持陸軍和海軍的開銷；此外，它也提供了數千人的就業機會」，「即使是禁酒主義的支持者也欠酒館老闆一份人情，如果沒有他們的話，水晶宮（Crystal Palace）裡的飲料店早就關門大吉了」。提到鴉片貿易，一方面你會聽到人們說，鴉片快速地摧毀中國人民的士氣和品行，另一方面則會聽到令人迷惑的說法，那就是幸好有鴉片，中國人才能夠從事對於歐洲人來說不可能的工作，也才可能忍受，即使是最不挑剔的英國人也無法忍受的食物。

　　宗教問題和政治議題經常將人們撕裂成敵對的陣營；在此情況下，冷靜的思維和純粹的情感是朝向正確信仰與良好行動的最佳基石。嗡嗡作響的吵鬧聲和不同立場者之間的鬥爭，會讓人聯想到旁觀者，而不是聯想到真正愛好真理與熱愛國家者，而後者才是具有滿腔熱血的有識之士。

　　然而，有一個問題卻被視為是毫無歧見的。不只在英國，甚至在整個歐洲、美國和所有的英國殖民地，幾乎不分黨派一致認為，人們持續湧入已經過度擁擠的城市，以及因此對鄉村地區進一步地打擊，是件讓人深深遺憾的事情。

　　幾年前羅斯貝里勳爵（Lord Rosebery）在擔任倫敦郡政府主席時，對此特別有感而發：

　　　　在我心裡，倫敦一點兒都沒有讓我覺得與有榮焉。我總是對倫敦的糟糕可怕感到苦惱：一個駭人聽聞的事實是，在泰晤士河沿岸，數以百萬計垂頭喪氣的市井小民，日復一日蜷縮在陰暗的斗室裡辛勤工作著──完全無視或無悉於他人的生活，無人在意的意外事故奪走了成千上萬、無以勝數的生

命。60 年前，一位偉大的英國紳士科貝特（Cobbett）將這種情形稱為「城市之瘤」（a wen）。如果當時的倫敦有如腫瘤，那麼如今它是更好，還是更糟呢？它是將鄉村地區半數人命和著血肉吸入此一擁擠系統的腫瘤或象皮症嗎？

—— 1891 年 3 月

約翰・歌爾斯特爵士（Sir John Gorst）進一步指出「城市之瘤」的邪惡之處，並提出解決之道：

如果人們想要一勞永逸地解決此一城市之惡，就必須消除其根源。我們必須反轉潮流，讓人民不再湧向城市，而是回歸土地。唯有如此，城市本身的利益與安危，才能獲得解決。

—— 1891 年 11 月 6 日《每日紀事報》（*Daily Chronicle*）

法拉爾主教（Dean Farrar）則說：

英國已經成為大城市盤據之地。鄉村聚落不是停滯不前，就是萎縮減少；城市則是大幅增加。如果當真有愈來愈多的人將長住老死在大城市裡，我們不禁納悶，為何城市裡會有房子如此臭氣沖天、骯髒、排水不良和疏於照料？

人口統計局（the Demographic Congress）的羅德斯博士（Dr. Rhodes）注意到：

英格蘭農業地區的人口持續外移。在蘭開夏（Lancashire）及其他工業地區，有 35% 的人口是年逾 60 歲的老人，但在

其他農業地區，高齡人口的比率竟高達 60%。許多農舍破舊不堪，連房子都稱不上；居民的身體狀況極差，難以負荷正常的勞動。除非能夠有效地改善農業勞動人口的生活，否則人口出走的情況將會持續下去，後果不堪設想。

—— 1891 年 8 月 15 日《泰晤士報》

不論哪一個媒體，自由派、激進派，或是保守派人士，對此一問題的看法，同表憂心。《聖詹姆士公報》（*St. James Gazette*）在 1892 年 6 月 6 日指出：

當務之急就是對於現代生存的莫大威脅，找出一個最佳的解決之道。

《星報》在 1891 年 10 月 9 日評論道：

如何遏止鄉村的人口外流是當今最重要的課題之一。勞工或許會回歸土地，但是鄉村產業該如何回歸英格蘭的田園呢？

幾年前《每日報》（*The Daily News*）出版了一系列〈英國村落生活〉（Life in our Villages）的文章，論及相同的問題。工會領袖們也提出同樣的警告。班·提利特（Ben Tillett）先生說道：

勞工苦無工作謀生；土地則苦無人手耕作。

湯姆·曼恩（Tom Mann）先生觀察到：

都會地區的勞工過多，主要是因為鄉村地區的勞工大量湧入所致。

　　人們都同意此一問題的迫切性，也急於找出解決之道；然而，期待人們對於所提出的任何一個解決方案，看法一致，顯然不切實際。但至少對於這個眾人咸認無比重要的議題而言，我們應該在一開始就有此共識。這個讓當代最偉大的思想家與改革者絞盡腦汁、苦思無著的重大問題，當它浮現時，將會更加明顯與充滿希望，正如我相信本書將會明確地指出，它的解決之道，其實相對簡單。是的，問題的關鍵在於如何讓人民重返鄉土──一個屬於我們，有藍天為頂、清風徐拂、陽光普照、甘霖潤澤的美麗大地──這是神愛世人的最佳體現──它的確是一把萬能鑰匙。經由這把鑰匙，哪怕只是微微開啟這扇大門，傾瀉而出的明亮光芒將同步解決酗酒、過度操勞、焦躁不安、貧苦艱困等眾多問題──這是政府干預力有未逮，甚至老天爺的神力也難以掌握的微妙關係。

　　解決此一問題的第一步，或許應該仔細思量究竟是哪些因素吸引人們蝸居城市──藉此，也才得以讓人們重返鄉土。果真如此，那麼一開始就有一長串的問題需要解答。幸好，對於作者和讀者而言，這樣的分析並非必要，原因很簡單，可概述如下：不論過去是哪些因素吸引人們進入城市，現在又是哪些因素主導，它們都可以歸結為某種「吸引力」（attractions）；因此，任何解決方案顯然必須提供給人民，至少是相當比例的人民，比現有城市更大的吸引力，那麼新創造出來的吸引力，才能夠壓過舊的吸引力量。每座城市可以視為一個磁鐵，每個人就像一根鐵釘；如此觀之，便可得出只要能夠建構出比現有城市更具吸引力的磁

鐵，就可以想出一個自然、健康重新分配人口的有效方式。

乍看之下，這個問題一時之間很難找出解決之道。有人可能會問，怎麼才能夠讓鄉村比城市更吸引勞工大眾——也就是如何提供工作賺錢的機會，至少要讓鄉村的環境比城市舒適；確保在鄉村有不亞於城市的社交機會，讓男性和女性在此安居樂業的希望，不輸給在大城市裡？這個議題一直是大眾媒體關注的焦點，而且在各式各樣的討論當中，彷彿人們——至少對於勞工大眾而言是如此——除了偏執地喜愛比散落村莊人際關係更為廣泛的都市社會，或是全然擁抱鄉村生活的輕鬆愉快之外，在現在和未來都毫無其他選擇。問題的癥結在於世人普遍認為，如果現行農業與工業之間涇渭分明的產業形勢持續下去的話，工人除了在鄉村從事農業之外，只能蝟集到擁擠、不健康的城市裡找尋工作機會，這將是經濟學的最終發展趨勢。這種看法的謬誤之處在於，它完全忽略其他可能性。事實上，它並非如吾人心中所想的那樣，只有城市生活和鄉村生活兩種選項——它還有第三種可能，那就是充分結合朝氣蓬勃的城市生活和美麗舒適的鄉村生活。如何有效產生這種兩全其美的生活磁鐵，將是吾人努力奮鬥的目標——也就是讓人們從擁擠的城市主動回歸大地之母慈悲的懷抱，它同時也是生活、快樂、財富和力量的來源。因此，城市和鄉村可以被視為兩種磁鐵，各自吸引人們投入其懷抱——但是有一種不同於城市與鄉村，而且兼具二者特性的新式生活型態出現了。它可以用「三個磁鐵」的示意圖加以說明。在圖中城市（Town）和鄉村（Country）的主要優點，各自對照其缺點；然而「城市—鄉村」（Town-Country）卻兼具二者的優點，而無各自的缺點。

城市磁鐵，相較於鄉村磁鐵，其優點在於工資高、就業機會多、發展潛力大，但其缺點是租金高和物價高。城市的社交機會

和休閒場所也比較多，不過，冗長的工作時間、遙遠的工作距
離，以及「群眾疏離」（isolation of crowds），使得這些優點大
為失色。燈火通明的街道更是吸引人，尤其是在冬天的時候；然
而，擁擠的街道也讓日照遮蔽，空氣更是汙濁，公共建築的外牆
布滿了煤灰，就像麻雀般灰濛濛地，連雕像也難以倖免。[1]宏偉
的建築和可怕的貧民窟，相互襯托出現代城市的荒誕之處。

　　鄉村磁鐵宣示它是美麗與財富的來源，但城市磁鐵則嘲諷地
提醒鄉村缺乏社交而顯得無聊，而且因為缺乏資本，發展有限。
鄉村有宜人的景致、美麗的公園、芬芳的樹林、清新的空氣、潺
潺的小溪等等；但是也經常看到「擅闖者依法究辦」的警語。以
英畝計價的地租當然較低，但是租金低是低工資的自然結果，而
非鄉村舒適的原因；同時長工時和缺乏娛樂也使得和煦陽光和清
新空氣的優點，大打折扣。唯一的產業——農業——經常因為降
雨太多而受害；但是雨水往往未能妥善收集、儲存，所以乾旱的
時候，飲用水供給不足。[2]即使鄉村地區天然健康，也會因為缺
乏排水和其他衛生設施而失色不少，遭人唾棄。即使有一些人依
然留在鄉村，也只能集居在村落，和城市裡的貧民窟沒有太大差
別。

---

1. 「去年馬德拉勳爵那比爾（Lord Napier of Magdala）的騎馬雕像才新漆上一層深
　棕色的塗料，但是不久卻出現黑色和綠色的斑點，破壞了原本細膩平滑的咖啡
　色澤。從這位英勇戰士的表情上也可以瞭解這個事實，因為他的雕像是背對雅
　典娜俱樂部（Athenaeum Club），彷彿他深刻地體認到，倫敦現在的空氣狀態是科
　學也無能為力的事情。不久之後，整座雕像就會和它的底座一樣，全部變成髒
　兮兮的煤灰色。」——皇家學院院士，C‧B‧羅伯茲—奧斯汀教授（Professor
　Roberts-Austen, C. B., F. R. S.），《藝術學會期刊》（*Journal Society of Arts*），1892
　年 3 月 11 日。

圖（一）：三個磁鐵圖。

　　然而，城市磁鐵和鄉村磁鐵皆不足以代表自然的整體計畫與目的。文明社會和自然之美，本來就應該兼容並蓄。這兩個磁鐵必須合而為一，就像男、女秉性各異，卻相輔相成；城市與鄉村亦是如此。城市是科學、藝術、宗教等文明社會的象徵——包括父母、兄弟、姐妹以及人與人之間友善的相互合作與彼此包容。而鄉村，則是上帝疼愛與呵護世人的象徵，它是我們的根源與出處。我們的身體來自鄉土，也將回歸大地。我們賴以維生的食物、衣服、燃料、木材，都來自鄉村。我們在山谷中築居。它的美激發了藝術、音樂和詩歌的創作。它的力量推動了工業的巨輪。它是健康、財富和知識的來源。但是鄉村充滿喜悅與智慧的事實，並未全然為世人所理解。這種文明與自然不當分離的情況，不能再繼續下去。城市與鄉村必須結合。這個快樂的結合將會帶來新的希望、新的生活和新的文明。本書的目的就在闡述如何建構「城—鄉」磁鐵的首要步驟。希望我能夠說服讀者，此時此刻，這樣想法是實際可行的；而且不論從道德或經濟的立場來看，它都是最佳原則。

　　接下來我要說明，在「城市—鄉村」中的社會互動將不亞於

---

2. 德比夏郡的公共衛生主任（Medical Officer of Health for the County Council of Derbyshire）白懷斯醫師（Dr. Barwise），1894 年 4 月 25 日在下議院卻斯特菲爾德天然氣與水法案（the Chesterfield Gas and Water Bill）的專案委員會中回答第 1873 號問題時，作證指出：「我在布萊頓公學中看到有些洗手臺的臉盆中滿是汗濁的肥皂水，這是給所有學童使用的。他們必須一個接著一個使用同一盆水。如果有一個學童有皮膚病，那麼所有學童都會被感染。……校長告訴我，他曾經親眼看過學童們在操場玩得滿頭大汗，就直接喝下這些髒水。事實上他們口渴時，根本沒有其他的水可喝。」

任何一個擁擠的城市，而居民也將生活在自然之美的懷抱中。較高的工資與較低的租金並行不悖；所有人都有充足的工作機會和光明的發展前景；資本被吸引而來，進而創造財富；良好的衛生條件得以確保；困擾農民的過多雨水被用來發電照明和推動機器；空氣不再受廢氣汙染；美麗的房舍和花園隨處可見；自由的範疇也隨之擴大。所有這些最好的結果融洽地展現在〔城市與鄉村的結合當中〕。[3]

這樣的一個「城—鄉」磁鐵如果可以實現，那麼就可以依樣畫葫蘆地建造更多相同的磁鐵，屆時，約翰・歌爾斯特爵士所提出的棘手問題，「如何讓人民停止湧向城市，回歸土地」，必將得到解答。

有關這個「城—鄉」磁鐵的充分描述，以及它的建造方式，將在接下來的章節中逐一探討。

---

3. 【譯注】原稿漏掉最後一句話結尾的「在〔城市與鄉村的結合當中〕」等字句，第二版之後已補上。

評注（一）

歷史學家約翰・理查・格林（John Richard Green, 1837-1883）原本是一名牧師，由於肺結核的緣故，幾乎無法從事布道的工作；因此他開始撰寫生涯首作《英格蘭民族簡史》（*Short History of the English People*, 1874），接著是多達數冊的《英格蘭民族史》（*History of the English People*, 1877-）和《征服英格蘭》（*The Conquest of England*），後者是他死後由妻子代為完成。這些著作呈現 19 世紀英國維新黨人（the Whig）的歷史觀點，他們認為是自由和民主的持續勝利，造就了英格蘭的歷史。

《泰晤士報》社長回憶蕭伯納所說的名言，所有偉大的真理都是從褻瀆開始。儘管此語出於 1917 年（Shaw, 1918, p. 262），但有可能是蕭伯納回憶年輕時所讀到的文句。

霍華德是對當時一些根本的政治議題，包括土地（和愛爾蘭土地有關，葛雷德史東〔Gladstone〕試圖在 1886、1890 和 1893 年推動愛爾蘭自治，但皆告失敗）、住宅（尤其是倫敦的住宅問題最為嚴重，使得 1844-1845 年時特別成立皇家調查委員會〔Royal Commission〕，調查工人階級的住宅狀況，並促成 1885 年和 1890 年的工人階級住宅法案〔Housing of the Working Classes Acts〕），以及窮人的生活狀況等議題，進行密集和激烈的辯論長達 10 年之後，才提筆寫下本書（Hall, 2002, Chapter 2 及其他章節）。

霍華德具有多年在公部門會議中擔任速記員的經驗，已經習慣且擅長選用適當公眾人物和公共會議的發言，來支持他自己的

論點。倫敦郡政府於 1888 年成立，試圖為孤立、渺小行政區的都市亂象重振秩序。而且早在 1891 年 3 月時，倫敦市議會的首任議長羅斯貝里勳爵（Lord Rosebery, 1847-1929）就語氣堅定地道出霍華德所說的問題：內城地區過度擁擠，以及同時發生在英國鄉村的人口流失。當進步黨人（the Progressives）掌控倫敦郡議會的多數席次時，他們便展開一項清除貧民窟和興建國宅的計畫。在亞瑟・莫理森（Arthur Morrison）著名小說《耶果少年》（*A Child of the Jago*, 1896）中所描述的倫敦修邸區（Shoreditch），早在 1883 年時就被衛生官員宣告為環境惡劣地區，並於 1896 年進行清理，重建為可容納 5,500 人的龐德里公寓住宅（Boundary Estate）。但是這類住宅，以及諸如皮巴迪信託（Peabody Trust）等慈善機構所興建的當代住宅，只是使周圍地區過度擁擠的問題，更加惡化而已。

作家兼記者約翰・莫雷（John Morley, 1838-1923）於 1883 年獲選為自由黨（the Liberal）的國會議員。他是一名激進主義者，支持愛爾蘭自治，也是一個反戰分子，反對波爾戰爭（Boer War）和第一次世界大戰。

羅斯貝里勳爵於 1889 年和 1892 年兩度當選倫敦郡議會議長，同時擔任英國外相。他在 1894 年接替葛雷德史東擔任英國首相。

約翰・艾爾登・歌爾斯特爵士（Sir John Eldon Gorst, 1835-1916）是個心思獨立、能力強悍的國會議員，嚴格遵守英國保守黨（Tory）的民主原則，在其整個政治生涯中，特別關注窮人的住宅、教育及各項社會問題。

腓德列克・威廉・法拉爾（Frederic William Farrar, 1831-1903）是全面禁酒令的擁護者，他於 1895 年被任命為坎特伯里大教堂主教（Dean of Canterbury）。

由亨利・達比夏（Henry Darbishire）在倫敦的布萊克菲爾斯（Blackfriars）設計的皮巴迪大樓（Peabody Buildings）。

　　霍華德在此提醒我們，英格蘭在 1880 年代和 1890 年代之間，有兩個相互關聯的社會問題：一個是倫敦及其他大城市的貧民窟住宅問題，這是今日世人熟知的部分；另一個則是鄉村住宅和人口流失的問題，這是較為世人所忽略之處。由於收成不佳和美洲、澳大利亞等新興耕地的開墾，導致英格蘭和威爾斯在 1879 至 1900 年間每英畝土地的穀物收成減少四分之一以上，造成農業大蕭條。農租減少 50% 以上；馬爾波羅公爵（Duke Marlborough）在 1885 年時說道，如果有人要買的話，明天英格蘭就會有半數的土地準備出售；甚至到 1902 年時，據估計在赫

福德郡（Hertfordshire）有 20% 的土地是閒置的（Hall and Ward, 1998, p. 8; 引自 Fishman, 1977, p. 62）。諷刺的是，這種情形不僅鼓勵像是羅斯差爾德家族（the Rothschilds）等富裕的倫敦商人大量購買鄉村的閒置土地，興建住宅；它也讓霍華德的第一田園城市公司（First Garden City Company）得以用非常低廉的價格取得列區沃斯田園城市（Letchworth Garden City）的土地，就如同霍華德在書中所說的：在 1903 年時，僅僅花費 155,587 英鎊便取得距離倫敦 34 英里（55 公里），占地 3,817 英畝，極度蕭條的農業土地。

班·提利特（Ben Tillett, 1860-1943）是 1889 年倫敦碼頭大罷工的領導人之一，當時碼頭工人的要求因罷工而獲得回應。他是費邊學社的成員之一，也是工黨（Labour Party）的創始人之一，儘管他與詹姆士·凱爾·哈迪（James Keir Hardie）和萊姆賽·麥當勞（Ramsay MacDonald）等其他工黨領袖之間相處並不融洽。同樣是費邊學社的一員，湯姆·曼恩（Tom Mann, 1856-1941）則是倫敦碼頭大罷工的另一位領袖；罷工之後他成為新成立的勞工大聯盟（General Labourers' Union）主席（班·提利特則擔任總幹事）。兩人終其一生皆致力於社會主義理想和工會目標。

此處霍華德首次以「磁鐵」（magnets）來比喻城市和鄉村，並導出書中著名的示意圖（一）；在接下來的一整個世紀裡，該圖成為世界上最常被複製和翻譯的規劃文件。

霍華德開始使用經濟均衡分析的語言，顯示他對於阿弗雷德·馬歇爾（Alfred Marshall）的《經濟學原理》（*Principles of Economics*, 1890）相當熟悉，這是新古典經濟學的經典主張。霍華德私底下認識馬歇爾，主要是馬歇爾出席國會作證，尤其是 1887-1888 年的金銀委員會（Gold and Silver Commission），以及

班·提利特的炭筆肖像。　　湯姆·曼恩的炭筆肖像。
（Ivan Opffer 繪）　　　　（Ivan Opffer 繪）

擔任 1891-94 年勞工問題皇家調查委員會（the Royal Commission on Labour）的調查委員（Keynes, 1933, p. 196），霍華德可能擔任這些會議的速記員。重要的是，霍華德主張區位因素並非城市聚集的前提——儘管後來英國的新古典經濟學家逐漸對區位問題失去興趣，但馬歇爾在《經濟學原理》第四冊第十章中對於區位因素有詳盡的討論。有趣的是，馬歇爾甚至預測新增的就業會集中在服務業；但他認為這會使得城市更加集中（Marshall, 1920, p. 230）。

　　評述人之一認為三個磁鐵圖「是一種對於規劃目標非常精簡而且聰明的陳述（試著用適當的抽象術語將目標陳述寫成圖表是一個非常有趣的練習；花上數頁的篇幅也未必能將這些內容說得更加清楚，但是霍華德卻可以用一張簡圖就說得清清楚楚、明明白白）。」（Hall, 2002, p. 31）。基本上，霍華德主張當時的城

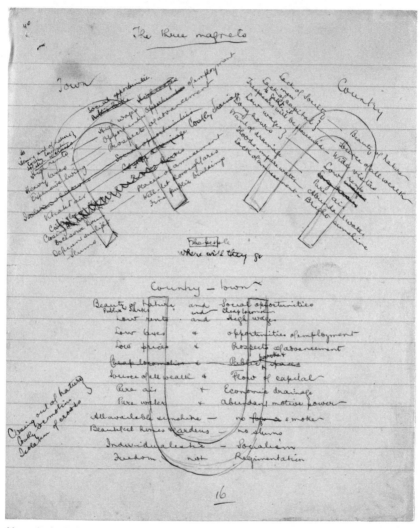

第一次出現在霍華德《明日田園城市》手稿中的三個磁鐵圖。〔參見圖
（一）〕

市和鄉村各有其優點和缺點。城市的優點是它提供了工作和各種社會服務的機會；而其缺點則是因此所形成的惡劣自然環境。相反地，鄉村提供了良好的自然環境，但缺乏經濟和社交的機會。

在千禧年之交，城鄉之間的許多差異已經不復存在。清新的空氣、都市重建和有效的規劃，幾乎已經剷除這些城市之惡，儘管來自汽車的汙染依舊存在。更驚人的是，鄉村生活的缺點幾乎已經完全被新科技所消除。當霍華德寫道：電氣化、遠距通訊和內燃機時，當時根本令人難以置信。然而，有趣的是，這些轉變卻被彼得·克魯泡特金在《明日田園城市》問世後隔年出版的《田野、工廠與工坊》，以及 H·G·威爾斯（H. G. Wells）在三年之後出版的《預測》（*Anticipations*）等書中，以不同的方式預測到。

威廉·錢德勒·羅伯茲—奧斯汀（William Chandler Roberts-Austen, 1843-1902）（霍華德在書中的附注漏了破折號）於 1880 至 1902 年間，擔任皇家礦物學院（Royal School of Mines）的冶金學教授，在他去世前的最後一年則是擔任皇家造幣廠（Royal Mint）的廠長。

霍華德對於鄉村的自然健康，因為缺乏衛生設施和乾淨飲水而喪失泰半的批評，受到 20 世紀所有關注鄉村健康與住宅的歷史學家的肯定。

在二次世界大戰之後，鄉村歷史學家喬治·艾瓦爾特·伊凡斯（George Ewart Evans）舉家搬到薩福克（Suffolk）的一個村莊，他的妻子擔任村莊的學校教師。他和家人經常胃痛，被告知新搬到布萊克斯霍爾（Blaxhall）村莊的人，多半會有類似的病痛。有些嬰兒因為食用摻了井水的食物而死亡。伊凡斯只好不厭其煩地用管子從遠處引水到村莊裡來。當地住著許多有錢人，他們都有自己的深水井（Evans, 1983）。

霍華德在文中所提到的萬能鑰匙圖並未出現在正式出版的書中。在草圖中他還引述後來出現在書名頁處的詹姆士・羅素・洛威爾（James Russell Lowell）詩句。

　　在此，霍華德以一種非常性感的隱喻，呈現出城鄉結合所具有的神聖象徵意義。這一點非常重要，因為他是一名虔誠的公理教信徒（Congregationalist），也是一名俗家的傳教士，他對同樣信仰虔誠的妻子伊莉莎白（Elizabeth）（暱稱莉莉〔Lizzie〕）及四名子女付出甚多。在雷蒙・歐文的眼中，霍華德相當倚重妻子，所以當妻子過世後，他還試圖透過靈媒和妻子聯繫（Beevers, 1977, pp. 37, 43, 83）。他在書中這種高談闊論的雄辯風格，可能是在本書寫作期間，根據他在公理教及其他聚會中闡述其理論的文稿而來（Beevers, 1988, pp. 30-37）。

第一章
城—鄉磁鐵

我不會停止奮鬥，
也不會讓刀劍在我手中沉睡，
直到我們在英格蘭的田野之上
建立耶路撒冷為止。[1]

——布萊克（Blake）

唯有愉悅的勞動景象才能讓人永不厭倦，平順的田野、方正的花園、豐滿的果園，以及整齊、甜美和經常照料的農場，一齊生動活潑地歡唱著。死寂的空氣不會甜美；唯有當空氣中瀰漫著聽不見聲音的嗡嗡低沉聲，伴隨著鳥叫蟲鳴，還有大人交談和小孩奔跑玩耍的聲音時，它才甜美。如同我學到的生活藝術，我們最後終將發現，所有可愛的事物都是必需的——包括路旁的野花和栽種的玉米，樹林裡的野生鳥獸和圈養的牛隻，因為人們不僅仰賴麵包而活，也需要上帝的荒漠甘泉、神奇話語和未知作為。

——約翰・羅斯金（John Ruskin），
《直到最後》（*Unto This Last*）

---

1. 【譯注】耶路撒冷在此是指人間天堂。

　　請讀者想像有一塊 6,000 英畝（約 2,430 公頃）的土地，目前是單純的農地，在公開市場上可以每英畝 40 英鎊，或是總價 24 萬英鎊的成本取得。購買土地的資金是用抵押債券的方式募集而來，所負擔的利息金額平均不超過總價的 4%。這塊土地是由四位正直誠信的紳士以負責人的名義合法取得，但為了保障債權人和田園城市居民的利益——也就是打算在這塊土地上面所建造的「城—鄉磁鐵」，將予以信託。這項計畫的一大特色就是所有的土地租金，它是依據土地的年收入價值計算，應該支付給信託人，而他們在支付利息和資金成本之後，必須將剩餘的款項繳交給新市鎮（municipality）[2] 的市政府（Central Council），以便市府將其用於道路、學校、公園等必要設施的興建和維護。

圖（二）：田園城市示意圖。

　　之所以要購買土地是有多重目的，其中有幾項主要目的必須在此充分說明，包括：為我們的工業人口找到工資高於購買力的工作，以確保更健全的環境和更穩定的就業。對於製造業者、合作社、建築師、工程師、營造業、各種機械技師，以及從事各種行業的人們而言，它是為了對其資本與才能提供更新、更好的就業機會。至於目前和未來打算在此從事農業的人們，它是為了幫農產品開創一個新的在地市場。簡言之，購買土地的目的是要提升各行各業工作者的健康與舒適水準——藉此達成結合健康、自然和經濟之城市與鄉村生活，而這片土地是由自治市所擁有的。

---

2. 「市鎮」（municipality）一詞在此並非指直轄市的既定用法，而是更接近無政府和合作社概念的自治市。

　　占地 1,000 英畝，或是占整個 6,000 英畝六分之一土地面積的田園城市，將建造在這塊土地的中心位置。它的形狀可能是環狀的，從中心點到城市邊緣的距離是 1,240 碼（約 ¾ 英里）〔或是 1.13 公里〕〔圖（二）是整個自治市範圍的平面圖，田園城市位於中央；圖（三）代表田園城市的一部分或一區（ward），這個圖將有助於釐清我們後續對於田園城市本身的各項描述——然而，這些描述只是建議性質，所以會和最終的實際狀況有所出入〕。

　　六條放射狀的寬闊大道（boulevards）——各寬 120 英尺（36.6 公尺）——從城市的中心貫穿到外緣，將田園城市劃分為 6 個部分或 6 個區塊。它的中心是一個占地約 5.5 英畝（2.23 平方公里）的圓形空間，被布置成一個景致優美、灌溉良好的花園；而環繞在中心花園之外的是市政廳、音樂廳和演講廳、歌劇院、圖書館、畫廊和醫院等大型公共建築，各自擁有寬闊的基地面積。

　　除了最中心的花園和公共建築之外，整個由「水晶宮」所圍繞而成的寬闊區域，是一個占地 145 英畝（58.68 公頃）的公園——中央公園（Central Park），裡面有足夠的休閒空間，而且所有人都可以輕易到達。

　　環繞在中央公園外圍（除了貫穿的大道之外）的是一圈名為「水晶宮」的玻璃拱廊建築，開口面向公園。在雨天時，它是人們最喜愛的休閒去處，據悉這個明亮的玻璃帷幕是如此近便，即使在最惡劣的天候下，也會吸引人們到中央公園來。各式商品在水晶宮中陳售，大部分人的購物享受和商品選擇，都可以在此獲得滿足。然而，水晶宮的包覆空間遠比商業活動所需求的空間大得多，有相當的部分是作為冬季庭園（Winter Garden）之用——整個水晶宮就像一個極具吸引力的永久展場，而它的環形設計也

讓它易於親近田園城市裡的每一個居民——即使住在田園城市邊緣的居民也不過 600 碼（549 公尺）之遙。

圖（三）：田園城市的中心與分區。

　　穿過水晶宮向田園城市的外環走去，跨越綠樹成蔭的第五大道（Fifth Avenue）——田園城市的所有道路都會種滿成排的樹木——我們就會看到面向水晶宮的方向有一圈建造優美的住宅，每一棟住宅都是矗立在自己的土地上。繼續往前走，我們會看到大部分的住宅都是以面向大道的方式作環狀排列（所有的環狀道路皆以大道來命名），或是面向以輻射狀向田園城市中心聚集的寬闊大道或馬路。詢問帶領我們參觀田園城市的朋友，這座小城市有多少人口，得到的答案是田園城市本身大約有 30,000 人口，在外圍的農業用地上則約有 2,000 人口。此外，田園城市裡共有 5,500 塊建築用地，平均每塊土地面積是 20 英尺 ×130 英尺（約為 242 平方公尺）——最小的建築用地也有 20 英尺 ×100 英尺（約為 186 平方公尺）。個別住宅或是住宅群展現出各式各樣的建築風格與設計品味——有一些住宅具有共用的花園或廚房——住宅的興建準則是遵照齊一的街道線或是和諧的空間變化，而其關鍵在於市政當局會透過適當的衛生下水道安排加以控制和嚴格執行，然後鼓勵個別住宅充分發揮個人品味與設計創意。

　　再向田園城市的外圍走去，我們會碰到「林蔭大道」（Grand Avenue）。它絕對是名副其實的景觀大道，因為它有 420 英尺（128 公尺）寬，[3] 形成一圈長達 3 英里（4.82 公里）的綠帶（green

---

3. 布魯塞爾的米地大道（Boulevard du Midi, Brussels）也不過 225 英尺（68.5 公尺）寬。

belt），將中央公園以外的田園城市分隔成兩大區帶。景觀大道構成另一個面積多達 115 英畝（約為 46 公頃）的環狀公園——它距離田園城市裡住得最外圍的居民不過 240 碼（219 公尺）。在林蔭大道裡面的 6 個基地（sites），每個基地占地 4 英畝（1.62 公頃），裡面設有公立學校、遊戲場和花園等，有的基地則是保留給教堂。當地居民可以依照他們的宗教信仰和教派決定要蓋什麼樣的教堂，並以教徒捐獻的基金加以興建和維護。我們觀察到面對林蔭大道的住宅和田園城市同心圓狀的整體計畫有所背離〔至少在圖（三）所代表的其中一區有這種情形〕，同時，為了確保在林蔭大道的前緣可以形成更長的沿街線，它是設計成半月形——因此也讓林蔭大道的視野更加寬闊。

在田園城市之外的邊緣地帶設有工廠、倉庫、牧場、批發市場、煤礦集散場、木材集散場等，它們都面對環繞整個田園城市的環狀鐵路，並有支線鐵路連接穿越這些土地上的幹線鐵路。這樣的安排是為了讓產品能夠從倉庫和工廠中直接裝載，經由鐵路運往外地市場，或是將外地的產品直接送達倉庫或工廠。如此不僅可以大幅降低包裝和裝載的成本，讓運送的破損降到最低，同時也能減少田園城市的道路交通，大幅降低道路維護的成本。每一個倉庫和工廠的門口都有一個貨運站，田園城市的居民距離最遠的客、貨兩用鐵路車站，不超過 660 碼（603 公尺）。這些面對鐵路的工廠基地縱深約 150 英尺（45.72 公尺），另一面則面對寬約 90 英尺（27.43 公尺）的馬路（第五大道）。

田園城市居民的排泄物將在農地上加以利用，它有大型農場、小型合作社、市民菜園、牛奶工廠等不同的經營方式。各種農業生產的自然競爭——視其業主願意支付給田園城市當局最高租金的意願而定——會帶來最佳的農作系統，甚至因此產生適合

各種耕種項目的最佳系統。吾人可以輕易理解大片田地有利於小麥的栽植，因為它需要資本主義的機械農業或是合作社組織的集合耕作；而需要更精緻和個人照料的蔬菜、水果及花卉栽植，還有需要更多藝術和創造能力的農業生產，可能更適合個人或小型團體從事。咸認特定的施肥或栽植方法，還有特定的人造及天然環境，其效率和產值會更高。

田園城市計畫的有無，如果讀者們樂於如此稱呼它的話，將透過鼓勵個人提案的方式，讓人們充分合作，使我們得以避免城市停滯或衰亡的危險。依照這種競爭模式所增加的租金收入是市民共有或市有的財產，而且大部分的租金收入都會用於田園城市的持續改善上面。

當田園城市步上軌道時，也就是人們從事各行各業，而且每一個區域都有商店和倉庫時，田園城市本身就提供了農業土地上農作人口最自然不過的銷售市場，因為當田園城市裡的人們要購買這些農產品時，就完全省去來自遠方的鐵路運輸成本。而且，他們也不用將市場完全局限在田園城市之內，而是可以隨自己高興將產品賣到任何地方。在此，正如本實驗每一個吸引人的部分，我們可以看到人們的權益並未減損，反而是讓選擇的範圍更加擴大。

自由原則同樣適用在田園城市的製造業或其他行業。除了土地的一般法則和是否足以提供工人足夠空間與衛生條件等限制外，人們都可以自己作主。甚至像是水、電（照明）、通訊等適合自治市政府提供的公用事業，也沒有嚴格的限制或絕對壟斷。如果有任何私人企業或個人能夠證明其有能力以更優惠的條件供應給全城或是部分區域，那麼他們就可以提供上述服務或任何商品。一個真正健全的行動系統所需要的人為支持，莫過於健全的

思想系統。市政當局和企業的行動範圍可能會大幅擴大，果真如此的話，那也是因為人們對其深具信心，充分展現在可以自由從事之事業範圍的大幅擴張上面。

　　在外圍土地上還散布著各種公益和慈善機構。它們並非市府當局轄下的機構，而是各界公益人士受市府之邀在開闊、有益健康的地區設置這些機構，並加以經營管理，市政當局僅收取象徵性的土地租金。之所以這麼慷慨，是因為這些機構會給整個社區帶來莫大的益處。此外，當移居田園城市的人們是最有活力和資源豐富的人士時，讓需要幫助的同道享受人道關懷的實驗成果，也是非常合理和正確的事情。

評注（二）

　　霍華德引述布萊克詩句的理由相當明顯。作為一名詩人、畫家和雕塑家，威廉·布萊克（William Blake, 1757-1827）非常厭惡工業革命的後果，並且期待在英格蘭美好的田野上，建立一個新的耶路撒冷。

　　約翰·羅斯金（John Ruskin, 1819-1900）《直到最後》（Unto This Last）一書中的四篇短文，嚴厲抨擊自由放任（laissez-faire）經濟學和維多利亞時期唯利是圖的商業倫理。這些文章和他的其他社會主義著作不僅影響了霍華德，也影響了包括湯姆·曼恩和班·提利特等工會人士和政治活躍分子。

　　霍華德在此提出他的關鍵論述：單純因為都市社區之存在所產生的土地增值，應該用來滋養社區，而非給予那些住在遠方的王公貴族，作為其祖先支持攻城略地的國王或是強盜貴族的獎賞。

　　戰後英國新市鎮成功的原因之一是土地價值的增加（但這一點鮮少被提及），藉由新市鎮委員會（the Commission for the New Towns）及其後繼者等途徑，回饋給新市鎮公司（New Town Corporations）和中央政府。如同雷·湯姆士（Ray Thomas）所證實的，如果沒有財政部從中瓜分部分基金的話，這些金額會更高（Thomas, 1996）。

　　霍華德的計算是正確的，但是他的目標是，一旦最初的貸款還完之後，來自新市鎮的土地增值收益，就應該透過發展社區管

理的地方福利國家方式，讓因其存在而產生此一收益的社區受益。但由於霍華德的同僚董事們在面臨田園城市未能成功吸引人口移入，尤其是未能吸引產業移入的壓力下，改而推行長期租金的制度，因而未能定期調漲足以反映土地增值的租金，使得漲價歸公的目標未能實現。而這才是霍華德田園城市計畫的初衷（Creese, 1966, p. 316; Hall and Ward, 1998, pp. 34-35）。

　　戰後英國曾經三度嘗試為社會大眾保留土地增值的利益：1947 年的城鄉規劃法（Town and Country Planning Act）；1967 年的土地委員會法（Land Commission Act of 1967）；以及 1975 年的社區土地法（Community Land Act of 1975）（Hall and Ward, 1998, pp. 172-174）。這些法案都是由工黨所通過的；但也都立即被繼任的保守黨政府所廢止。在這些法案中，他們試圖將土地增值的收益保留給中央政府，唯有 1975 年的社區土地法允許地方政府分一杯羹。

　　霍華德的示意圖〔圖（二）：田園城市，和圖（三）：田園城市的中心與分區〕顯示他是一個匠心獨具的發明家。不諳霍華德的批評家誤以為他贊成低度的人口密度，但是如同劉易士・孟福德（Lewis Mumford）在 1946 年再版的《明日的田園城市》序言中所強調的，霍華德對於人口密度的假設是「站在保守的這一端；事實上，這些假設是遵照中世紀以來所流傳下來的傳統規範，而且相當接近」（Mumford, 1946, pp. 30-31）。如同孟福德所顯示的，居住人口密度的淨值大約是每英畝 90-95 人（每公頃 220-235 人）：就今日的標準來看是非常都市化的人口密度。部分原因是因為維多利亞晚期平均家戶人口的數量較多。因此田園城市可說是密集城市（urban compactness）的典範：在環狀的土地上，從中央到邊緣的半徑只有 0.75 英里（1.2 公里）。

1881 年時的約翰・羅斯金，攝影繪法。（T.A. & J. Green）

　　田園城市中央公園的面積是 150 英畝（60.7 公頃），和倫敦的海德公園（Hyde Park）和坎辛頓公園（Kensington Gardens）相當，有「足夠的空間供足球、板球、網球及其他戶外運動使用」。它的靈感來源可能是華盛頓特區（Washington DC），在那兒丹尼爾・伯恩漢（Daniel Burnham）試圖用國會山莊（the Congress）、白宮（the White House）和其他大型公共建築，對照它們身後遼闊的開放空間，來展現美國的原始榮耀。但是霍華德的靈感來源更可能是來自英國的皇家衛隊（Horse Guards）和白金漢宮（Buckingham Palace），以及它們所身處的聖詹姆士公園（St. James Park），就像亨利八世在三個世紀之前興建時的狀況一樣。

由於霍華德不受都市土地價值高昂的傳統觀念所束縛，所以他可以隨心所欲地在城市中央設置公園。

霍華德的拱廊街（Arcade），或稱為水晶宮，儼然是現代購物中心的先驅，它們大幅改變了歐洲和美國都市零售業的內部和外部型態。在歐洲和英國城市裡，的確不乏拱廊街和有頂市場的先例。無疑地，霍華德也受到 1851 年萬國博覽會（the Great Exhibition）會場中水晶宮的直接影響，水晶宮在博覽會結束後拆遷到倫敦南邊的雪登罕（Sydenham），1936 年時被大火燒毀。此外，霍華德還受到維多利亞晚期在一些沿海城市出現的冬季庭園影響。2003 年年初在雪菲爾（Sheffield）盛大揭幕，由建築師普林果・理查斯・謝拉特（Pringle Richards Sharratt）所設計，占地 70 公尺長、22 公尺寬、21 公尺高的新式複合建築——冬季庭園與千禧廊（Winter Garden and Millennium Galleries），顯然也是不經意地在向水晶宮致敬。

雖然在霍華德寫作的年代，汽車在英國的街道上還相當罕見，而且就在《明日田園城市》出版的前兩年，英國國會才剛剛廢除一項要求機動車輛必須懸掛紅旗示警的限速法案，顯見霍華德當時對於都市交通優先順序的判斷，相當正確。放射狀的寬闊大道可以確保田園城市不會遭遇嚴重的塞車問題，即使到 21 世紀之初，依然如此。

霍華德將田園城市分為 6 個部分或區塊。30 年後美國社會學家暨規劃家克拉倫斯・培里（Clarence Perry）運用相同的概念提出了「鄰里單元」（neighbourhood units）的概念，這個名詞在二次世界大戰之後也被引進英國的規劃實務當中。

以數字命名的街道讓人聯想到紐約，儘管田園城市計畫中放射狀的道路特性也會讓人聯想到皮耶・查爾斯・郎法特（Pierre

Charles L'Enfant）為華盛頓特區所做的著名設計。林蔭大道（Grand
Avenue）或許是在回應芝加哥的中央大道（Midway），那是建築
師暨規劃家丹尼爾·伯恩漢為了標示出 1893 年哥倫布博覽會（the
1893 Columbian Exposition）的位置，在芝加哥所設計的一條公園
大道。現在這條大道將芝加哥南端的海德公園區切割開來（Stern,

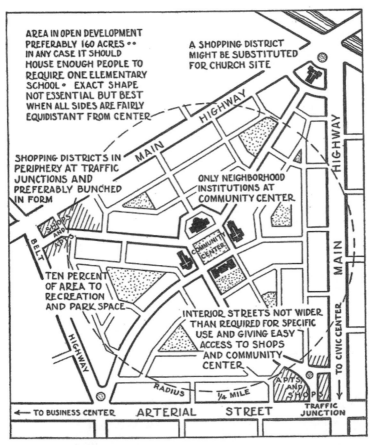

克拉倫斯·培里所設計的鄰里單元。

1986, p. 309; Girouard, 1985, p. 317）。

　　不管怎麼說，這樣的構想都和美國景觀建築師腓德列克‧
羅‧歐姆斯泰德（Frederick Law Olmsted）當時為波士頓和紐約布
魯克林區所設計的公園大道概念，不可分割。這個概念後來被路
易士‧迪索森（Louis de Soissons）所借用，用來設計威靈田園城
市（Welwyn Garden City）。在威靈，寬闊大道在接近市中心之
處，被巧妙地轉換成宏偉的景觀大道。而且貝里‧帕克在為曼徹
斯特一個名為威森雪爾（Wythenshawe）的田園郊區所做的計畫當

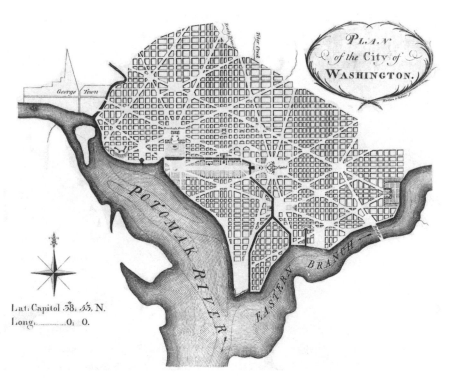

皮耶‧查爾斯‧郎法特在 1791 年為華盛頓做的城市規劃。

中，更擴大規模將景觀道路變成田園城市的基本構成元素（Creese, 1966, p. 263-265）。

　　將工廠區設在田園城市的外環鐵路上，反映出霍華德並未預測到貨車運輸的衝擊。在他寫作本書時，道路上幾乎看不到貨車。但是外環鐵路的規劃設計，的確符合運輸管理的基本原則。在 1898 年時，工作指的就是工廠工作，霍華德對此有具體的描述：像是製衣、腳踏車、機械工程、果醬工廠等等。這些都是輕工業，如同霍華德自己所強調的，會被吸引到田園城市的產業，將以工人素質作為首要考量。霍華德相信這些實業家會樂於追隨像是邦威爾的卡德伯里或是日照港的李佛等先驅實業家的做法；他認為在空氣清新的地方設廠會比在大城市裡的工廠，更能照顧到工人的健康，並縮短住家和工廠之間的距離。

腓德列克‧羅‧歐姆斯泰德在 **1901** 年為布魯克林眺望公園（**Prospect Park**）所繪的設計圖。

　　霍華德計畫將廢水引回土壤的構想預測到現代的環境原則。
但是這種想法即便在當時也算不上創新：早在 1842 年時愛德
恩・查德威克（Edwin Chadwick）就曾經建議倫敦採取類似的做
法，該項提議在 1860 年被大都會工程委員（Metropolitan Board
of Works）所採行，可惜始終沒有真正付諸實現（Hall, 1998, pp.
688, 694）。

　　霍華德總是很有技巧地在有關意識型態的問題上，統合眾人
的意見，而非加以撕裂。他對於公用事業等社會財究竟該由公部

位於薩里郡愛普森鎮霍頓區（Horton, Epsom, Surrey）的郎谷醫院（Long
Grove Hospital），是以前倫敦郡政府時期的五大醫院之一。它在 1992 年
關閉，改建為住宅。

門提供或是私部門提供的問題，始終保持開放態度。他主張任何
社區對於商品與服務的需求應該讓能夠做得最好的競標者得到合
約。令人驚奇的是，他主張公用事業應該公開競爭的提議，非常
精準地預測到 21 世紀初期的英國現況。

　　霍華德對於慈善機構的提案在書中的圖（二）和圖（七）中
有具體的說明：例如農業學院、療養院、盲人與聾人收容所、收
容癲癇症患者的農場、工業學校、兒童農莊等。這些機構當時是
設置在倫敦和其他城市外圍的開闊土地上。有趣的是，雖然有些
機構是由當地的教育當局負責，而且當田園城市的租金收益逐年
增加之後，其中有許多機構可以變成地方的社會福利設施，但是
霍華德似乎認為這些機構都將由慈善事業負責提供。就此而言，
霍華德的構想並非完全可行。

第二章

田園城市的收益及其取得途徑——農地

　　我的目標是提出一個社區的理論大綱，讓它在科學知識的引導之下，自由運作，進而達到環境衛生的目標。即使未能完全實現，也會使平均死亡率降到最低，個人壽命延伸到最長。

　　——B‧W‧理查生醫師（Dr. B. W. Richardson），

　　《海吉雅，或是健康之城》（*Hygeia, or a City of Health*）

　　當到處都有排水系統時，它的雙重功用在於儲備和調節水源，並與新的社會經濟數據結合，土地的產出將會增加 10 倍，貧苦的問題也就大幅減少。加上撲殺寄生蟲，事情就大功告成。

　　——維克多‧雨果（Victor Hugo）

　　《悲慘世界》（*Les Miserables*）卷二，第一章

　　田園城市與其他一般城鎮的根本差異之一，在於獲取收益的方式。田園城市的整體收益來自地租；本書的目的之一就是要證明，吾人可以合理預期土地承租人所繳納的各種租金，如果是繳付給田園城市的市有公庫，將足以涵蓋（1）購買土地的利息支出，（2）購買土地的本金，（3）用以興建和維護原本由自治市和地方政府運用稅金所興建和維護的相關設施，以及（4）（在

贖回公司債券之後）可用於諸如老人年金或意外與醫療保險等其他用途的大量盈餘。

　　或許城市與鄉村之別，莫大於土地使用的租金成本。因此，在倫敦某些地區每英畝土地的租金可能高達 30,000 英鎊，在農業用地上，每英畝土地 4 英鎊的租金，可能已經是極高的價格。地租價值的天差地別，主要是因為城市有大量人口，而鄉村闕如；而且，二者的差距無法歸因於任何個人行動。此一價差通常稱為「不勞而獲的土地增值」（unearned increment），亦即地主不需勞動即可獲得的多餘租金，儘管更正確的名稱應該是「集體賺得的土地增值」（collectively-earned increment）。

　　大量人口會給土地帶來相當程度的附加價值，人口大規模移往某個地區，必然會使當地的土地價值大幅提升，而且提升的價值，如果具有遠見和預先安排的話，顯然可以變成移民者的財富。

　　這個過去從未有效實現的遠見和預先安排，會在田園城市的案例中清楚地展現。正如我們所見，其土地在質押貸款時，將以整個社區的名義交付信託，所以土地價值的增加，在償還土地貸款之後，將成為自治市的財富。當地租提高，甚至大幅上漲的時候，租金收益的增加也不會淪為個人財富，而會被用來減輕整體稅賦。這種做法會增加田園城市的吸引力。

　　田園城市的土地價值在購買當時，每英畝是 4 英鎊，共值240,000 英鎊。若以 30 年攤還本金和利息計算，那麼原本的承租人每年必須繳付 8,000 英鎊的租金。因此，如果購地當時整個基地上共有 1,000 個居民，不論男、女、老、幼，平均每人每年得負擔 8 英鎊的租金。然而，當田園城市建造完成之後，包括農地在內的總人口數是 32,000 人，土地租金連同購地的利息費用每年

9,600 英鎊。換言之，在田園城市的實驗推動之前，這 1,000 人共同負擔的地租成本是 8,000 英鎊，或是平均每人 8 英鎊；而田園城市完成之後，32,000 人每年總共繳交 9,600 英鎊的地租，平均每人只要 6 先令。[1]

嚴格來說，每人每年 6 先令是田園城市居民必須繳交的地租，這是他們總共交付出去的租金，之後任何高於此一數額的租金，將會用來減輕其稅賦負擔。

圖（四）：地租遞減要點。

假設每人每年除了繳交 6 先令的租金之外，又多繳了 1 英鎊 14 先令的錢，總共是 2 英鎊。那麼就有兩件事情值得注意。第一，每人每年所負擔的總租金只是原先購地之前人均地租的四分之一；第二，如同現在所呈現的，田園城市的管理委員會在支付債券的利息之後，每年還有 54,400 英鎊的收益，扣除地方稅法規定的所有成本、手續費和支出，一年可提供 4,400 英鎊的償債基金。

在英格蘭和威爾斯，不分男、女、老、幼，平均每人每年繳納用於地方建設的賦稅是 2 英鎊，[2] 而貢獻給地租的金額，用較低的標準來估算，大約是 2 英鎊 10 先令。[3] 因此，平均每人每年

---

1. 【譯注】：先令（shilling）是英國及其屬地在 1971 年之前通用的貨幣單位，為 1 英鎊（pound）的二十分之一，1 先令又等於 20 便士（pence）。故 6 先令相當於 0.3 英鎊。

2. 在 1893-94 的會計年度，地方政府扣除貸款之後的總收入為 58,377,680 英鎊（1895-96 年地方政府報告書），而英格蘭和威爾斯在 1891 年時的人口總數為 29,002,525 人。

繳納的地租和地方稅合計為 4 英鎊 10 先令。所以我們可以合理推論，田園城市的居民會樂於繳納合計只有 2 英鎊的地租和地方稅。但是為了進一步釐清和強化田園城市的案例，我們要用不同的方式來看看，田園城市的租戶是否願意繳納每年合計 2 英鎊的地租和地方稅。

　　為此，讓我們先來討論農業用地，城市土地則另外處理。顯然，田園城市興建之後，土地租金會比興建之前高出許多。每個農人在離家不遠處就有現成的市場，因為有 30,000 個城市居民需要食物。當然，城市居民可以自由決定要從世界的哪個角落取得食物。無疑地，許多農產品項目會繼續從國外進口。田園城市的農民不太可能供應像是茶葉、香料、熱帶水果或是蔗糖等農產品，[4] 而他們和美國、俄羅斯在小麥和麵粉供應上的競爭，也將一如往昔。但可以確定的是，農民的奮鬥不再那麼辛苦。一線曙光照進本地農民絕望的心坎裡，因為美國人必須支付將小麥運送到港口的鐵路運費、大西洋的船運費用和上岸之後到達消費者手中的運費；相反地，田園城市農民的市場就在自家門口，而且這個市場是靠他們自己繳納的租金所建立起來的。

　　又以蔬菜和水果為例。除了靠近城市地區之外，農民很少種植，為什麼呢？主要原因在於市場困難和不確定性，還有高額的運費和佣金。在此，我要引述國會議員法克森博士（Dr.

<hr />

3. 關於地租的設算金額很難有令人滿意的精確估算，但毫無疑問的是，地租通常會比地方稅高出許多，尤其是商業用地。此外，地主的地租收益有很大一部分是來自運河和鐵路公司，以及自治市和地方部門的購地支出，而這部分金額有為數不小的利息費用，是隱藏在地主的地租收益當中。我注意到國會議員史密斯先生（Mr. Smith, M. P.）曾經明確地主張，應該設法反制地租的誇張成長，它從 1814 年的 49,000,000 英鎊膨脹到 1883 年的 69,000,000 英鎊。
4. 如果有廉價發電的電燈和溫室，上述部分農產品有可能在英國生產。

Farquharson, M. P.）的話，他說：「當農民嘗試做做看的時候，他們發現自己無助地陷在蛛網裡面，成為幫派、中間商和投機客的獵物，泰半會失望地放棄，然後眼睜睜地看著公開市場的價格，卻無能為力。」牛奶價格就是一個有趣的計價案例。假設城市人每人每天消費三分之一品脫的牛奶，那麼 30,000 人一天就要消費 1,250 加侖的牛奶。因此，如果以每加侖 1 便士的運費計算的話，單單在牛奶一項產品上，每年就可以節省 1,900 英鎊的鐵路運費。[5] 這 1,900 英鎊當中有部分會回饋給消費者，部分回饋給酪農，其他部分則以提高地租的方式回饋給整個社區；當然，所節省的 1,900 英鎊牛奶運費還必須乘上一個很大數額的其他投資，才能夠有效拉近消費者和生產者之間的距離。換言之，城市和鄉村的結合不僅是健康的，也是合乎經濟的——關於這一點，田園城市所採取的每一步驟，都將使它變得更加清晰、明確。

　　然而，田園城市的農地租戶會因為另一個原因，願意多繳租金。那就是城市所產生的排泄物可以輕易地回歸土地，提升土地的肥沃度，毋需仰賴繁重的鐵路運輸或是其他昂貴的代辦機構。汙水處理當然是一個棘手的問題，但是它的天生難度會因為已經存在的人為因素或是不當處置，而變本加厲。因此，班雅明・貝克爵士（Sir. Benjamin Baker）在他與亞歷山大・畢尼先生（Mr. Alexander Binnie）（現在也受封為爵士）共同向倫敦郡議會提出

---

5. 多虧奈吉爾・金斯柯特爵士（Sir. Nigel Kingscote），大西部鐵路公司（The Great Western Railway）決定在其鐵路沿線以最低的運費協助農民運送牛奶到倫敦。3 月之後每 1 加侖牛奶運送 100 英里的價格只要 1 便士。然而，如同金斯柯特爵士所言，在這方面鐵路費率已經不可能更低了。如果農人要得到更好的售價，勢必削減中間商的利潤。目前每 1 加侖零售價格 1 先令 4 便士（24 便士）或是 1 先令 8 便士（28 便士）的牛奶，鐵路公司收取 1 便士的運費，農人只獲得 6 便士。——《回聲報》（Echo），1896 年 1 月 31 日。

的報告中指出，「在實際面對倫敦都會區整個汙水系統的龐大問題和泰晤士河的現況時，我們必須清楚體認到，排水系統幹管的普遍特性早已是不爭的事實，就像不論我們喜歡與否，都必須接受馬路幹道已經存在的現實。」不過，如果有一個熟練的工程師，那麼他在田園城市土地上所面臨的難度，就會降低許多。由於所有土地都是市府的財產，所以他可以有一張素淨的白紙來安排整個計畫的藍圖。他可以自由選擇排水系統的管線路徑，讓農業土地的生產力，大幅提升。

市民農園（allotments）數量的大幅增加，尤其是像圖（二）中所顯示位於有利位置的市民農園，將有助於提高地租收入的總額。[6]

除了設計良好的汙水系統和便利運送產品到遠方市場的交通設施之外，還有其他理由可以說明，為什麼田園城市農地上的農戶，或是市民農園上的勞工，願意為其租地支付較高的租金？——答案就是鼓勵栽植和提升農業用地生產力的優先承租權（tenure）。這是一個公平的租約。田園城市的農業用地會以合理的價格出租，而且既有的承租戶享有優先續租的優惠條件，只要他願意支付比任何一個有意願承租者多，例如，10% 的租金的話。而且就算農地易手，新的承租人也必須補償前一任租戶地利提升的殘值。在這樣的制度設計之下，儘管既有的租戶無法確保任何因為田園城市整體成長所帶來的自然增值，但是他應該會比

---

6. 為了滿足農工階級合法申請的權利，目前全國約有 50 萬個市民農園的名額，應該再增加 100 萬個。經過長期的詳細諮詢，我相信目前一般工人在市民農園土地上所支付的地租，比類似土地特性的農地租戶多了 2 至 3 倍。——佛朗·威京生牧師（Rev. Frome Wilkinson）《每日紀事報》，1895 年 9 月 18 日。

新的租戶更偏好和清楚他過去辛勤努力但尚未收割的果實，能夠持續灌注到土地上。毫無疑問地，這樣的優先承租權本身，將會大大提升承租人的活力與勤勉，還有土地的生產力，以及承租人願意支付的租金。

如果吾人考慮一下租戶繳給田園城市租金的性質，那麼租戶願意多繳租金的事實，就會更加明顯。其所繳納的租金當中，有一部分是用來支付當初籌募資金購買土地的利息和本金。當這些債券仍然為田園城市的居民所持有時，有部分租金會從社區的手中支付出去，但是剩下的租金依然會留在當地使用。而且，在這樣的金錢管理制度之下，農戶所占有的股份數額，會和其他所有成年市民一樣。因此，「租金」（rent）一詞在田園城市裡，有新的意涵。為了清楚起見，未來有必要使用更為明確的字眼。租金裡面用來支付債券利息的部分，此後應該稱為「地租」（landlord's rent）；用來償還購買土地價款的部分稱為「償還基金」（sinking fund）；用於公共目的的地方支出稱為「稅金」（rates）；整個加起來合稱為「稅—租」（rate-rent）。

圖（四），我稱之為「地租遞減要點」（The Vanishing Point of Landlord's Rent），希望能夠清楚說明相關要點。它顯示在目前人口的平均生育狀況下，財務負擔的性質和程度，以及未來逐漸改變的特性與程度。從上述觀點來看，農戶願意繳納給田園城市市庫的「稅—租」，顯然遠高於他願意繳納給私人地主的租金。當農戶提升土地的價值之後，地主除了提高租金之外，也會將地方稅的所有負擔轉嫁給承租的農戶。簡言之，田園城市的汙水系統利用各種方式，讓汙水回流到農地。農地上許多作物的生長，除了耗用土地的天然肥沃之外，還需要施用昂貴的肥料，也因為肥料昂貴，有時農戶因此無視於施肥的必要性。所以田園城

市的「稅一租」辦法讓承租農戶辛苦賺來的錢，不是平白流失給地主，而是用來彌補其耗竭的地利。它並非以直接抵免的方式運作，而是採取諸如興建道路、學校、市場等各種最能實際幫助農戶的有用形式，儘管這些助益都是間接的。但在現行狀況下，由於農戶的負擔如此沉重，使得他們不易看出此一恢復地利的必要性，甚至有人以懷疑和厭惡的眼光看待此事。毫無疑問地，如果農地和農民被安置在如此美麗和自然的環境裡，從物理和心理層面來看，農民和農地都會以相同的方式來回報這個美好的新環境——這片土地會因為它所栽植的一草一木而變得更為肥沃，而農民自然也會因為他所繳交的每一分「稅一租」，而變得更為富足！

　　我們看到農業土地上的農民、小承租人和佃農所繳納的「稅一租」，比起過去的租金要高出許多，那是因為（1）田園城市新增的人口，在鐵路運費大幅節省的情況下，創造出新的、有利潤的農產品需求；（2）土地自然要素的適當回流；（3）符合公平、正義和自然條件的土地持有方式；以及（4）現在繳納的租金包括租金和稅金，而過去所繳納的租金並不包含租戶必須繳納的稅金在內。

　　顯然「稅一租」比起單純的「租金」要增加許多，所以人們對於究竟應該繳納多少「稅一租」還有許多疑慮；因此我們應該謹慎行事，以免大幅低估人們應該繳交的「稅一租」金額。在考量各種情況之下，我們估計田園城市的農業人口願意支付比單純租金多 50% 的「稅一租」，因此可以得到下列結果：

估計來自農業土地的總收益

5,000 英畝農戶原本繳交的租金，例如	£ 6,500
加上 50% 貢獻給稅金和償還基金的數額	3,250
從農業土地上獲得的總「稅—租」	£ 9,750

　　在下一章我們將根據最合理的計算方式來估算城市土地的收益，然後進一步檢視整體「稅—租」收入，是否足以支應田園城市的市政需要。

評注（三）

　　霍華德引述理查生的小冊子《海吉雅，或是健康之城》
（*Hygeia, or a City of Health*），¹這是他用來發展田園城市概念的範
例之一。皇家學會院士班雅明・W・理查生（Benjamin W. Rich-
ardson, FRS, 1828-1896）涉獵甚多，包括禁酒運動、詩歌、戲劇、
小說創作等，對於醫學也有極大的貢獻。他不僅關心都市計畫的
美學，更在乎都市設施對於人民健康與生活品質的增進。他提出
一個新城市的構想：20,000 戶，100,000 人居住在 4,000 英畝的土
地上，平均人口密度每英畝 25 人（每公頃 60 人）。理查生補充
說明，「或許有人會認為居住空間裡的人口數量過於擁擠，但是，
因為人口密度的效果只有當它達到某個極端程度時，才能夠明確
評斷，像是利物浦（Liverpool）或是格拉斯哥（Glasgow）那樣，
所以這種說法不全然正確」（Richardson, 1876, pp. 18-19）。
　　有趣的是，霍華德引述《悲慘世界》（*Les Miserables*, 1862）
的文句前後，還包括下列內容：

　　……由此產生兩個結果，造成土地貧瘠和水汙染……例
如，現在泰晤士河毒害倫敦的情形已經惡名昭彰。

---

1. 【譯注】：海吉雅（Hygeia）是希臘神話中醫神阿斯克勒庇俄斯（Aesculapius）
的女兒，代表健康與衛生之神。

　　霍華德自己在原書第 25 頁和 26 頁的地方，提出汙水處理的問題。但是，他在此也提出田園城市的關鍵構想：事實上，城市會為自己的土地創造價值。

　　基本上，田園城市會在距離倫敦（或是任何一個大城市）夠遠的地方興建，以確保能夠用極低的農地價格購買土地。當時因為農業大蕭條，導致農地價格非常低廉（購買土地的動作必須祕密進行，就像列區沃斯的例子，或是需要拆散成小筆的土地交易，就像 1960 年代晚期美國馬里蘭州哥倫比亞的新市鎮，才不會被察覺）。隨著城市的成長，它所產生的土地價值在支付當初貸款購買土地和興建城市的費用之後，會回饋給社區。如同本評注的導論所言，霍華德的這個構想是來自 18 世紀末的作家湯姆士‧史賓斯（Beevers, 1988, pp. 21-25）。

　　霍華德強調，對他而言，本書最重要的意圖在於：如果能將穩定增加的土地改善價值保留給創造這些價值的居民，那麼土地增值所產生的收益將足以支應所有的地方社會福利，因此形成一個地方福利國家，由市民以集體的名義共同管理。在圖（四）地租遞減要點中，很可惜該圖在第二版之後就被移除，它將「地租」的總額放在圖中上方的圓圈當中。隨著田園城市的發展，這部分的金額會因為土地價值的上升，而變得愈來愈少；「當償還完畢之後，接下來所有的基金就可以用在市政上面，或是作為老人年金之用」。在霍華德寫作本書的年代，雖然費邊學社主張透過市有公用事業和地方福利的途徑，達成「瓦斯和自來水的社會主義」（Gas and Water socialism）目標，但是遲至 10 年之後，中央政府才展開行動，尤其是在退休年金方面。

　　然而，我們也注意到，二戰之後當新市鎮終於被指定的時候，政府選擇的發展模式卻是透過國營公司，直接由國庫提供資金，

那麼不管有盈餘還是負債，都直接歸屬國庫。如同我們其中一人評論道，「諷刺的是，如此一來他們就一舉解決新市鎮如何募集資金的老問題，但同時也摧毀霍華德的計畫的基本精神，那就是創造自我管理的地方福利國家。由上而下的規劃戰勝了由下而上的規劃，英國只留下霍華德田園城市的外殼，卻失去了它的本質」（Hall, 2002, p. 139）。

　　由於霍華德田園城市的基本理念是它的外圍將圍繞著農場和小型自耕農，以供應當地的食物需求，因此，他用彼得‧克魯泡特金在 1888-1890 年間匿名發表在《19 世紀》月刊上文章中的證據來佐證是有幫助的。這些文章後來集結成《田野、工廠與工坊》

碧翠斯和席德尼‧韋伯夫婦（**Beatrice and Sidney Webb**），他們在 1884 年與蕭伯納和 H‧G‧威爾斯共同創立費邊學社。這張照片攝於 1940 年。

一書，在本書出版後一年的 1899 年出版。克魯泡特金主張重新
整合城市與鄉村，他看到當時英國農業蕭條的景象時，指出：

> 　　需要人力耕作的農地面積已經減少，自從 1861 年之後，將
> 近半數的農業人口脫離土地，加入都市失業人口的行列。因
> 此英國的田地絕非人口過剩，而是缺乏勞動力……英國並未
> 好好地耕作其土地，她被阻止這麼做；而自稱為經濟學家的
> 一些人卻抱怨英國土地不足以養活人民。（Kropotkin, 1985, p.
> 90）

　　事實上，在面對海外大量湧入的廉價小麥和肉類，英國農人
的因應之道是專注在某些具有天然保護的農場品項目上，包括新
鮮牛奶和市場園藝等日常農產。但是這些農產品通常僅限於具
有優質土壤的較小區域，而整個英格蘭低地——尤其是倫敦周圍
——過去以生產玉米為主的農村，因此變成需求勞動力較低的草
地。例如，在愛賽克斯（Essex）地區，就出現蘇格蘭的農民南
遷，接收荒廢的可耕地。相關資料可參考侯彼得（1974）彙整之
1894-1896 年間農業蕭條的皇家調查報告。

　　在此，霍華德提到前任大都會工程委員會（Metropolitan
Board of Works）試圖將倫敦汙水有效地引回灌溉土壤而告失敗的
計畫，並指出同樣的計畫在田園城市因為可以事先整體規劃，所
以將會容易得多。在這個時期，使用人工肥料還在起步階段，儘
管已經有了大幅進展，尤其是德國的化工業，更是成長快速。

　　在 1920 年代，在大西洋對岸由一群為了將霍華德理論付
諸實現的人士所組成的美國區域計畫協會（Regional Planning
Association of America），重提霍華德的主張——也就是當地農民

有靠近當地市場的優勢，因此有助於讓當地生產滿足當地需求的合理計畫。相關論述可參閱該協會成員之一，經濟學家史陶克·卻斯（Stuart Chase）的著作《運煤到新堡》（*Coals to Newcastle*）（Chase, 1925）。但問題總出在，當長途的食物運輸變得相當便宜時，地方生產者很難和具有土壤或氣候優勢的遠方競爭者匹敵。

　　班雅明·貝克爵士（Sir Benjamin Baker, 1840-1907）是福斯鐵路橋（Forth Rail Bridge）的首席設計師。他的其他設計包括倫敦地鐵的好幾個部分，從埃及將克利歐帕塔拉方尖碑（Cleopatra's

班雅明·貝克爵士。

Needle）運到泰晤士河畔矗立、埃及的亞斯文水壩（the Aswan Dam）（1902），以及美國首座哈德遜河隧道（Hudson River Tunnel）。

　　亞歷山大・畢尼爵士（Sir Alexander Binnie, 1839-1917）設計有穿越泰晤士河的格林威治人行地下道，以及跨越泰晤士河的沃克斯霍橋（Vauxhall Bridge）。當霍華德在寫作《明日田園城市》時，他正擔任倫敦郡政府的首席工程師。

　　在此，霍華德仔細區分田園城市「租金」中的三項元素，以釐清圖（四）的內容。他稱之為「稅—租」的租金和傳統所稱的租金不同，因為它包含了三個不同部分。首先是「地租」，事實上這是支付給貸款購地與建田園城市的利息。其次是重置本金的「償還基金」。第三是用來支應市政服務所課徵的「稅金」，就

列區沃斯的農業地產。霍華德希望見到的合作農業並未實現，大部分的實驗都只維持短暫的一段時間便告停止。

像所有地方政府所課徵的稅金一樣。重點是，前兩項的金額會逐漸減少到變為零，但「稅—租」始終維持不變，因此事實上它可完全用來提供市政服務。農民將會樂於支付這樣的「稅—租」，因為他們會感激因此所獲得的利益回報。

第三章

田園城市的收益——市地

　　不論引進什麼樣的改革來解決倫敦窮人的住宅問題，整個倫敦地區無法提供足夠的新鮮空氣和開放空間作為有益身心的休閒之用，這是不爭的事實。倫敦的過度擁擠問題，依然有待解決。……如果有大量的倫敦人口，不分階級，能夠移往鄉村，長期而言，在經濟上是有利的；而被迫留在城市裡的其他人，也將同樣受益。……在製衣業為數超過 150,000 人的時薪工人當中，大部分工人的薪資都很低。讓這些低薪工作在地租很高的地區進行，違反了所有的經濟理性。

　　　　——馬歇爾教授（Professor Marshall），〈倫敦窮人的住宅〉

　　　　　　　　（The Housing of the London Poor）

　　　　　　《當代評論》（Contemporary Review），1884 年

　　前一章曾經估計田園城市每年來自於農地的收益是 9,750 英鎊，現在我們將焦點轉移到市地部分。顯然，將農業用地轉換為都市土地會讓土地價值大幅提升，使得吾人難以估算承租人願意支付的「稅—租」金額，但我們會盡可能在合理範圍內，加以估算。

　　請記住，城市部分的土地面積共計 1,000 英畝，假使成本是

40,000 英鎊，以年息 4% 計息的話，每年的利息支出是 1,600 英鎊。因此，這 1,600 英鎊是地主要求城裡人支付的地租部分，多出來的「稅—租」部分，則是用來支付購地成本的「償還基金」，或是用來維持道路、學校、供水工程、汙水工程，以及其它市政用途的「稅金」。因此，我們可以看到每人在「地租」上面所負擔的比例有多少；社區可以得到的又有多少。現在，如果這 1,600 英鎊是總共要支付給利息的地租，除以 30,000 人（這是預定的城市人口），那麼每人每年要分攤的金額不會高於 1 先令 1 便士，包括男人、女人和小孩。這是所有「地租」的部分，其他任何高於此一金額的「稅—租」，會用於支付購地的償還基金和其他用途。

現在讓我們仔細看看這個幸運的田園社區，究竟從這些微不足道的「稅—租」金額中得到哪些東西？首先，每人每年繳納 1 先令 1 便士的錢可以換來大量土地作為住宅之用，平均每個住宅的單位面積是 20 英尺乘以 130 英尺，約可容納 5.5 人。其次，人們還可獲得充足的道路空間，有些道路甚至非常寬闊、壯麗，日照充足、空氣流通，路旁還有樹木、灌木和草地等，給田園城市帶來一種混合鄉村的面貌。第三，人們還獲得廣大的空間作為市政廳、公共圖書館、博物館、畫廊、劇院、音樂廳、醫院、學校、教堂、游泳池、公有市場等。第四，田園城市還有占地 145 英畝的中央公園和寬 420 英尺、環狀延伸超過 3 英里的林蔭大道；中間還保留了作為寬闊大道、學校、教堂之用的土地。從人們為這些土地所支付的極少金錢來看，它們的美麗毫不遜色。第五，它還保留了環繞整個田園城市周邊，長達 4.25 英里的鐵路用地；多達 82 英畝的土地可供倉庫、工廠、市場之用。此外，田園城市還有位置絕佳，專供購物之用的水晶宮，冬季時還可作為冬季庭

園使用。因此，在田園城市計畫之下的租約，並不像一般土地租約那樣要求承租人支付所有的稅金、租金，以及對這些土地進行估價的費用。相反地，它是將地主收取到的租金區分為：（1）支付土地債券的利息；（2）償還基金；（3）剩下的餘額則納入公共基金，支應原本用市府稅收和其他部門稅收所從事的公共用途。

現在就讓我們估算一下市地可能獲得的「稅—租」收益。

首先要處理的是住宅用地。所有的住宅都位於良好的區位上，其中緊鄰林蔭大道（420 英尺寬）和寬闊大道（120 英尺寬）的住宅可能會吸引出價最高的競標者。在此我們只能估算它的平均值，但是任何人應該都會同意，住宅土地每平方英尺 6 先令的平均「稅—租」，是相當合理的。這會使得一間位於平均區位，面積 20 平方英尺的住宅用地，每年必須繳交 6 英鎊的「稅—租」。在這樣的基礎上，5,500 個住宅單元，一年總共可以產生 33,000 英鎊的收益。

至於工廠、倉庫、市場等用地的「稅—租」，或許難以精確估算，但是我們保守地估計，雇主每年願意為其事業之下的每名員工支付 2 英鎊的「稅—租」。當然，這並不表示它所課徵的「稅—租」是人頭稅（poll-tax）；而是如同我們先前所說的，是承租人以競標方式所決定的「稅—租」。這種估算「稅—租」的方式會讓製造業的雇主、合作社，或是個體戶，有一個現成的憑藉來評斷他們所付的稅金和租金，相較於目前的租稅負擔，它的確減輕許多。然而，讀者必須謹記，此處我們處理的是平均值；如果這些相對高的數額是針對大雇主的話，那麼對於小店家而言，「稅—租」必定低廉許多。

對於一個擁有 30,000 人口的現代城市而言，大約會有 20,000

人是介於 16 歲到 65 歲之間的勞動人口；假設其中有 10,625 人是
在工廠、商店、倉庫、市場等地工作，或是向市政府租用類似的
土地謀生，而非作為住宅之用，那麼由工商用途所產生的收益，
一年大約是 21,250 英鎊。

　　因此，由市地而來的總收益可計算如下：

從農地而來的稅─租收益	£ 9,750
從 5,500 戶住宅用地而來，每戶 6 英鎊的稅─租收益	33,000
從 10,625 個商業用地而來，每名員工 2 英鎊的稅─租收益	21,250
	£ 64,000

或是總人口平均每人 2 英鎊的稅金和租金

　　這筆收益將用於下列用途：

作為購買農地 240,000 英鎊的利息支出， 以年息 4% 計算	£ 9,600
作為償還基金（分 30 年攤還）	4,400
作為原本由稅金支付的公共用途	50,000
	£ 64,000

　　接下來的重要工作是要檢視，一年 50,000 英鎊的金額是否足
以支應整個田園城市的市政需求。

評注（四）

阿弗雷德・馬歇爾教授 **1901** 年攝於奧地利的泰洛爾（**Tyrol**）。

阿弗雷德・馬歇爾教授（Professor Alfred Marshall, 1842-1924）是霍華德最常引述的來源。有長達四分之三個世紀的時間，他的《經濟學原理》是英國學生必讀的教科書。馬歇爾在 1884 年的文章中主張，「整體計畫是組成一個委員會，不論其最初設立的宗旨為何，在遠離倫敦塵囂之外的地方建立一個殖民地。當購買或興建適當農舍的方案決定之後，就可以和雇用廉價勞工的雇主們進行協商」（Marshall, 1884, p. 229）。馬歇爾在《經濟學原理》書中曾經引述這段話（Marshall, 1920, p. 167），並且進一步延伸霍華德的主張，不過他並未在 1920 年再版的《經濟學原理》中提及霍華德的書（ibid., p. 367）。

在此，如同前幾章，霍華德努力說服我們，如果土地價值的增加能夠歸於社區，那麼各種工商業都會蓬勃興盛。事實上，這個原理在二次世界大戰之後，被英國政府用於新市鎮開發公司身上：從中心商業區的商店和辦公室所收取到的租金是新市鎮資

產增加的主要部分，而且可以用來挹注其他值得補貼的開發項目
上。然而，所有此類估算對於總體經濟的假設條件相當敏感，尤
其是通貨膨脹。霍華德寫作的年代是總體經濟非常平穩的維多利
亞晚期，當時非常低的利率水平曾經維持長達四分之三個世紀之
久。至於較不穩定的時代，情況究竟如何？請參閱下兩段。

　　戰後新市鎮的真實經驗，恰恰否定了霍華德的觀點。「鄰里
單元」的規劃理念需要在每個區位都有一些基本的「鄰里商店」
（corner shops）。除非租金低於某個程度，否則這些商店的營業
額將無法為店主提供足夠的收入。新市鎮開發公司認為，用獲利
區位租金盈餘來挹注其他社會需求的租金補貼政策，是他們的責
任之一。1979 年柴契爾夫人（Mrs Thatcher）執政之後，中央政
府的態度轉變，也使得政策歪變。彌爾頓・凱因斯新市鎮當地的
歷史學家，對此有翔實的描述：

　　「將 1970 年代有如母親般慈愛、以公共服務為導向的彌爾
頓・凱因斯，變成小頭銳面、自負盈虧的地產投資機器，以適應
1980 年代的商業法則，是一項艱鉅的大工程」。中央政府的指示
是「削減公共支出，而且動作要快。做法之一就是出售資產。但
是彌爾頓・凱因斯當時還是一個新興城市，沒有足夠的時間讓它
的工廠和辦公室成長。同時，大筆資金投注在排水、道路和植樹
上面。因此，要在隨著高利率累積而來的公司負債和資產之間維
持損益平衡，是一件相當棘手的事情」。政府被告知，「開發公
司的資產總額是 5 億 8 千萬英鎊，但是負債卻高達 3 億 5 千萬英
鎊，營建成本的上升速度，比房地產價值的上漲速度還快。而且，
設定為 60 年的高利率貸款，讓開發公司陷入難以償還貸款的窘
境，尤其是在出售資產之後，更是無以為繼（Bendixson and Platt,
1992, p. 195）」。

第四章

田園城市的收益──
支出的總體考察

　　倫敦已經陷入一片混亂，毫無整體設計。如果有人有幸擁有一塊土地的話，遲早它都會變成需求殷切的建築用地。有時候大地主會用廣場、花園和僻靜的街道來吸引一些上層階級的住戶，但是這些宅邸通常會被鐵門和欄杆圍起來。即使有這些環境清幽的案例，但整體而言，倫敦並不是這樣的地方，也沒有寬闊的主要道路。至於其他一般常見的小地主，建商唯一的設計就是在基地上盡可能塞入最多的街道和房子，卻無視於周邊的環境，既無開放空間，也沒有開闊的通道。仔細檢視倫敦的地圖，就知道我們絕對有必要對其成長有所規劃，但遺憾的是，無論是整體人口對於生活便利的想望，或是人性尊嚴和城市景觀的考量，都鮮少被提及。

　　　　　── G・J・蕭─列斐爾伯爵（Right Hon. G. J. Shaw-Lefevre）
　　　　　　　　　　　《新評論》（*New Review*），1891 年，頁 435

　　真是可悲，盡可能讓英國的每一所公立小學都有半英畝附屬土地的老生常談，竟從未實現過。學校的花園可以給年輕人一個了解植栽的機會，這是日後可以從中得到喜悅甚至獲取利益的重要經驗。關於食物的生理學知識及其價值是學校課程中的重要部

分，學校的花園就是最有價值的具體課程。

──《回聲報》（*The Echo*），1890 年 11 月

　　在進一步討論上一章結論所提出的問題之前──也就是確認田園城市的淨收入（每年 50,000 英鎊）是否足以支應市政府所需，我要非常扼要地陳述，如何籌措資金的操作方式。該筆錢將以 B 類債券的方式舉債，然後用收取到的「稅─租」來償還。這得視利息和償還基金的支付條件而定，它在購買土地時是屬於 A 類債券。或許說這些是多餘的，因為在購買土地時，或是至少在交付土地或是開始在土地上動工興建公共工程之前，必須募足所需的總額，否則必須延後動工，直到所有的資金到位為止。在這種一開始資金就短缺的情況下，是不可能建造任何城市的，因為它的所有公共工程都必須支付相當數額的建造成本。儘管田園城市的情況相當特殊，它也不能免除一開始需要資金的基本條件。雖然要有足夠的資金才能夠真正實現所有的經濟夢想，然而，我們有非常特殊的理由相信，而且這些理由會愈來愈明顯，田園城市一開始並不需要準備這麼多資金。

　　關於這一點，或許可以用建造一座城市和建造一座跨越河流的大型鐵橋，二者在資金需求上的差別，來作說明。在建造鐵橋的情況下，計畫開始之前就必須募齊所需的資金，理由很簡單，那就是除非最後一根卯釘確實鎖緊，否則它就不是一座完整的橋梁；而且除非它全部完工，順利連接兩岸的鐵路或道路，否則它就不具備賺取利潤的能力。因此，除非鐵橋完工，否則很難回收所投資的資金。所以，投資人自然地會說：「除非你保證能夠籌募到足夠的資金，完成計畫，否則我們不會將錢投入。」不過，

為了發展田園城市所籌募的資金，它會產生加速回收的效果。這些錢將投資在道路、學校等項目上。這些即將營運的建設和要出租的土地之間，有先後的必然關係。從動工開始，所花費的資金很快就會以「稅—租」的方式產生報酬。實際上，它代表的是，地租的大幅提升。所以那些較早將錢投入 B 類債券的人就有最佳的保障，後面的資金也就容易獲得，而且也可以降低利息。再者，這個計畫很重要的部分是，每一個分區，也就是整個田園城市六分之一的區塊〔參閱圖（三）〕，就某層意義而言，它本身就是一個完整的城市，因此學校建築在早期階段不只可以作為學校之用，也是做禮拜、音樂會、圖書館和各種聚會的場所，那麼昂貴的市府建築或是其他工程必須花費的所有資金，就可以延遲到計畫的後期階段。實際工程也可以先在一個區內完成，再擴展到另外一區，所以各區的運作就可以先後有序地進行。而建築工程尚未展開的基地也可以是收益的來源，例如作為出租農園、牧場，或是磚窯場等。

　　現在就讓我們來處理眼前這個問題。建立田園城市所依據的原則，是否和市府處理收支的成效有關？換言之，同樣的收益，在田園城市是否會比在其他一般城市產生更大的效益？這些問題將一一獲得解答。它將顯示，比起其他地方，田園城市所花費的每一分錢都是實實在在的，儘管有許多巨大且明顯的節省無法精確地以數字呈現，但是整體而言，它絕對不是一筆小數目。

　　第一個值得注意的節省是「地租」項目。在正常情況下，它通常會進入市府的支出項下。但是在田園城市裡，它不會成為政府的支出項目。所有上軌道的城市都需要行政大樓、學校、游泳池、圖書館、公園等；這些公共設施所在的基地通常都是購買而來。在這種情況下，購地所需的錢通常都是以稅收的擔保債券舉

債而來;因此,市政府所課徵的稅金中有相當大的比例是用在我們稱之為「地租」的部分,也就是支付購地貸款的利息,或是作為償還購地本金的償還基金(它只是以資本形式表示的地租),而非用在具有生產力的事項上。

　　現在,在田園城市裡,除了道路用地和農業用地之外,所有這些購地的支出都已經有著落了。因此,這 250 英畝用於公園、學校,以及其他公共建築的土地只要納稅人每人每年支付 1 先令 1 便士的錢就足以支應每英畝 40 英鎊的土地支出,而且它還包括地租的部分;所以田園城市共計 50,000 英鎊的收益,是扣除所有利息和償還基金之後的淨收益。因此,在考量這 50,000 英鎊的收益是否夠用的時候,請記住,田園城市裡其他非公共設施的土地成本,並未先從這個數額裡面扣除。

　　另一個巨大的節省可以從田園城市和其他像是倫敦之類的城市之間,相互比較得知。倫敦郡政府希望展現其魄力,所以興建學校、清除貧民窟、設立圖書館、游泳池等。在這種情況下,倫敦不僅僅是購買這些土地的所有權而已,通常還必須支付基地上的房舍成本,因此,也必須負擔拆除房舍及整地的費用,還得經常面對商業干擾的補償請求,以及解決這些商業干擾案件的法律費用。在這些環節之下,倫敦教育局(London School Board)成立之後,它用來購買學校用地的成本,包含舊建築、商業干擾補償、法律費用等等在內,已經高達 3,516,072 英鎊,[1] 而這些準備用來興建學校的土地(有 370 英畝)總成本,平均每英畝是 9,500 英鎊。

　　以此計算,在田園城市占地 24 英畝的學校用地成本是 228,000

---

1. 參閱倫敦教育局 1897 年 5 月 6 日的報告,頁 1480。

英鎊，所以光是在田園城市學校用地一項上面所節省下來的資金就足以在另一個地方購買整座模範城市的土地。但是有人會說，「哦！田園城市的學校位置占地寬廣，這在倫敦是絕不可能的事情，所以將田園城市這種小城鎮和作為帝國首都的倫敦加以比較，是極不公平的。」我的回答是：「的確，倫敦的土地成本使得這些學校用地顯得過於奢侈，或是高不可攀──它們大約價值40,000,000 英鎊──但這件事情本身不正顯示一個體制的嚴重缺失，而且是最致命的部分嗎？對於其他用途而言（關於這一點在後面階段會有進一步的說明），或許如此，姑且不論倫敦土地真正的經濟價值為何，但是對於學校用途而言，在每英畝成本高達9,500 英鎊的土地上受教育，真的會比在每英畝 40 英鎊的土地上受教育來得好嗎？將學校建在髒兮兮的工廠邊上，或是塞在擁擠院落和狹窄巷弄的環境裡，究竟能帶來什麼好處？如果倫敦的隆巴達街（Lombard St.）是設置銀行的理想地點，那麼像田園城市中央大道這樣的地方，難道不是設置學校的好所在嗎？──兒童的福祉不正是任何一個良好城市的首要考量嗎？」[2] 有人會說，「但是兒童應該在其住家附近接受教育，而且住家必須靠近他們父母的工作地點。」一點兒都沒錯；田園城市的計畫不正是以最有效的方式達成此一目的嗎？就此而言，田園城市的學校位置不是比倫敦的學校位置更加優越嗎？兒童花費在通學上的時間和力氣不是少得多嗎？如同教育界人士所說的，這是無比重要的事情，尤其是在冬季。再者，我們不是聽馬歇爾教授說過：「在製

---

2. 曾經寫過許多試圖解決社會問題著作的理查生先生，在一本名為《社會良策》（*How it can be done*）的作品中提到，首要步驟是「對於土地上的所有兒童提供一個維護、教育和訓練的完整系統」。我相信理查生先生會樂於見到我的提案將其建議變為可行的政策目標。

衣業為數超過 150,000 人的時薪工人當中，其中大部分的人薪資
很低。讓這些低薪工作在地租很高的地區進行，違反了所有的經
濟理性。」──換言之，這 150,000 名工人根本就不應該待在倫
敦。在這樣惡劣的條件和高昂的成本之下，難道這些工人子弟的
教育考量，沒有更加凸顯馬歇爾教授的論點嗎？如果這些工人不
應該待在倫敦，那麼他們狹小骯髒且租金昂貴的住家也不應該存
在於倫敦；許多提供這些工人日常所需的店家也不應該存在於倫
敦；還有其他仰賴這些製衣工人薪資花費獲得就業的其他行業人
士，也不應該待在倫敦。因此，就其真實意義而言，將田園城市
的學校用地和倫敦的學校用地加以比較，是相當公允的；因為如
果這些人依照馬歇爾教授的建議搬出倫敦，那麼他們馬上就可以
在工廠地租上面省下大筆金錢（如同我所建議的，如果事前就做
好安排），同時也可以在住宅、學校，以及其他方面省下大筆金
錢；而這些節省下來的部分，就是現在與新情況之下支付金額的
差距，減去可能發生的任何損失（如果有的話），加上此一遷移
所帶來的許多利益。

　　為了釐清問題，讓我們用另外一種方式來做比較。為了取得
倫敦教育局所需的學校用地，倫敦市民（假設有 6,000,000 人的
話）每人需要分擔 11 先令 6 便士的資金成本。當然，此處所指
僅限於公立學校用地。用田園城市 30,000 人口來計算的話，每人
11 先令 6 便士，總共可以省下 17,250 英鎊。若以年息 3% 的永久
租賃權折算的話，每年可以節省 517 英鎊。就學校用地而言，除
了每年可以節省 517 英鎊的利息成本之外，田園城市的學校位置
遠比倫敦學校的各項條件更為優越──它足以滿足田園城市所有
兒童的就學需求，不像倫敦只能滿足半數兒童的教育需求（倫敦
教育局管轄的學校用地共計 370 英畝，大約每一英畝的校地需要

服務 16,000 名市民的需求；田園城市的學校用地則是 24 英畝，
平均每一英畝校地服務 1,250 人）。換言之，田園城市所保障的
學校用地比倫敦更大、更好。就各方面而言，都更符合教育所需，
而且它的成本又比在各方面都差得多的倫敦土地，便宜許多。

　　我們所討論的這些節省，主要是透過兩項我們曾經提過的措
施，加以實現。首先，在提升土地價值的人口遷移之前，我們就
預先購買土地，所以移民就可以用非常低廉的價格取得土地，並
且為自己和後來的人保留即將產生的土地增值利益。其次，來到
新的土地上，他們毋需為舊建築、干擾補償和繁雜的法律程序，
負擔大筆支出。將為倫敦貧困工人提供保障的可能性，作為這
些優點的第一要務，似乎並未在馬歇爾教授發表於《當代評論》
（Contemporary Review）的文章中，受到重視，[3] 因為馬歇爾教授
寫道：「最終所有人都會因為遷移而受益，但是受益最大的是地
主和與殖民地相連的鐵路。」在此讓我們從保障地主獲得最大利
益的措施，轉換為特別針對目前社會底層階級可以優先受惠的方
案，讓這些作為新市鎮成員的人民，可以保有土地大幅增值的部
分，並且將它用來改變現狀。除了缺乏統合的努力之外，這是無
人可以阻止的事情。至於鐵路可以獲得的利益，興建城市無疑會
讓通過城市的鐵路獲益，人們的收益並不會因為鐵路運輸和收費
而有任何減損，這也是無庸置疑的（參閱第二章、第五章）。

　　現在讓我們來處理一個根本無法計算的經濟元素。你會發現
田園城市絕對是經過縝密的規劃，所以市政管理的整體問題可以
用一個長遠的計畫，加以處理。它並不需要，也不可能只以一個

---

3. 當然沒有人比馬歇爾教授本人更了解這個可能性（參閱《經濟學原理》第二版，
　卷五，第十章和第十三章）。

人的想法來作為最終的計畫方案。無疑地，它會集合許多人的心
血結晶，包括工程師、建築師、土地調查員、景觀園藝師、機電
工程師等。但是，如同我們曾經說過的，設計與目的之間必須一
致——城市必須整體規劃，而不應該像所有英國城市那樣被放任
發展成一片混亂，其他國家的城市多少也是如此。一座城市就像
一朵花、一棵樹，或是一隻動物，在它成長的每一個階段，都應
該具備統合、勻稱、完整（unity, symmetry, completeness）等特性：
成長的結果不應該破壞其統合性和勻稱性；而是要讓它變得更完
整，早期的結構完整性在後面的發展中，也應該融合成一個更大
的完整性。[4]

　　但是田園城市不僅有所規劃，而且是以最新的現代條件加以
規劃的；顯然，用新的材料來製作新的工具，會比翻修或改造舊
的工具來得容易和經濟。這個經濟元素或許可以用一個具體的事
例加以說明；而且，當它一旦呈現時，就會充分展現其明顯特性，
整件事情就會非常清楚。

　　在倫敦的霍爾本（Holborn）和河濱大道（Strand）之間要興
建一條街道，已經籌劃了好幾年，最後倫敦郡政府終於一致通過
採取一項計畫，並將在下一季的國會議程中提出——這是一項耗
費倫敦人高昂代價的計畫。在此我要引述 1898 年 7 月 6 日《每

---

4. 普遍認為美國城市是經過規劃的。它只有在最低限度的意義上是如此。儘管美
　國城市的街道不會混亂打結，但是這些街道的線條似乎也是隨手畫出來的。只
　要在美國城市住上幾天，除了幾座最古老的城市之外，人們並不難辨識出方向。
　但是，嚴格來說，它並沒有真正的設計，一些街道就這樣排列開來。當城市成
　長時，這些街道就以一種近乎單調的方式延伸和複製。在街道安排方面，華盛
　頓是一個極大的例外；但是即使像華盛頓這樣的城市，也沒有讓其居民接近自
　然的設計眼光，它的公園並非位居中央，學校和其他建築也不是以科學的方式
　加以安排。

日紀事報》的內容，「每一次倫敦街道的地理變動，都讓數以千計的人流離失所。」多年以來，所有的公共計畫或是準公共計畫都背負著必須盡可能安置善後的重責大任，合該如此。但是當大眾被要求面對現實和掏錢買單的時候，事情就變得棘手起來。在眼前這個例子中，有 3,000 個工人階級的人口被迫遷出。在幾經尋找適合的歸宿未果之後，市府人員發現，其中大部分工人都和他們的工作地點難以割捨。哪怕只是將他們遷到一英里之外的地方，都是一件非常困難的事情。以金錢來論，倫敦必須以每人 100 英鎊，或是總計 300,000 英鎊的錢，來安置這些居民。對於那些無法遷移到一英里之外的人來說——他們不是在市場附近逗留，就是被綁在原地——成本就更高了。他們會要求這塊珍貴土地上的計畫本身，承擔起清理重建的責任，結果安置這些人的成本高達每人 260 英鎊，一個五、六口之家就得花費 1,400 英鎊的金額。財務報表的數字或許不容易給人清楚的概念。讓我們打個比方，解釋得更明白些。在房屋市場中，1,400 英鎊相當於一年將近 100 英鎊的房屋租金。它可以在漢普斯特（Hampstead）附近買下一間具有庭院的豪華住宅，⁵ 過著像中產階級般的優渥生活。這在倫敦附近郊區的任何地方，都可以買到相當於一個年收入 1,000 英鎊的人住的房子。如果再往遠一點的地方到新開發的社區，就像西堤區受薪階級搭乘通勤火車可以到達的地方，⁶ 1,400 英鎊的房子，事實上是非常富麗堂皇的。但是，科芬園（Covent Garden）有四個小孩要養的六口之家工人階級，究竟需要什麼樣的舒適程度呢？1,400 英鎊絕對達不到普通標準的舒適

5.　【譯注】當時倫敦北邊快速發展的田園郊區。
6.　【譯注】西堤區（the City）是位於倫敦市區的金融中心。

程度，更不用說富麗堂皇了。「他們一家會擠在位於巷弄中，有三個房間的小閣樓裡」。將這種情形和一開始就仔細規劃的大膽計畫相互比較，後者只要幾分之一的成本，就可以在一個新的地區，把比倫敦改建後還寬敞得多的街道，鋪排起來。1,400 英鎊的錢在田園城市可以提供的不是一戶人家住在一個在巷弄中有三個房間的小閣樓，而是足以負擔七戶人家住宅所需的農舍，而且每一戶都有六個房間，以及一個漂亮庭園。製造業者這時也被說服，到離這些住家不遠的地方設立工廠，所以每一戶男主人的工作地點，都在步行範圍之內。

　　還有一項現代需求是所有城鎮都應該如此設計加以因應的──那就是隨著現代公共衛生演進而來的需求，這在近年來各項發明快速成長之際，有加速發展的趨勢。汙水下水道、路面排水系統、自來水、瓦斯、電報和電話線路、路燈和輸送電力的電線，還有為郵務專設的大型輸送管道等，已逐漸被視為具有經濟效益的設施，如果還稱不上必要設施的話。如果這些設施在舊城市被視為可以節省經濟成本的來源，那麼在新市鎮就更具經濟效益了；因為在一片白紙上，最有可能採用和建造最好的設施，讓吾人在這些設施與日俱增的情況下，充分利用它們所具有的發展優勢。[7] 在地下管道（subways）興建之前，必須先挖掘又深又廣的

---

7. 「我們隱藏與放任這些讓大眾長期受苦和稅賦繁重的問題，直到它們以排水管滲漏、管線爆裂、電線走火、路面破損，以及所有不便、花費與危險的形式，再度爆發出來為止。」聖馬丁教區的土木工程調查員查爾斯・梅森先生（Mr. Charles Mason, C. E. Surveyor to the Vestry of St-Martins-in-the-Field）指出，我們是多麼愚蠢，才會容忍這些痛苦。如果我們要維持一個起碼的文明水準，就必須立刻改弦更張。⋯⋯他的解決之道是地下管道⋯⋯那是大型的地下箱室，可供各種管線、排水溝、導管之用，可以建在街道或是住宅的地面底下。它們是如此巨大、寬廣，所以必須由一小群的維修人員不斷巡視、檢查，並且保持在最佳狀況。──《太陽報》（*Sun*），1895 年 5 月 30 日。

涵洞，才能夠使用這些先進的機具。這種做法在舊城區如果不是毫無可能的話，必然也會遭遇強大的阻力。然而在田園城市裡，蒸汽挖土機絕對不會出現在人們生活之處，而是在它們完成前置的準備工作後，人們才搬進來居住。如果英格蘭人民可以親眼目睹並接受，這些動力機具不僅可以用來增進國家的最終利益，而且還有直接與立即的好處，那麼就不只是那些實際擁有或使用這些機具的人，可以靠它獲得工作，其他人也是如此。英國和其他國家的所有人民可以從實際經驗中領略到，機械設備既能廣泛地提供就業，也能剝奪就業——它能穩住工作，也能驅離工作——它可以解放人們，也可以奴役他們。在田園城市裡有許多工作有待完成。這是顯而易見的。但是同樣明顯的是，除非大量興建住宅和工廠，否則其中許多工作將無法完成。唯有加快挖掘溝渠的速度，盡快完成下水道，盡快興建工廠和住宅，以及盡早啟動電燈和電力，才能夠盡快興建完成這座可以讓人們安居樂業的田園城市，屆時其他人也才可以盡快接著興建其他城市。而且這些後來興建的城市，並不會和田園城市長得一模一樣，而會越變越好。就像現代的火車頭，比起先期用手工推拉的簡陋設計，不知精良多少。

　　我們現在已經有四個充分的理由足以說明，為什麼一定數額的收益，在田園城市可以創造出比一般狀況之下，更大的成效：

（1）除了作為預估淨收益的微小數額外，人們毋需支付土地所有權的「地租」或利息。

（2）基地上並無建築物或其他工程，所以不必耗費成本在購買地上物、補償商業干擾，以及與此有關的各項法律費用。

（3）依照現代需求及條件所訂定的明確計畫，它所產生的
　　　經濟效益可以節省許多在舊城市中試圖讓它們與現代
　　　想法相融合的各項支出。

（4）當整個基地上面沒有任何妨礙工事進行的狀況時，就
　　　有可能引進最先進和現代化的築路機具，或是其他工
　　　程作業所需的器械。

　　當讀者繼續讀下去，就會發現其他經濟節省的效益也會變得
愈來愈明顯，但是，在藉由一般原理的討論以釐清基本問題之
後，下一章我們準備進一步討論我們的估算是否充分、完整。

評注（五）

　　喬治・約翰・蕭—列斐爾（George John Shaw-Lefevre, 1831-1928）出身於一個公職顯赫的家族。1880 年擔任工程委員會的主任委員（First Commissioner of Works），1892 年出任葛雷德史東政府的閣員，後來成為倫敦郡議會的議員。此處這段引文有趣之處，在於它代表早期呼籲倫敦進行整體規劃的主張之一。一個致力推動倫敦規劃的倫敦學會（London Society）在 1912 年成立，並於 1920 年出版了大倫敦發展計畫（Development Plan for Greater London）（Beaufoy, 1997），然而，雷蒙・歐文所領導的 1929-33 年倫敦區域規劃委員會（London Regional Planning Committee）卻在大蕭條期間夭折，而派崔克・阿貝克郎比（Patrick Abercrombie）的大倫敦計畫（Greater London Plan）遲至 1898 年之後近半世紀的 1944 年才出現。

　　蕭—列斐爾正確地說道，倫敦大部分地區是由只在乎保護其財產特色與價值的私人開發商所規劃的；但是如同倫敦西區所顯示的，其土地也被低水準的投機開發商所分割（Jahn, 1982）。

　　霍華德有關推動公共工程的陳述，並不全然明確。基本上土地價值在田園城市興建之前並不會上漲，所有或是大部分的土地需要在事前祕密地購買。因此很難看出公共工程該如何及早進行——除非霍華德講的是，例如，興建一條聯外道路或是鐵路，那並不會帶動土地價值的上升。話雖如此，提升交通可及性還是可以增進土地價值。

　　霍華德主張田園城市的每個分區本身「在某個意義上應該是
一個完整的城市」，因此預測到克拉倫斯・培里於 1913 至 1928
年間在紐約州的森丘園（Forest Hills Gardens）和紐約區域計畫（the
Regional Plan of New York）中所發展出來的鄰里單元概念（Hall,
2002, pp. 128-132）。

　　在此和第五章中，霍華德仔細解釋從無到有興建田園城市，
可以經由新聚落的建立帶來土地增值，進而快速地回收成本。

　　在第一代的英國新市鎮裡，土地價值的上升很快就證明政府
投資的正確性（Ward, 1993, p. 90）。看看二戰之後英國新市鎮的
財務報表，我們的確見識到霍華德所說的增值力量。當初的土地
是以農地價格取得。1947 年城鄉規劃法讓開發權利及相關的土
地價格國有化。儘管這一部分法規幾乎全被後來繼任的政府捨棄
掉，但是在所謂的波音特・郭爾德準則（Pointe Gourde principle）
之下，[1] 它要求「開發計畫對於土地價格的效果應該被忽視」，
新市鎮的開發權力並未被收回（Hall and Ward, 1998）。

　　在新市鎮的案例中，我們可以在前面討論到彌爾頓・凱因斯
新市鎮的評注中看到，當柴契爾政府對公營事業的不信任導致拋
售公共資產時，原始投資未必會自動增值。霍華德當然無法預見
這樣的發展，因為他想像的田園城市是由具有公共意識的市民，
而非國家，負責開發。腓德列克・奧斯朋提到霍華德「並不相信
『國家』，儘管他相信人性本善，但是他並不期待任何環境改變
會把我們都變成像天使一樣善良」（Hughes, ed., 1971）。

　　在本書出版一個世紀或是更晚之後才閱讀本書的讀者，或許

---

1. 【譯注】這是英國在 1947 年時實際發生的一個判例，其原則是土地強制徵收的
　補償金額，不應包含因為徵收計畫所導致的土地增值部分。

會驚訝地發現霍華德書中有多達 30 頁的內容——占整本書的五分之一，在處理財務計算的問題。但是霍華德的重點顯然是試圖說服他的真正支持者：頭腦冷靜的商業利益，只要靠他們自己就可以籌募資金，興建田園城市，不論是自己出資或是在市場上借貸。5% 的慈善利率是維多利亞時代眾所周知或普遍承認的基本原則，但是必須有能力按照利率償還貸款。為內城工業地帶的貧苦工人在工作地點附近興建廉價住宅是一回事；但是在距離城市好幾英里之外，沒有人煙或是經濟基礎的綠地上建造壯觀的田園城市，則是截然不同的冒險嘗試。

　　霍華德似乎想在這裡提出三個不同卻相關的論點。第一點是土地開發的成本在田園城市會比在倫敦市區便宜許多。第二點是，正因為如此，開發可以在低密度的地方進行，也才容許有較多的開放空間。它顯然，也的確是為何都市密度得以降低的原因——如同經濟學家柯林・克拉克（Colin Clark）在他一些經典的文章中指出——交通運輸的改善會提升地區發展的可能性（Clark, 1951, 1957, 1967）。它所產生的結果卻相當諷刺，那就是倫敦的通勤範圍反而擴張超過原先規劃的 20-35 英里（35-60 公里）地帶，這也是 1946-1950 年間新市鎮的坐落區帶；然後入侵到 50-80 英里（80-130 公里）的較遠範圍，那是「第二代」新市鎮所在的區位，像是彌爾頓・凱因斯、北安普敦（Northampton）、彼得堡（Peterborough）等地。就此意義而言，改善交通正好否定了霍華德經濟主張的前提依據——雖然也可以辯稱，這樣只是將田園城市的最適位置，搬得離大城市較遠一點而已。還有第三個主張：那就是重新開發比全新開發更為昂貴。當然，經過一段時間之後，我們也預期得到，田園城市也將面臨重新開發的問題，這正是現在發生在最初幾個新市鎮的真實故事。

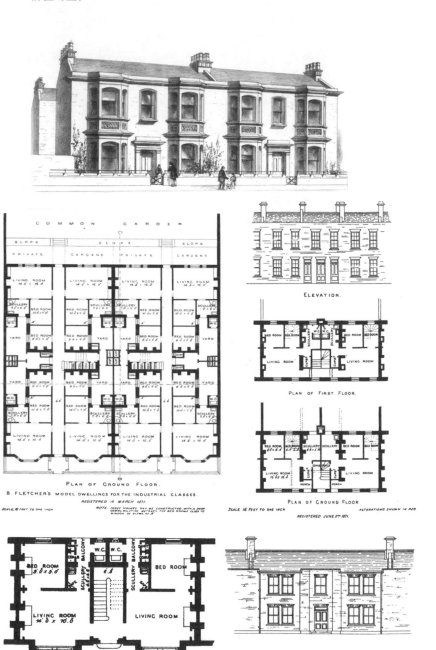

班尼斯－富列特丘（**Banister-Fletcher**）在 1871 年所設計的另類勞工住宅。

　　在附注中霍華德再次提到班雅明‧理查生和他的著作《海吉雅，或是健康之城》。

　　霍華德思想中真正激進的特質在此浮現：他清楚地指出田園城市的土地價值將歸屬於社區。他的方案是一個土地市有化的計畫。重點是沒有人反對，因為沒有人被迫出售土地；所有人都心甘情願地出售土地。

　　霍華德也清楚地表示，田園城市應該有意識地加以規劃。那是一個整體計畫，延續他在示意圖（二）和圖（三）中的建議，加以修改，以配合當地的地理特性。關於這一點，他也說得很清楚，這在當時是很罕見的，至少在英國是如此。過去在羅馬統治時期還有一些整體規劃的城市，但是之後不論是皇室特許或是宗教命令所興建的城市，像是加爾那文（Caernarvon）、溫切爾西（Winchelsea）或是羅伊斯頓（Royston），都缺乏規劃。當時有一些由慈善地主所規劃的模範村莊，或是由慈善企業家所規劃的

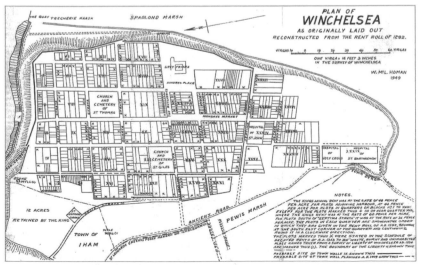

根據 1292 年地租圖所重繪的愛德華一世（Edward I）在位時的溫切爾西。

工業社區，例如新藍納克（New Lanark）、邦威爾、日照港等，而新厄斯威克（New Earswick）也才剛剛開始規劃。那時候還有一些個別規劃的郊區，像是貝德福公園（Bedford Park）等。但是自從中世紀以來，沒有一座新市鎮是經過完整規劃的。所以，正如霍華德所宣稱的，第一座田園城市列區沃斯，的確是一個原創的發明。

在霍爾本和河濱大道之間寬達 100 英尺的大道就是國王道（Kingway），上面原本是一個擁擠的貧民窟。1889 年開始拆除，準備興建道路，但是新的街道遲至 1906 年才開通，街道兩側辦公大樓的出現，則是更晚之後的事情。在國王道後面，如同稍早規劃的新街道，像是查令十字路（Charing Cross Road）等，都有慈善團體興建的嶄新集合出租住宅，用來安置這些窮困的人家。但是這只是其中的一小部分：大部分原先住在貧民窟裡的貧困家庭，還是蝸居在被清除的地點附近，讓卓里巷（Drury Land）或是科芬園等鄰近街區的生活空間，承受極大的壓力。如同霍華德所強調的，而且查爾斯·布茲（Charles Booth）在其先驅的社會調查中也顯示，根本問題在於這些人是靠打零工維生，所以必須住在工作地點附近。布茲本人建議興建低廉的交通運輸讓這些人搬出市區，所以從 1901 年起新的倫敦郡政府就開始提供電車服務，連接外圍新建的農舍地產，最早連接的是圖汀（Tooting）的托特當田地（Totterdown Fields）。霍華德及其追隨者認為這是次佳方案，但是不久之後田園城市和田園郊區之間的論戰，撕裂了這個剛剛萌芽的發展主張。

作為永遠務實的發明家，霍華德對於區域調查官這個讓各類管線、排水管或是導管集中在地下涵管，以免妨礙街道使用的合理建議，深感欣慰。事實上，他可能已經知道倫敦大都會

1906 年時的國王道，倫敦郡政府新建的南北大道拆除了一些維多利亞時期的貧民窟，創造出世界第一條地下電車隧道。現在電車已經沒有了，但隧道依然保留。2003 年時倫敦市長打算恢復電車。

第一條通往圖汀電車通車典禮的慶祝情形。

工程委員會將依照這個原則來規劃雪菲茲伯里大道（Shaftesbury Avenue）和查令十字路，隨後國王道也將跟進。一個世紀之後，這項目標在其他地方也甚少達成，這幾條街道是倫敦地區可以免除馬路施工造成交通壅塞的少數例外。在 1960 年代有許多研究探討這個議題，其中以彼得‧史東（Peter Stone）為英國國家經濟與社會研究院（the National Institute of Economic and Social Research）所做的整體研究最為著稱（Stone, 1959, 1973），但似乎已經被世人所遺忘。

第五章

田園城市支出的其他細項

哦！願那些掌理國家命運的人能夠謹記這一點──如果他們能夠想到那些窮人內心深處對家的渴望，而這正是所有家庭品德萌生的重要來源。然而，這些人卻居住在擁擠、骯髒的混亂之中，社會正義淪喪，甚至蕩然無存──如果掌理國家命運者能夠別管那些通衢大道上的豪門大院，而是致力改善小巷弄裡只有貧窮橫行的破舊住宅──一眼望去，全是低矮的屋頂，對照矗立在罪惡、犯行和疾病當中的教堂尖頂，形成強烈的對比。工廠、醫院和監獄裡不時傳來可怕的聲音，這已經不是一、兩天的事情，而是經年累月的事實。它不是無關緊要的小事──沒有粗鄙工人的吶喊之聲就好了──也不是平日閒聊的健康和舒適問題而已。因為愛家，所以愛國之心也油然而生；那些最需要有家的真正愛國者──也就是那些尊重土地，屬於林園、溪流、泥土和所有生產工作的人，或是那些熱愛國家的人，在自己土地上，卻連立足之地都沒有。

──《舊古玩店》（*The Old Curiosity Shop*），第 38 章

要讓一般讀者被本章所吸引，恐怕有一些困難，甚至不可能；但我認為，如果仔細研讀，讀者會發現許多本書立論的重點

	支出	
	資本門	維護與操作費用
（見項目A）25 英里（城市）道路，每英里£4,000	£100,000	£2,500
（見項目B）6 英里其他鄉村道路，每英里£1,200	7,200	350
（見項目C）環狀鐵路及橋梁，5½ 英里長，每英里£3,000	16,500	1,500（維護而已）
（見項目D）為 6,400 學童，或是半數人口所設的學校，每名學童的資本支出£12，維護費用£3，等等	76,800	19,200
（見項目E）市政廳	10,000	2,000
（見項目F）圖書館	10,000	600
（見項目G）博物館	10,000	600
（見項目H）公園，250 英畝，每英畝£50	12,500	1,250
（見項目I）汙水下水道	20,000	1,000
	£263,000	£29,000
（見項目K）上述£263,000 支出的利息費用，利率 4½		11,835
（見項目L）為期 30 年攤還的償還基金		4,480
（見項目M）地產所在區域，地方政府課徵的稅收金額		4,685
		£50,000

——一個規劃良好，奠基在農地基礎之上的城市「稅一租」，將足以創造和維持原本必須依賴強制稅捐才能夠提供的市政建設。

據估計，田園城市在支付債券利息和土地的償還基金之後，每年還有 50,000 英鎊的淨收益。在第四章中已經說明為何田園城市的一些支出具有生產性，我現在要進一步闡述一些更具價值的土地實驗主張，順便釐清讀者對於本書可能產生的一些批評。

除了上述支出之外，還有相當的金額會發生在市場、供水、照明、電車，以及其他可以產生收益的事項。這些支出項目幾乎都會產生相當的利潤，挹注稅收。因此，毋需對此進行細算。

接下來我要依序討論上述估算中的主要項目。

A. 馬路和街道

在此項目之下，首先要考察的事情是開闢新路以符合人口成長需求的建造成本，通常它既不歸屬於原本的地主，也不是由稅收來支應。這筆支出多半是在地方政府應允作為免費福利之前，由建造物的所有者承擔。因此，這筆至少為數 100,000 英鎊以上的支出，或許可以加以刪除。專家們應該不會忘記，道路用地的成本是另外準備的。在考量這些估算成本是否真正足夠時，他們應該謹記，景觀大道有二分之一的空間，一般街道和其他大道有三分之一的空間，應該被視為公園的性質。因此，這些道路相關部分的建造與維護成本，是在「公園」項下處理。專家們也注意到，建造道路的建材或許在當地就可輕易取得，至於重型運輸的交通需求主要是仰賴鐵路加以紓解，因此道路的興建不應該訴諸昂貴的工法。如果要建造地下管道，顯然並不適用每英里 4,000 英鎊的成本計算。換言之，以下的估算，包含其他考量。如果用

得上的話，地下管道會是經濟省錢之道。當鋪設水、電、瓦斯的干擾得以避免，那麼道路的維護成本就會降低，任何管線的滲漏很容易偵測，所以地下管道是值得付出的。因此，地下管道的成本應該歸屬於水、電、瓦斯的供給成本，而且這些服務也是建造公司或企業的收入來源。

B. 鄉村道路

　　這些道路只有 40 英尺寬，因此每英里 1,200 英鎊的成本應該綽綽有餘。鄉村道路用地的成本，在此不列入估算。

C. 環狀鐵路及橋梁

　　鐵路的土地成本需要另外準備。維護成本當然也不包括修築成本和火車機具等。要涵蓋這些成本，或許可以向使用鐵路的商人收取費用。如同道路的例子，讀者應該已經注意到，鐵路、橋梁等公用事業的費用可以從「稅—租」收入支應，而我也已經證明「稅—租」收入足以提供租金給地主，因為這一類的用途通常是由地租支應，而且環狀鐵路也足以大幅擴展田園城市的活動範圍，所以我的證明是足以令人信服、不言自明的。

　　或許值得指出的是，田園城市的環狀鐵路不僅可以節省商人花費在往返於車站和倉庫或工廠之間的運輸費用，也能夠讓他們向鐵路公司申請折扣或貼現。1894 年的鐵路和運河交通法（the Railway and Canal Traffic Act）第 4 條規定：「當貨物運送的其中一端不屬於鐵路主幹或支線時，鐵路公司與貨物的託運人或收件人之間便產生爭議。由於鐵路公司並未提供車站設施或是月臺服

務，託運人或收件人可提出運費折扣或貼現之請求，鐵路和運河委員會有權舉行聽證會或逕行裁判，決定公平、合理的折扣或貼現比例。」

D. 學校

　　每個入學兒童 12 英鎊的估算可說非常充裕。它代表幾年前（1892 年）倫敦教育局對每名學童花費在學校營造、建築、行政和裝潢上所支出的平均費用；[1] 沒有人會否認，這樣金額所蓋出來的學校，會比倫敦的學校好得多。學校用地的節省，先前已經討論過了，但值得提醒的是，實際上倫敦每年每名學童的校地平均成本是 6 英鎊 11 先令 10 便士。[2]

　　為了瞭解這項估算有多麼充裕，或許可以參考一下某私人公司試圖跳脫倫敦教育局的框架，計畫在伊斯特波恩（Eastbourne）興建學校的成本，[3] 據估計 400 名學童的學校成本是 2,500 英鎊，比田園城市估算學校成本的一半，多一點點。

　　就英格蘭和威爾斯平均每年每名實際入學學童費用的事實來看，每人 3 英鎊的維護成本，或許已經綽綽有餘。根據 1896-97 年地方教育局報告中第 8,545 條記載，這項成本是 2 英鎊 11 先令又 11.5 便士。必須特別注意的是，儘管在一般情況下，大部分的教育成本是由國庫支應，但是在此處的估算中，所有教育成本都是由田園城市負擔。根據同一份報告，在英格蘭和威爾斯平均可

---

1. 這項金額現在已經提升到 13 英鎊 14 先令 8 便士（參閱《倫敦教育局報告》〔London School Board Report〕，1897 年 5 月 6 日，頁 1468）。
2. 同上。

從每名實際入學學童收取 1 英鎊 2 先令的學費，但在田園城市，該項稅金則是 3 英鎊。所以在學校成本部分，正如我在道路和鐵路的例子中，已經充分證明其合理性。

E. 市政廳及管理費

請注意，各項事業的估算成本包括建築師、工程師和講師等的專業指導與監督費用。因此，在此項下的維護及執行費用 2,000 英鎊，只包含非專屬項目之外的市府行政人員薪資，以及一些零星費用。

---

3. 「一項可能影響深遠的新計畫正在伊斯特波恩展開。教育當局要求當地額外增加 400 個學生名額。當地一位律師 J · G · 藍翰（J. G. Langham）先生，提議成立一家合股公司，對外募集所需的資金，並幫助學校奠定未來良好的財務基礎。推動者相信這項計畫如果快速展開，可將倫敦教育局排除在外，並讓投資者獲得適當的利息報酬。

　　郡政府主席德芬郡公爵（the Duke of Devonshire）已經認股 500 英鎊；另一位地主大衛斯 · 吉伯特（Davies Gilbert）先生、劉易士副主教（the Archdeacon of Lewes）、伊斯特波恩市市長，以及其他人，都已經同意入股。這項計畫已經提交教育部，並未遭到任何反對意見。的確，針對學校用途租用土地，如果建造良好，符合教育部對於衛生和其他方面的要求，是被承認的；而且這些土地的租金在學校的帳務中，還可以合法視為學校的年度費用。這項計畫也曾經呈報給西切斯特大主教（the Bishop of Chichester），並獲得同意。德芬郡公爵提議提供一塊位於伯恩街（Bourne Street）的土地，每年只收取 12 英鎊的租金。可容納 400 名學童的學校成本估計是 2,500 英鎊，建造完成之後將以 125 英鎊的價格出租給管理公司，相當於年利率 5% 的利息費用。扣除 50 英鎊的管理費用，每年可剩餘 100 英鎊，或是相當於本金 4% 的錢，作為股東的股利。董事們希望募集到 10,000 英鎊，以便有更多的準備金因應進一步的需求。」《每日紀事報》，1897 年 9 月 24 日。

F. 圖書館、G. 博物館

這兩項支出在其他地方通常是由基金而非稅金支應。因此，我的估算金額絕對合理。

H. 公園和道路景觀

除非在財務狀況非常良好的情況下開始闢建公園，否則公園的成本並不會發生，而且在很長的一段時間內，公園空間將作為農業用地的收益來源。再者，大部分的公園空間可能會保留自然狀態。有 40 英畝的公園是道路的景觀裝飾，但是植栽的花費不會太高。同樣地，公園裡有相當大的部分是作為板球場、草地網球場，以及其他遊戲場之用，而使用公共場地的俱樂部或許會比照其他地方的習慣做法，被要求支付維持場地的清潔費用。

I. 汙水下水道

相關細節已經在第一章和第二章的地方討論過，此處不再重複。

K. 利息

在此所討論用來興建公共工程的錢，預計以 4.5% 的利率貸款籌募。問題就來了——在第四章時曾經討論過——那些購買 B 類債券出錢融資的人，如何獲得保障？

我的回答可分為三個面向：

（1）那些將錢投入改善土地的人將會獲得保障，事實上它
的安全性大部分取決於這筆錢如何發揮效益；根據這
個道理，我大膽地說，不論是以長度計算的道路、以
面積計算的公園，或是以學生人數計算的學校等，都
應該讓投資的金錢產生效益。可惜，多年以來，投資
大眾從來不曾要求過類似性質的改善投資，要提供這
樣的保障。

（2）那些將錢投入土地改善的人將會獲得保障，其安全性
大部分是由其他同時進行，但更具價值的工程所決定。
不論你贊成與否，其他工程會成為此一投入資金的最
佳保障。根據這個道理，我要說的是，這裡所說作為
公共改善的錢，只有當它是為了諸如工廠、住宅、商
店等其他改善項目（它們所需要投入的金額在任何時
候都遠高於公共事業），同時，也唯有當這兩項工作
同步進行時，安全保障才得以提升。

（3）很難找出比將鄉村農地變為都市土地保障更大的金錢
投資，這是人盡皆知的事情。

這項計畫的利息報酬，事實上只有 3% 或是 2.5% 的保障，而
且會在計畫的後期階段實現，關於這點，我毫不懷疑。但是我並
未忘記，雖然這個計畫充滿想像力的創意正是使它有保障的關鍵
要素，但是這些創意卻讓它看起來很沒有保障的樣子。那些只著
眼在投資利益的人，會因為它的創意而覺得不可靠。其實，我們
應該先看看人們還有哪些不同動機，願意將錢拿出來——例如熱
心公益、事業熱情，或是對於某些人而言，他們可能相信購買的
債券會大賺一筆，而他們的確也會因此大賺一筆。所以，我估算

的利息報酬是 4.5%。如果有人會因此良心不安，那麼他們可以用 2% 或是 2.5% 的利率出借資金，甚至不收利息。

L. 償還基金

　　30 年到期的償還基金，比起地方政府幾乎無限期的債券而言，優惠許多。地方政府委員會經常允許政府債券的償還期限，比 30 年還要長上許多。必須提醒的是，另外還有一個針對土地不動產所設置的償還基金（參閱第四章）。

M. 地產所在區域，地方政府課徵的稅收金額

　　可以看得出來，整個田園城市計畫甚少動用到地方政府之外的資源。道路、下水道、學校、公園、圖書館等，都是由新的「自治市」（municipality）基金所提供。用這種方式，整個計畫會來到類似現在農業土地上所實施的「補助稅率」（a rate in aid），因為作為稅金它只針對公共用途的支出課稅，因此，只有極少，甚至沒有新增的稅賦。當納稅人的數目大幅增加時，平均每個人所要繳納的稅金必定降低。然而，我並沒有忘記有些功能是田園城市的自治組織無法取代的，例如警察和濟貧法（poor-law）的管理。至於後者，我們有理由相信經過一段時間之後，整個田園城市計畫將使得這些稅金沒有必要再徵收。當土地的各項租金都充分實現時， 田園城市還可以提供老年人的退休年金。而且田園城市從一開始就充分承擔各種慈善工作。它指定了 30 英畝土地給各種慈善機構使用，到了後面階段也絕對會確保整個維護成本的妥善準備。至於為了維持警力所徵收的稅金，相信當田園城市

到達 30,000 人的規模時，這項稅金也不會大幅增加，因為田園城市只有一個地主，那就是整個社區，它不難預防需要增加警力干預的環境產生（詳見第七章）。

我們相信，整個論點已經充分建立，那就是田園城市居民因為種種優點所願意繳納的「稅—租」，將足以（1）用債券利息的方式支付地主地租；（2）提供償還基金，以終止地主要求租金；（3）提供市政需要的資源而毋需動用到任何國會法案來強制收稅——這個社區僅僅依賴它的地主身分，就足以產生極大的力量。

N. 含有收益的支出

如果對於上述目標所得到的估算結論是良好的——也就是我所主張的實驗在勞動和資本的支出上會產生非常有效的成果，過去它們的成本通常是由稅金支應，我想，同樣的方法用在電車、照明、供水等等，它們的結果必定也會是好的。當這些公用事業是由自治市負責時，通常會變成收益來源，因此可以減輕納稅人的稅賦負擔。[4] 可以看得出來，我並沒有在這些公用事業中加入任何項目作為未來利潤的主張收益，而且毫無例外的，我也沒有對這些支出做出任何估算。但是恰好有一個項目——也就是供水，它通常具有收益——被認為應該整個地區都由市府統合管理，才具有優勢。而且，應該在人口搬進田園城市之前就加以妥

---

4. 「從瓦斯的利潤中，伯明罕的稅金一年可以減少高達 50,000 英鎊。曼徹斯特的電力委員會在淨利超過 16,000 英鎊的情況下，承諾今年將支付 10,000 英鎊給市府基金，以減輕納稅人的稅賦。」——《每日紀事報》，1897 年 6 月 9 日。

善規劃，我相信，它的優點之大，會讓讀者有興趣閱讀放在本書附錄裡的供水章節。作為一個嘗試處理專業課題的業餘者，我完全清楚它必須禁得起嚴苛的批評檢驗。

評注（六）

　　《舊古玩店》（*The Old Curiosity Shop*）是查爾斯・狄更斯（Charles Dickens, 1812-1870）的第四本小說，最早是在 1840 和 1841 年間以週刊系列的方式出版。作為書名的舊古玩店位於著名的克萊爾市場（Clare Market）貧民窟內——也就是現在倫敦政經學院（London School of Economics）所在的位置。狄更斯童年對於倫敦的貧民窟和貧窮是再熟悉不過的。他的父親是海軍軍餉局的職員，1822 年時從查特罕碼頭（Chatham Dockyard）調到倫敦。兩年之後因為債務入獄。狄更斯當時才 12 歲，只好輟學，被送到鞋漆工廠做工。一直到他死後，讀者才知道他的童年經驗。但是這些經驗無疑深深地影響他對社會改革的看法，以及他書中所描寫的世界景象。

　　在開頭的句子中，霍華德就坦承他對支出的論述很難吸引一般讀者的興趣。後來幾個版本的看法也是如此。但是霍華德在 1902 年將書名改為《明日的田園城市》的第二版中，並未加以刪減或是大幅改寫。這個版本後來也被視為本書的最終標準版。他相信本章的這些內容對於首座田園城市，必定具有某種簡介手冊的說明功用。

　　然而，霍華德對於倫敦教育局依據 1870 年葛雷德史東基礎教育法案（Gladstone's Elementary Education Act），於 1872 年和 1904 年之間所蓋的 469 所學校興建成本的評論，確實有趣，因為許多學校建築——有著荷蘭式的牆頂、巨大的窗戶和美麗的磚牆

——流傳到今天，成為倫敦城市景觀中非常吸引人的特徵。大部分這些早期的學校建築都是由教育局自己的建築師愛德華・羅伯特・羅伯森（Edward Robert Robson, 1835-1917）所設計的。和霍華德同年代的柯南・道爾（Conan Doyle）則藉由他筆下的福爾摩斯（Sherlock Holmes）向華生醫師（Dr Watson）解釋，這些建築是高踞在南倫敦大街上的啟蒙火炬。羅伯森本人在一本有關學校建築的教科書中寫道，他設計的學校——他稱之為「以磚瓦布道」（sermons in brick）——不只在建築上達到「更高和更具智慧的水平」，同時也具有某種「發酵的影響」，所以「更崇高事物的光芒會照進工人矮小的房子裡，照亮窮人」（Robson, 1874, quoted in Jackson, 1993, pp. 36-37, 41, 42-43）。

霍華德的觀察是正確的。多樓層的學校建築正是因為倫敦教育局及其後繼者，倫敦郡政府，只能取得局促的基地。有時候遊戲場還是在頂樓架起鐵絲網來充數。有趣的是，許多學校後來被較低矮（也較昂貴）的結構所取代，但是這些學校建築也成功地轉變為成人教育中心，甚至逐漸變成豪華的公寓住宅。

霍華德用大量篇幅討論預期利率的事情，再次確認本書主要是用來作為未來田園城市公司的說明書，有關公司的整體架構，他早已了然於胸。在維多利亞晚期的英國，5% 的利率是相當高的，慈善團體準備用這個利率貸款，為工人階級在倫敦興建住宅。相較來說，1890 年代時地方政府所支付的利率水準大約在 2.5% 到 2.9% 之間，而 1899 年波爾戰爭前夕的銀行利率，則在 2% 到 6% 之間（Tarn, 1973; Mitchell and Dean, 1962, pp. 455, 458）。

償還基金在霍華德的理論中，扮演著相當關鍵的角色，因為它一旦償還完畢，就可以為地方福利政府提供永無止境的資金來源。事實上，就如同霍華德所指出的，共有兩種不同的償還基金：

典型的倫敦教育局學校：倫敦肯索爾鎮（Kensal Town）的哈伍德學校（Harwood Road School）和福翰・翁林頓學校（Fulham Wornington Road School），資料來源：Robson, E. R. (1874) *School Architecture: Being Practical Remarks on the Planning, Designing, Building, and Furnishing of School Houses.*

一種是購買土地的償還基金；另一種則是此處所提到的必要基礎建設的償還基金。對於類似的新開發而言，在計畫早年階段的利息負擔，是相當沉重的。不僅新市鎮的開發是如此，即使是私部門的開發計畫，亦是如此。

如同此處《每日紀事報》所引述的，在 1890 年代時，水和瓦斯的社會主義蓬勃發展。尤其是大城市，無不積極發展各式各樣需要巨額投資的公用事業。在 1893 到 1904 年間，伯明罕在威爾斯中部的亞蘭山谷（Elan Valley）築起了長達 70 英里的水壩。利物浦也在不遠之處挖掘了一座威爾尼湖（Lake Vyrnwy）。曼徹斯特則是從湖區的西爾彌爾湖（Thirlmere）引水。倫敦甚至不尋常地設立了大都會供水局（Metropolitan Water Board）。在 1890 年代末期，幾乎每一座城市都將電車市有化和電氣化。倫敦郡政府也在 1901 年跟進。

所以，霍華德正提出一個百年之後影響地方政府甚巨的重大議題：事實上，地方政府的所得和伴隨而來的自主行動，都將受到中央政府的嚴格控制。不只是電力和瓦斯，還有許多其他類似的服務，也都是由地方政府所經營，並為他們帶來營收。倫敦郡政府有自己的發電廠提供市營電車廉價的電力，理查・霍加特（Richard Hoggart）將這種廉價電車稱為「人民的貢多拉」（Gondolas of the people）（Hoggart, 1958, p. 116）。[1]

諷刺的是，1946-1948 年的國有化政策終結了這些市營事業。失去了這樣的權力，造成 1950 年代電車遭到廢除，至今人們後悔不已。但是工黨政府並未將自來水事業國有化，因為許多地方

1.【譯注】貢多拉（gondolas）是穿梭於水都威尼斯河道上的廉價交通船。

政府對他們的水利建設相當自豪。後來的保守黨政府將這些國有
化的公用事業在投機的市場上出售，使得納稅人失去減輕稅賦的
機會，而地方政府也失去進行各項市政實驗的機會。

約在 1950 年時格林威治地區的倫敦電車；在背景中可以看到倫
敦郡政府的發電廠。這些電車在 1952 年時被廢除。

第六章

行政管理

　　當前城市生活的不幸只是暫時且可矯治的。剷除貧民窟，瓦解那些有害的影響，就像將沼澤的積水放乾，臭氣也將隨之消散。現代城市庶民百姓的生活條件可以依其需要加以調整，以增進種族、身體、心靈和道德的極致發展。所謂現代城市的諸多問題，其實只是一個重大問題的不同階段。環境究竟該如何調整以滿足都市人口的福祉？科學可以圓滿解答這些問題。現代城市的科學——也就是維護密集人口共同關心的秩序——來自許多理論和實務的知識。包括管理科學、統計科學、工程與技術科學、衛生科學、教育、社會及倫理科學等。如果有人廣義地採用市政府的名稱來涵納整個社區事務和權益的秩序維護，同時，誠心誠意地接受城市生活就是市政府應該設法增進所有市民合法利益的社會事實，進而讓城市居民凝聚起來的基本理念，那麼他也就瞭解本書的觀點。

　　　　——亞伯特・蕭（Albert Shaw）（本名費雪・歐文）
　　　　（T. Fisher Unwin），《英國的自治市府》
　　（*Municipal Government in Great Britain*），第一章，頁 3

　　我已經在第四章和第五章中討論過田園城市管理委員會可支配的基金，也努力證明且相信它會成功，由信託人以田園城市地

主名義收取的「稅—租」，足以（1）提供購買土地貸款的債券利息，（2）提供償還基金，讓社區盡早免除這些債券利息的負擔，以及（3）讓管理委員會進行在其他地方多半得靠強制徵稅才能夠進行的公用事業。

　　關於市營事業究竟可以進行到什麼程度，以及它能超越私人事業多少，已經成為一個重要的社會議題。我們曾經婉轉指陳，我們所主張的田園城市實驗，並不像許多社會實驗那樣，涉及產業的全面市有化和消滅私人企業。但究竟什麼樣的原則，能夠指引我們決定市營事業和民營事業之間的界線？約瑟夫・張伯倫曾經說過：「市政活動的適當領域，僅限於那些社區可以比個人做得更好的事情。」的確如此，但那只是理論，無法進一步證明。所以，我們面對的真正難題是，到底哪些事情社區做得比個人好？當我們要尋找答案時，立即面臨兩個相互衝突的意見——社會主義者會說，財富生產與分配的每一個階段，社區都做得最好；而個人主義者則主張，這些事情最好還是留給個人發揮。或許更好的答案是捨棄這兩種極端立場，用實驗來找出答案，而且不同社區在不同時期，答案也不盡相同。隨著市營事業在專業知識和誠信上的增長，以及他們免於中央政府控制的自由逐漸擴大，可以發現——尤其是在市有土地上——市政活動的領域可能涵蓋非常大的範圍，但是自治市不能擅自壟斷，要給予結合各種可能性的充分權力。

　　請記住，田園城市公司在一開始會非常節制權力，不會過於冒進。如果管理委員會對所有事業都不放過，那麼田園城市公司要募集市營事業所需的基金，難度勢必大增；而且，在最終發行的公開說明書當中，也必須明確交代哪些市營事業是要用信託基金來經營。這時候，就只有少數項目經過實際經驗證明，自治

市的確做得比個人好。顯然承租人也是一樣，如果他們確實了解「稅一租」的目的為何，那麼他們就會心甘情願地繳納足夠的「稅一租」。如果這些事情都做了，而且做得很好，那麼將來要擴大市營事業的範疇時，就不會有太大困難。

關於究竟哪些事業適合市營的問題，我們的回答如下。它的適合程度是由承租人願意繳交的「稅一租」來決定，當市政工程做得廉潔、有效率時，它就會按「稅一租」增加的比例成長。反之，如果出現貪瀆或是效率不彰的時候，它就會縮減。例如，承租人發現，他們只要多付一點額外的「稅一租」就能夠讓市府當局提供良好的自來水服務，而且他們也相信以如此低廉的成本就能夠產生這麼好的成果，那是以營利為目的的私人企業無法辦到的，那麼承租人自然願意繳交「稅一租」，甚至期盼自治市能夠展開更多市營事業的實驗計畫。

在這方面，田園城市的處境可以和博芬夫婦（Mr. and Mrs. Boffin）著名的公寓擺設相提並論，相信熟悉狄更斯作品的讀者一定不陌生。[1]公寓的一端是依照博芬夫人的品味加以裝潢，她是一個喜愛「追逐時尚」（a dab at fashion）的人，公寓的另一端則是嚴格遵照博芬先生的舒適要求來擺設。但是兩人之間有一個默契，那就是如果博芬先生對於「高調」（high-flyer）流行可以接受的話，那麼博芬夫人的擺設就會「張揚一些」（come for'arder）。如果博芬夫人對於流行不再那麼熱衷，那麼她的地毯

---

1. 【譯注】博芬夫婦（Mr. and Mrs. Boffin）是狄更斯在 1865 年出版的最後一本小說《我們共同的朋友》（*Our Mutual Friend*）書中的人物。博芬先生是一位保守的富人，而博芬夫人則是一個追逐時尚的貴婦。所以他們住家的擺設裝潢，就會隨著博芬夫婦之間對於流行與舒適之間的追逐與妥協，達到某種動態平衡的關係。

就會「收斂一點」（go back'arder）。同理，在田園城市裡市營事業和非市營事業所占的相對比例，在任何時候都會適當反映出市政管理的技巧和廉潔程度，以及這些努力所創造出來的價值。

　　田園城市的自治市，除了反對毫無節制的涵蓋太多事業領域之外，在實務上，還會以分門別類的方式，讓自治市轄下的市政服務分支機構，直接向所屬的長官負責，不要因為中心組織的結構太過龐大，而失去焦點──否則社會大眾就無法察覺市府組織的滲漏或裂縫問題。自治市的組織辦法是仿效經過妥善任命的大型企業，期待每一個部門都能充分證明它持續存在的價值──部門首長的任命也會以符合其部門工作需求的特殊專業作為考量，而非以一般商業知識作為遴選依據。

管理委員會

　　由（1）市議會（the Central Council）和（2）事業部門（the Departments）所組成。

市議會
〔見圖（五）〕

　　市議會（或是其被提名人）被賦予社區的責任與權力，成為田園城市唯一的地主。承租人繳交的「稅一租」，以及各種市營事業賺取的利潤，在支付地主租金和償還基金之後，將進入市庫。這些錢，如同我們已經看到的，將足以支應所有的市政負擔，毋需仰賴強制徵稅的措施。市議會的權力可以從通過的議案中看出來，比起其他市級政府所具有的權力多出許多，後者多半

是根據國會法案所賦予的權力。田園城市的市議會代表人民的各種權利、權力和特權，並在一般習慣法的規範之下行使地主的權力。私地主可以自由運用土地，而且隨他高興以此賺取利潤，只要不妨礙鄰居即可；另一方面，公共團體依據國會法案取得土地，或是獲得課稅的權力，但只能依據法案載明的項目使用土地或是運用稅金。就此而言，田園城市所處的位置就優越得多。因為，它在私地主的身分上又加入準公部門的身分，一旦披上私地主的外衣之後，它就能夠行使更多其他公部門無法擁有的權力。因此，田園城市可以解決許多地方政府無法克服的難題。

　　雖然擁有這些強大的權力，但是市議會為了方便管理，會將許多權力授權給各個事業部門，只保留下列幾項責任：

（1）在不動產上所展開的整體計畫。
（2）決定各個事業部門的預算，例如學校、馬路、公園預算等。
（3）為了維護整體一致與和諧所必需，對於各事業部門加以監督和管制的措施，此外無他。

事業部門

事業部門可分為幾個群組，例如：

（一）公共控制。
（二）工程。
（三）社會目的。

群組一：公共控制

這個群組包括下列子群：

財政　　　　　　審計
法律　　　　　　稽核

財政

所有的「稅—租」進入市庫，由財政部門統籌；除了支付地租、償還基金之外，也將用來支付市議會表決通過設立的各個部門之必要費用。

審計

審計部門接受所有可能的承租人申請，決定他們應該繳交的「稅—租」——然而，「稅—租」的金額並非由審計部門任意決定，而是依據其他審計委員會的基本原則——實際決定的因素，取決於一般承租人願意支付「稅—租」金額。[2]

法律

法律部門負責擬定和協商租約條件，而同意書的內容與性質將由市議會決定。

稽核

自治市以田園城市地主的身分，就其與承租人彼此同意的事項，進行相關的稽核監督。

---

2. 這個一般承租人在審計委員會中稱為「假定承租人」（hypothetical tenant）。

群組二：工程

群組二包括下列部門，其中有些部門會較晚設立。

道路	公園及開放系統
地下管道	排水系統
汙水處理	運河
電車軌道	灌溉
市鐵路	供水
公共建築（學校之外的）	電力
	照明
	通信

群組三：社會及教育

這個群組區分為幾個部門，分別負責：

教育	圖書館
浴池與洗衣房	
音樂	休閒

管理委員會成員的選舉

成員（男、女皆可）由繳納「稅—租」的承租人中互選產生，到各個事業部門任職，再由每個事業部門的主席和副主席組成市議會的領導團隊。

在這樣的組成方式之下，相信田園城市社區可以精確預估公職的工作。在選舉的時候，選民也會清晰、明確地提出各種問

題。候選人不必對他們尚無定見的所有問題逐一回答，因為這些問題未必會在他們選舉任內兌現，但是可以針對某些問題簡單地陳述看法，而好的意見對於選民而言是相當重要的，因為這會和他們的利益福祉息息相關。

評注（七）

　　霍華德長篇大論地引述亞伯特・蕭（Albert Shaw）的文字，或許意義重大，因為蕭是美國人，也是改革刊物《評論評論》（*The Review of Reviews*）的主編，他積極推廣「市政社會主義」（municipal socialism）一詞，但是並非人們從字面上所理解的那種社會主義者。對他而言，這個詞彙完全沒有任何社會主義的意涵：他只是主張妥善運用公共基金以提供所有市民必要的公共服務。當時在美國和英國有一個重大的議題，那就是如何妥適安排像是水、電、瓦斯和大眾運輸等公用事業的服務。在英國，這些事項（除了大眾運輸之外）都劃歸地方自治市管理，直到 1947-48 年收歸國營為止。在美國，各地做法不一——但有些城市，尤其是舊金山，就積極採取「市政社會主義」的措施。直到今天，舊金山市的 MUNI 輕軌系統可說是這項主張的最佳證明。亞伯特・蕭許多有關歐洲和美國自治市改革的文章，可參閱蓋瑞巴（Graybar, 1974, pp. 206-220）和蕭（1895a, b）本人所寫的相關傳記。

　　基本上霍華德是採取自由主義的方法：他盡量避免政治上左派、右派之間壁壘分明的界線，好讓他的計畫獲得最大的支持。如同劉易士・孟福德所說的，「在霍華德的溫和理性思維裡，他希望自己的實驗計畫可以同時贏得保守黨和無政府主義者、單一稅論者和社會主義者，以及個人主義者和集體主義者的支持。這樣的期待一點兒也不唐突：因為他試圖採取一個穩固的政治立場，

以找出最大的公約數。」（Mumford, 1946, p. 37）這不是簡單的左、右二分。約瑟夫·張伯倫就是一個激進的自由主義者，他曾經擔任過三屆伯明罕市長，他的政府就非常熱衷市營事業。直到1885年，當時他已經是一個知名的政治人物，他才和所屬的政黨在愛爾蘭自治問題上決裂。但是他繼續住在伯明罕。1896年他在一個晚宴上發表演說：「我一直將政府的工作比喻為合股公司，市議會的議員們就是公司的董事，而市府的股利就是增進整個社區的健康、財富、幸福和教育」（Perkin, 1989, p. 137, quoted in Cherry, 1994, p. 81）。

　　但是霍華德顯然對於有限公司的受信託人和田園城市的管理委員會之間的和諧關係，過於樂觀。前者得對借款與建田園城市的商業主負責，後者則是實際使用和支配「稅—租」收入的人。霍華德似乎沒有真正意識到二者之間可能發生衝突。但是這一切都來得突然（Hall and Ward, 1998, p. 29）。它發生在1904年的列

約瑟夫·張伯倫，由攝影師 Eveleen Myers 攝於 1890 年代初。

區沃斯。董事們不顧霍華德的反對，決議放棄定期調漲租金的原則。霍華德很有風度地接受這個挫敗，他相信時間會證明這個原則是對的；顯然他沒有了解到，董事們的決定已經徹底摧毀整個田園城市計畫的基礎（Hall and Ward, 1998, p. 35）。

　　在此，霍華德繼續遊說左、右兩派，甚至各方人士。這個議題持續爭辯不休，尤其是在英國。在 1940 年代晚期，包括瓦斯、電力和鐵路、公車等重要公共服務事業，從市營的一端擺盪到國營的另一端。但是當時推動激烈改革的工黨政府卻未將自來水和地方交通收歸國營，因為他們不敢得罪由工黨執政的地方政府。主要的理由在於：這些地方性的服務處於最適規模，但是電力和瓦斯（在天然氣出現之前，當時它們的服務品質還不是很可靠）會因為棋盤狀的設施和規模經濟而變得比較有利。半個世紀之後，與此同樣激進的柴契爾政府又將大部分的公用事業私有化——唯一的例外是倫敦運輸公司（London Transport），它在 1933 年成立，並於 1948 年變為國營。

　　在英國新市鎮的真實世界裡，地方政府和新市鎮開發公司之間有著內在的矛盾關係。英國最近一個，也是最大的新市鎮彌爾頓‧凱因斯的前任董事會主席，就告訴作者之一，「我們跌跌撞撞地後退，以免成為地方政府的掌中物，並且盡可能和所有地方政府維持良好關係。我自己就盡可能和他們所有人交朋友。」（Lord Campbell of Eskan former Chairman of Milton Keynes Development Corporation interviewed in Ward, 1993）。部分原因是為了要處理這個問題，在 1960 年代好幾個根據現有中小型城鎮加以擴張的第二代新市鎮，像是北安普敦、彼得堡和沃靈頓（Warrington）等，就被指定為夥伴關係的新市鎮，讓地方政府在開發公司董事會中占有相當比例的代表席次。即便如此，如同彼得堡

的董事會主席溫德漢·湯姆士（Wyndham Thomas）回憶道，他得用盡各種社交手腕，才能夠讓彼此的關係運作良好。

在提議男、女皆可成為管理委員會成員一事上，霍華德明確地站在激進的一方。儘管從 1870 年倫敦教育局成立之初就有兩位女性代表——艾茉莉·戴維斯（Emily Davies）代表格林威治區和伊利莎白·賈瑞特（Elizabeth Garrett）代表馬利爾彭區（Marylebone），兩人皆強烈主張婦女權益，同時也是倫敦婦女參政委員會（London Suffrage Committee）的創始成員。這個團體在 1866 年時向國會陳情，要求允許婦女參政。但即使有像約翰·史陶特·彌爾等自由派人士的支持，請願並未被接受，遲至 1921 年女性才能夠投票和當選國會議員。艾茉莉·戴維斯（1830-1921）推動婦女接受高等教育，同時也是 1873 年創立劍橋大學基爾頓學院（Girton College, Cambridge）的關鍵人物。伊利莎白·賈瑞特（1836-1917）在她父親的支持下，立志成為英國第一位女性醫生；她在 1883 年被推舉為倫敦醫學院（London School of Medicine）校長。當她獲選為倫敦教育局的委員時，她的得票數是最高的。

第七章

半市營企業—地方選擇權— 禁酒改革

　　尼爾先生（Mr. Neale）於《合作社經濟學》（*Economics of Co-operation*）中曾經計算過，在 22 種主要零售行業中，倫敦共有 41,735 家獨立企業。假設每一個零售行業有 648 間商店——也就是每平方英里有 9 家商店，那麼每個人不出 0.25 英里就可以到達最近的商店。所以總共只需要 14,256 間商店。假設商品的供應充足，那麼目前在倫敦每 251 間商店中，只有 100 家商店是真正必需的。如果能夠將零售業中的資本和勞工移轉到其他工作，那麼將可大幅增進這個國家的整體繁榮。

　　——馬歇爾夫婦（A. and M. P. Marshall）《產業經濟學》
（*Economics of Industry*），第九章，第三部分

　　在上一章我們看到市營企業和私人企業之間的界線，有時的確難以劃分，所以人們當然可以各自認定；但也是「到此為止」（Hitherto shalt thou come, but no further）；而這個不斷改變的問題特性，通常可以藉由田園城市的產業生計加以闡述，那是一種既非全然市營，也不是完全民營，而是兩者兼具的企業型態，或許可以稱之為半市營企業（semi-municipal）〔圖（五）〕。

　　在現行許多自治市中最可靠的收入來源是來自所謂的「公有

市場」（public markets）。但是這些公有市場的公共性質和公園、圖書館、自來水事業，或是其他由公務人員在公有財產上以公共支出執行業務，而且純粹是為了公共利益所做的事情，截然不同。相反地，所謂的「公有市場」大部分是由私人經營，他們就建築物內所占用的部分繳納租金。除了少數由自治市控制的據點外，他們的利潤也全部歸屬於個人。因此，或許將市場歸類為半市營企業，會更為貼切。

　　儘管我們不太需要碰觸這個問題，但不可避免地，它會自然引導到半市營企業的考量上，因為這是田園城市的重要特徵之一。這個特徵可以在水晶宮身上發現，如果讀者還記得的話，它是圍繞在中央公園外圍的一圈廊道，裡面陳列著田園城市中最吸引人的各式商品，它也是最佳的冬季庭園和購物中心，是田園城市居民最喜歡逛的地點之一。商店的生意並非由自治市負責經營，而是交由個人及合作社經營。而且，攤商的數量要受到地方選擇權（local option）的原則限制。

　　這些考量讓我們必須對製造業和負責銷售的合作社或商店主，加以區分。以生產皮靴的製造業者為例，雖然業主會很高興有田園城市的顧客，無論如何鞋廠都需要仰賴顧客；但其產品也行銷世界；他並不希望當地製鞋廠商的家數受到特別的限制。事實上，廠商數量的設限可能會讓他損失更多，而非獲益更大。製造商通常偏好附近還有其他同業；因為這樣會讓他有較多機會挑選熟練的勞工或女工，而工人們也同樣這麼希望，那會讓他們也有機會選擇雇主。

　　但是在商店方面，事情就截然不同。一個從事布匹生意，打算到田園城市開店的合作社或個人，會急於想知道田園城市是否對其競爭對手的數目加以限制，因為他們幾乎完全仰賴城裡或當

地社區的生意。的確，在私人地主的建物地產上經常可見，當
他開闢一棟賣場的時候，會和開店的承租人議定合約，限制同一
棟建築物中不可開設相同的行業，以免承租人陷入同行競爭的窘
境。因此，問題的重點是如何在一開始就做好適當的安排：

（1）引介商店的承租人到田園城市開業，提供社區充裕的
　　　「稅─租」。
（2）防止商家無謂和浪費的重複。
（3）確保通常藉由競爭可獲得的好處──例如低廉的價格、
　　　多樣的選擇、公平的交易和周到的服務等。
（4）避免形成壟斷後帶來的弊病。

　　所有這些結果可以透過一個簡單的做法，將所有競爭威脅消
弭於無形。那就是運用地方選擇權的原則。簡言之，田園城市是
唯一的地主，因此它可以將拱廊街（也就是水晶宮）裡面的某個
空間，以某個長期合約的「稅─租」價格出租給某個有意願的
承租人，假設是一個從事布匹或是奇珍商品的合作社或是個別商
人。事實上，市政府可以對承租人這麼說，「那個地點是該區內
我們目前打算出租給和你從事相同行業的唯一地點。但是，拱廊
街不只是田園城市的購物中心而已，它還是當地製造商長期展示
其產品的場所，也是夏季和冬季庭園。因此，如果要合理限制商
家數量的話，那麼拱廊街所涵蓋的空間要比實際上作為商店的空
間大得多。只要你能夠滿足田園城市的顧客，那麼這些作為休閒
之用的空間就不會出租給你的同行。但是如果人們不滿意你的經
營方式，而且要求導入競爭對手；那麼，自治市就會根據某個數
量的條件，將拱廊街裡面的某些空間，出租給販售相同產品的競

爭商家。」

　　在這樣的安排之下，商家的信譽就取決於顧客的感受。如果商家索價過高，商品品質不良，或是在工時、工資和其他方面沒有善待員工，那麼他可能就會面臨喪失商譽的風險。田園城市的居民有方法表達他們的不滿，而且非常有效：他們會邀請競爭者加入。但是另一方面，只要商家明智地做好商家的本分，那麼他的商譽就會受到良好的保護。因此，他有許多優勢。在其他城鎮，競爭對手可以隨時隨地、毫無預警地進入，這時候商家可能剛好進了一批高價的當季商品，如果沒有削價出清，可能會損失慘重。相反地，在田園城市裡，他會在事前被充分告知——讓他有時間因應準備，甚至加以反制。此外，除了合理地引進商家之外，田園城市社區不僅沒有興趣引進競爭者，而且還試圖保護既有商家的利益，盡可能消弭競爭。如果競爭的火苗延燒到某個商家，整個社區必定共蒙其害。他們會失去原本可以作為其他用途的空間——他們必須支付高於原先第一個商家的價格，來取得原本商家就可以提供的商品，而且田園城市必須多提供一份市政服務給兩個商家，而非原本的一份服務，這兩個競爭者將無法負擔節節升高的「稅—租」，原本只需要第一個商家支付較低的租金即可。因為在許多情況下，競爭的結果必然會使租金的價格提高。因此，如果 A 商家每天有 100 加侖的牛奶可供銷售，在考量費用、生活開支之後，可以用每 0.25 加侖 4 便士的價格提供給顧客。但是如果有競爭對手加入，A 商家只好以每 0.25 加侖 4 便士的價格提供摻水的牛奶，如果他要照常支付各項開銷的話。因此，商家之間的競爭不僅會毀了競爭者，更會讓售價上升，工資下降。

　　在地方選擇權的制度之下，可以看到田園城市的商人——不論是合作社或是個人——將會變成自治市的公僕，儘管在技術層

面上嚴格來說並非如此，不過實際上卻是如此。而且，他們不會
受到官僚體制繁文縟節的束縛，他們有充分自主的權利和權力；
他們絲毫不會受到任何硬性規定的約束。憑藉他們預測顧客好惡
的技巧與判斷力，還有他們作為商人的誠信和殷勤，他們將會贏
得並維持良好的商譽。當然，他們還是得冒一點風險，這是經商
不可避免的，他們獲得的報酬不是薪資，而是利潤。但是他們的
風險會比毫無預警和難以控制的商業競爭小得多，而且每年的利
潤相較於資本投資，可能相對更高。他們甚至可能以遠低於其他
地方的價格出售商品，不過依然可以生存，並且精確地掌握需
求，薄利多銷。他們的營業費用也會出奇的低。商家不需要做廣
告，雖然他們可以運用各種新奇的方式讓顧客獲得商品資訊；在
田園城市，商人完全不必為了吸引顧客或是防止顧客流失，花費
無謂的精力和金錢。

　　就某種意義而言，不只每一個商人都可被視為公僕，連他的
員工也可以如此看待。商人們固然可以憑其好惡聘用或解雇員
工，但是如果他們恣意而為，例如剋扣工資，或是沒有善待員工，
那麼就必須承擔損失商譽的風險，儘管他們在其他方面充分展現
出稱職的公僕表現。另一方面，如果商家能夠建立利潤分享的範
例，就有可能成為慣例，那麼勞資關係就會逐漸改變，成為夥伴
關係。[1]

---

1. 地方選擇權的原則主要是運用在銷售業，但或許也可以應用在某些生產事業的
分支機構。像是大量仰賴地方消費的烘焙業或洗衣業，就是可以小心嘗試的最
好例子。很少行業比它們更需要嚴格的監督和控制，也很少行業比它們更直接
關係到人民健康。的確，市有麵包坊和市有洗衣店有可能成為極具說服力的範
例。而且，由自治市掌控某項產業，就其假設前提而言，顯然還不夠有說服力，
必須先證明這麼做是有利，而且可行才行。

　　實施在商家身上的地方選擇權制度，不只針對商家的業務，它也提供社會大眾對於血汗剝削表達公共良心的機會，受剝削者很少知道該如何有效因應新的時代脈動。因此，我們有了消費者聯盟（the Consumer's League）。它的目標並非像它的名稱那樣，讓人聯想到是為了保障消費大眾對抗不擇手段、肆無忌憚的生產者；而是為了保護被過度驅策流血流汗的生產者，對抗喋喋不休、錙銖必較的消費大眾。它的目標是要幫助社會大眾，對於血汗工廠的剝削制度表達忿恨與不滿，讓他們能夠充分利用社會提供的資訊，避免買到血汗工廠所生產的商品。但是，這樣的社會運動如果沒有店家的支持，很難有所進展。消費者必須堅定地反對血汗工廠，堅持弄清楚他們所購買每一項商品的來源，而商家在正常情況下，也傾向給予顧客相關資訊，甚至保證其商品是在「公平」條件下所生產的。要設立這種以對抗血汗工廠為目標的商店，而且是在銷售商已經過度擁擠的大城市裡，是注定要失敗的。然而，在田園城市裡，市民有大好機會展現他們的公眾良心。

　　在此我要討論另一個和「地方選擇權」息息相關的問題。我想談禁酒令的問題。我注意到自治市，它作為唯一地主的地位，有權力以最嚴厲的方式來處理酒的買賣。眾所周知，有許多地主不允許在他的地產上開設酒館，而田園城市的地主──人民本身──也可以採取這個做法。但是這樣明智嗎？我不認為。首先，這樣的限制會趕跑為數眾多，且人數日增的小酌階級，也會趕跑那些毫無節制的酒徒，但是禁酒改革者最憂慮的族群，卻可能會被吸引來田園城市，生活在健康的良好環境之下。在田園城市社區裡，酒館或是類似的地方，會有許多競爭者試圖迎合顧客歡心；而在大城市裡，儘管廉價和理性享受飲酒樂趣的機會有限，

人們還是會自己想辦法。因此，在禁酒改革的大方向下，這樣的實驗會更具價值。它讓酒的買賣在合理範圍的控制下，適度開放，會比完全禁絕來得好。因為，適度開放會讓禁酒改革的效果追隨比較自然和健康的生活方式；如果嚴格禁止，只能證明在某個小區域內可以禁絕酒的買賣，卻會讓其他地方的飲酒情形，更加嚴重。

　　田園城市社區當然會設法防止酒館數量的擴張，它可以自由採取溫和飲酒者或禁酒改革者所提議的各種方式。市政府或許會自己經營酒館，並將利潤用於減輕賦稅。然而，許多反對的聲音認為社區的收益不應該如此取得，因此，或許將利潤完全用來對抗酒的買賣，或是用來設置戒酒中心以降低酒精的不良影響，會比較好。關於禁酒議題所涉及的各種觀點，我誠摯地歡迎任何具有實質建議的回應。此外，儘管田園城市的規模不大，但是在不同分區嘗試不同的實驗，或許也是可行的做法。

評注（八）

　　霍華德在此處引述的《產業經濟學》是由阿弗雷德・馬歇爾和他的妻子瑪麗・帕禮・馬歇爾（Mary Paley Marshall, 1850-1944），共同撰寫的著作。瑪麗對於此書的貢獻總是受到其夫婿的光芒所掩蓋。她和馬歇爾一樣，都是遵循新古典經濟學路線的經濟學家。她是首位在劍橋大學授課的女性，也是布里斯托大學（Bristol University）首位女性教師，當時馬歇爾擔任校長。瑪麗・馬歇爾終其一生致力提升女性接受高等教育的權利。

　　霍華德提及許多英國城鎮歷史悠久的公有市場。大部分這一類的市場都保留露天市集的原始風貌，每週有一、兩天在大街上擺攤營業，但是也有一些城鎮──主要是在英格蘭北部──曾經興建路外的集中市場，攤販支付租金給市政府，每天都擺攤營業。時至今日，這些攤販不僅存活下來，在面對大型連鎖店規模經濟的競爭時，生意還蒸蒸日上，部分原因是他們能夠有效迎合人們對於新鮮農產品的成長需求。諷刺的是，在 1998 年時，評注作者們曾經提議在英國興建美式的農民市集（Hall and Ward, 1998, pp. 208-209），當時幾乎看不到任何例子，5 年之後，農民市集已經隨處可見。

　　在此霍華德清楚展現出他對馬歇爾《經濟學原理》第四冊第五章的熟稔知識。書中論及發生在工業區中個別廠商之間的聚集經濟──這種分析後來也被地理學者亞蘭・史考特（Allan Scott）、邁可・史托普（Michael Storper）和經濟學家保羅・克魯曼

阿弗雷德‧馬歇爾和瑪麗‧帕禮‧馬歇爾，攝於 1892 年。

（Paul Krugman）等人在「新經濟地理」（new economic geography）
的論述中，重新提出（Scott, 1986, 1988a, 1988b; Scott and Storper,
1986; Krugman, 1991, 1995）。但是霍華德主張零售業的情況不同：
競爭會帶來市場失敗，因為潛在市場太小，有一家以上的商店便
無利可圖。這當然是因為田園城市的規模，受限於它的地理孤立。
然而，在接下來的幾頁中，霍華德提出一個聰明──或許有一點
扭曲──的制度安排，為田園城市注入某種競爭活力。

　　霍華德的論點是：在分區裡零售商可以有效地壟斷，但是在
中心購物區──水晶宮，則會遭遇潛在的競爭壓力。值得注意的
是，在霍華德所處的年代，由於所得低和缺乏儲存設備──更別
提電冰箱──窮人經常在當地的小店購物，偶爾才會到較遠的地
方購物。然而，即使在當時，市區的集中市場也因為物美價廉，
經常受到大眾光顧。這又說明了霍華德的另一項哲學：田園城市

就像一個良善的地主，會為了消費者的利益節制競爭，但是依然維持私人利潤的動機，作為提供商品的動力。

霍華德建議的合作原則或許可以應用在某些事業上。事實上，早在 1844 年合作社事業就在羅克戴爾（Rochdale）快速發展，英格蘭各大城小鎮幾乎都有合作社存在。1868 年在倫敦烏爾威治（Woolwich）成立的皇家兵工廠合作社（the Royal Arsenal Cooperative Society）是英國最大的合作社。但是碧翠斯·韋伯（Beatrice Webb）指出，當合作社運動成長茁壯之後，它的性質開始轉變：原本是為了增進生產者和消費者之間的合作關係，實際上只有後者有所發展（Webb, 1938, pp. 431-432; Hall and Ward, 1998, p. 80）。儘管如此，霍華德及其支持者還是希望合作社運動可以成為田園城市的主要支柱：在 1900 年和 1909 年之間的合作社大會（Cooperative Congresses）上，他們主張合作商店、工廠和住家都應該集中到列區沃斯。但是當地的商社卻急於捍衛他們的自主性（Fishman, 1977, p. 65; Hall and Ward, 1998, p. 80）。

這樣的發展是有徵兆可循的：在一、二次世界大戰之間，合作社運動達到巔峰，然後由於經營不善和政治冷落，開始衰退，最終消失。但是霍華德在此找到正確的方程式：他似乎預見一個非常不一樣的發展路徑，資本家會給予工人股份——這項原則在 1914 年由倫敦一個非常成功的成衣商人之子約翰·史畢登·劉易士（John Spedan Lewis）所創立，他在接掌父親於倫敦史隆廣場（Sloane Square）所開設的彼得·鐘斯百貨店（Peter Jones store）之後，便開始採用合作社的制度，最終在 1929 年將這項制度擴大到名下的所有事業。約翰·劉易士的合夥企業，包括旗下的威卓斯（Waitrose）連鎖超市，成為世界上合作經營最成功的範例之一。但是它顯然是一個生產者合作社，而非消費者合作社。霍華

德曾經掌握到正確的經營方程式，但他並未堅持下去。

　　在此，霍華德希望討論前一章所提到的問題，強調他對酒的買賣採取自由主義做法的有效性。霍華德並不飲酒，但是在追求自由的道路上，他認為在田園城市禁止酒吧或是酒館的做法，是不智之舉。控制酒的買賣在當時是社會激辯的重要議題，因為飲酒被視為工人階級的詛咒。工人上酒館的原因之一，是過度擁擠的房子和廉價住宅，讓他們不得不找地方消磨時間。有些人認為，在田園城市就沒有必要上酒館。

　　在這件事情上面，列區沃斯原本是禁止賣酒的：當地的史濟陀斯客棧（Skittles Inn）只販賣檸檬汁之類的飲料。同樣的情況也發生在漢普斯特田園郊區（Hampstead Garden Suburb），儘管貝福德公園有特巴德客棧（Tabard Inn）販酒（早期也同樣嘗試過禁止販酒）。格拉斯哥曾經禁止在市有住宅區內發放販酒執照多年，結果成千上萬的居民搭乘公車回到內城，只為了上酒館。

第八章

代市政事業

在我們的社會當中永遠只有一小撮人有足夠的勇氣去追尋和標舉新的真理，而且願意忍受披荊斬棘的崎嶇之路⋯⋯堅持整個社區的建造要遵循當時最先進、最大膽的智慧也僅能勉強領略的新做法和新觀念──即便可行，這也會讓生活變得不切實際並加速社會的瓦解⋯⋯一個新的社會國家絕對無法實現，除非懷抱這種理想的人公開承認，並且誠心誠意奉行不渝。

──約翰・莫雷先生《論妥協》（On Compromise），第五章

在每一個進步的社區裡面都有一些社團或組織，他們具有比整個社區集體能量所展現還要高的公共意識和進取心。或許當地政府可能永遠無法達到比社區一般要求和執行更高的水平層次，但是如果中央或地方組織受到這些社團的啟發，並加速推展這些比市民期待更高的社會責任理想，那麼將會大大提升人民的福祉。

這種事情極可能發生在田園城市。你會發現許多公共服務的機會，但是社區整體，或是大多數人，一開始並未察覺到它們的重要性，或是該如何囊括進來，因此也就無法期待自治市從事這些社會服務；但是心中抱持社會福利思想的人，在田園城市自由的氣氛之下，總是願意承擔責任，加以實驗，這會加速公共良知

的形成，並擴大社會大眾對它的理解。

　　本書所描述的整個田園城市實驗，就具有這樣的特徵。它代表一種先鋒工作，是由那些不僅意見誠摯，而且衷心相信土地共有在經濟、衛生和社會各方面皆有益的人士所推廣實行的。因此，他們不認為那些利益只能由國家出錢大規模的施行，反而覺得人民有必要提出看法，號召有志一同的市民加入，群策群力打造這樣的社區。至於整個田園城市的實驗之於國家，就像我們稱之為「代市政事業」（pro-municipal undertakings）的各項建設，之於田園城市社區或是一般社會。就像大型實驗是用來引導國家邁向更好、更公平的土地制度，以及就常識而言更好的城鎮建造方式，田園城市的各項代市政事業，也是由那些準備帶領田園城市往增進社區福祉方向邁進的有志之士，所提出的計畫，只是這些計畫尚未成功說服中央政府採行。

　　各種慈善團體、宗教社團和教育組織是這一類代市政機構或代國家機構的大宗，我們已經討論過，而且它們的性質和目的也為眾人所熟知。但是一些偏重物質福祉的機構，例如銀行和住宅合作社（housing societies），也屬於這一類機構〔見圖（五）〕。正如小額銀行（Penny Bank）的創建者為郵政儲金銀行（Post Office Saving Banks）鋪路一般，一些仔細研究田園城市創立過程的人，就會看出銀行的許多用處。就像小額銀行的目標並非只是為其創立人牟利而已，更是為了社區的大多數人謀取福利。這類銀行或許會將全部淨利，或是超過某個比例的利潤，奉獻給市庫，甚至願意給予市府當局優先承接的選擇權，如果他們認為這樣做對銀行的效益和穩健經營有幫助的話。

　　另外一個適合代市政事業的領域是為工人興建住宅的相關事項。如果是由自治市承擔這項工作的話，它的負擔可能會過重，

至少在田園城市興建之初會是如此。而且，這麼做可能會明顯背
離田園城市實驗的宗旨。然而，部分市政單位如果能夠充分運
用豐沛的資金來從事這項工作的話，那麼事情就大有可為。自治
市已經竭盡所能地在田園城市的區域內，有效防止過度擁擠的
問題，讓人民的住宅盡可能明亮和美麗。它以每年平均 6 英鎊的
「稅─租」提供寬闊的基地作為住宅興建之用，解決了現行城市
無法解決的難題。做了這麼多事情，自治市會注意到一名有經驗
的市政改革者的警告，他試圖將市營企業加以擴大延伸的企圖，
是無庸置疑的。倫敦郡選區的國會議員約翰‧伯恩斯先生（Mr.
John Burns, M. P., L. C. C.) 曾經說過：「大量工作被郡府人員丟給
工程委員會，他們熱切期待工程委員會的成功，反而讓它負擔過
重、消化不良。」

　　然而，工人可能還會尋找其他來源，作為興建住宅的管道。
他們或許會組成住宅合作社，或是設法說服合作社、公益社團和
工會，貸款給他們張羅必要的營建機具。這種真正的社會精神如
果存在，而且不是徒具虛名的話，那麼它就會以各種方式，加以
實踐。沒有人會懷疑，在英國有許多個人和社團已經準備募集資
金和組織協會，來幫助工人團體爭取較高的工資和有利的條件，
建造他們自己的房屋。

　　放款人很難得到比這樣更好的保障，尤其是相對於地主所得
到的微薄地租而言。如果工人讓那些投機的建商以強烈個人主義
風格的方式來興建工人住宅，而且那些工人階級的大型組織將工
人的錢放在銀行裡，結果必然是被那些投機建商將工人存在銀行
裡面的錢提出來使用，而且用這些「剝削」而來的錢建造住宅獲
利，這樣是不對的。工人唯有從自我組織而來的學習過程中，學
會運用自己的資金興建住宅，或是直到他們學會以誠信的條件為

自己和他人累積資本，而不是浪費在罷工上面，或是被資本家利用來打擊罷工。否則，抱怨這種自我枷鎖的剝削，或是試圖主張將整個國家的土地和資本國有化，都無濟於事。解決資本家壓迫的最佳良方並非不工作（no work）的罷工，而是正面迎擊的真正作為（true work），面對這個最後一擊，壓迫者將無力反擊。如果工人領袖們將現在浪費在同心協力瓦解組織一半的精力，用在同心協力建造組織上面，那麼不久之後，就足以終止現在這種不公平的制度。在田園城市的工人領袖們，有一個公平的場域來實現代市政的功能——它是代自治市行使功能，而非由自治市行使功能——組成這一類的住宅合作社，最有可能實現這個目標。

　　然而，要建造 3 萬人居住的城鎮住宅，不是需要龐大的資金嗎？我和一些人討論過這個問題，他們的看法如下。田園城市有這麼多房子，每間房子需要數百英鎊，因此資金需求龐大。[1] 這當然不是正確看待這個問題的方式。我們應該這樣檢視這個問題。過去 10 年倫敦蓋了多少房子呢？粗略地估計大約有 150,000 間房子，平均每間造價 300 英鎊，那就是 45,000,000 英鎊——其中並不包括店鋪、工廠和倉庫。有 45,000,000 英鎊為此募集的資金嗎？當然有，否則這些房子怎麼蓋得起來。但是，這些錢並非一次募齊的。如果人們可以檢視為這 150,000 間房子所募集的實際錢幣的話，會發現其中有許多資金是重複使用的錢幣。在田園城市也是一樣。在全部完工之前，會有 5,500 間房子，平均每間 300 英鎊的房子需要建造，總值 1,165,000 英鎊。但是這筆資金也不是一次募齊的；而且，資金重複使用的次數，會比倫敦多得

---

1. 白金漢先生（Mr. Buckingham）在《國家之惡與務實的解決方案》（*National Evils and Practical Remedies*）書中如此陳述這樣的立場，見本書第 10 章。

多。同樣一筆錢將會重複使用，建造許多房子。請注意，當錢花用時，它並未消失或是消耗掉。它只是轉手罷了。田園城市的一名工人向代市政的住宅合作社貸款200英鎊，用這筆錢來蓋房子。這間房子的成本是200英鎊，所以對他而言，這200英鎊的錢就沒了。但是這些錢會流到磚瓦匠、建築工人、木匠、管線匠、泥水匠等人的手中，以及所有和他交易的商人口袋裡，這些錢最後還是會回流到代市政的銀行裡。這時候，同樣的200英鎊就會被別人提領出去，用來建造另一間房子。同樣的過程會再發生一遍，所以這200英鎊就可以用來建造第二間、第三間、第四間價值200英鎊的房子。[2] 這一點兒也不奇怪。這些錢幣當然並沒有拿來建造上述任何一間房子，它們只是一種價值的衡量方式，就如同秤錘一般，可以一再重複使用，也絲毫不會減損其價值。真正建造房子的是勞動、技術和進取心等，它們共同激盪出自然的自由天賦。同時，儘管每名工人都有以金錢計算的報酬，但是田園城市建造工程的成本主要是由勞工所具有的技術和精力來決定。再者，只要黃金和白銀繼續作為交換的媒介，那麼我們就必須使用貨幣，但切記要有技巧地使用——因為不管是善用還是誤用，就如同銀行的清算一樣，最終都會算在田園城市的成本上面，而且是以貸款資金利息計算的年度稅金。因此，相關技巧必須導向使用貨幣的對象上面，讓它們快速發揮貨幣作為價值工具的目的，然後，一個接著一個這樣衡量下去，在一年當中盡可能地快速周轉，以便讓每一分錢所衡量的勞動數量愈多愈好。因此，這筆由貸款利息所代表的錢，在支付給勞工的工資裡面，所占的比

---

2. 同樣的論點在蒙馬利與霍布森（Mummery and Hobson）的《產業生理學》（*The Physiology of Industry*）中，充分闡述。

例應該愈少愈好。如果這些事情可以有效達成，那麼田園城市在利息方面的節省，就會像節省地租那樣有效。

　　現在請讀者仔細體察，一個組織良好的移民運動是如何自動自發地朝向共有土地的方向前進，並且善用金錢，讓每一分錢都有多重用途。人們常說，「錢在市場上是滯銷品」（money is a drug in the market）。就像勞動本身往往會自我閒置，因此人們看見數以百萬計的金銀閒置在銀行裡面，對面街上的人們卻苦無工作，而且身無分文。但是在田園城市裡，那些願意工作的人，他們渴望工作的聲音不會被充耳不聞。或許昨日事情還是如此，但是今日這片美麗的土地已經甦醒，並且大聲地召喚它的子民。一點兒也不難找到工作——待遇優渥的工作——人們迫切需要的工作——就是家園城市（home-city）的建造工作。A・J・鮑爾福（A. J. Balfour）議員於 1893 年 12 月 12 日在下議院中說道，不可能阻止人們移往城市，因為鄉村沒有足夠的工作可做，城市就沒有這樣的限制。[3] 但是在田園城市這裡，它剛剛從長睡中甦醒，

---

3. 國會議員鮑爾福先生在論及城鄉人口移動時指出：「無疑的，當農業蕭條時，移往城市的人口必定增加。但是任何一位國會議員不要以為，如果現在農業像 20 年前那麼興盛，或是有如大夢想家所想像的那樣，你就有可能阻擋人們從鄉村移出。它得視時間和自然法則而定，吾人無法妄加改變。再明白不過的事實是，在農村地區有一種，也只有一種資本投資的可能，而且也只有一種勞工就業的機會。當農業興盛時，移往城市的人口無疑就會減少；但是不論農業多麼興盛，到達某一個自然極限時，資本就無法再投資在土地上面，也沒有辦法再多雇用勞工。當到達這個極限時，如果婚嫁的頻率和現在一樣，而且家庭的規模也和現在一樣，那麼必然會發生從鄉村到城市的移民，從嚴格受到土地限制，只有一種就業機會的地方，移往另一個不會限制就業的地方。唯一的限制就是尋求投資的資本數額，以及可以從投資獲利的勞工數量。如果那是一種深奧的政治經濟學原理，我絕對不敢在下議院裡大放厥詞，那會讓政治經濟學變成一種人們不敢恭維的訓斥言詞。但是我所說的話全是對於自然法則的淺白直述，請大家一定要放在心上。」—— 1893 年 12 月 12 日，國會辯論，第 19 卷，頁 1218。

充滿了各式各樣的工作，吸引人們到此。是的，鮑爾福先生所謂「不可能」的事情，會再度發生。而且，當人們急於建造這個城市或是其他城市時，不可避免的，隨著城市建造而來的，是人們的接踵而至──過去老舊、擁擠、混亂的貧民窟將受到仔細的檢驗，而目前人口正往完全相反的方向前進──朝向明亮、公平、有益健康、美麗的新市鎮。

評注（九）

霍華德在此處引述約翰·莫雷的話，出自 1874 年出版的《論妥協》。

當時霍華德寫道，窮困的工人以自願互助的原則組成數以千計的互助社團。直到 1948 年國民健康保險（National Health Service）成立之前，這些社團一直很昌盛。除此之外，以相同互助原則成立的社團還有住宅合作社，他們在 1890 年代由「臨時組織」變成「永久社團」。住宅合作社在 20 世紀也見證了這個重要機構從出租住宅變為自有住宅的巨大轉變——諷刺的是，最後大部分的住宅合作社都不再互助合作。然而，他們在早期階段的反諷是：由於住宅合作社的成功，大量促成人口的郊區化，這和霍華德及其追隨者所推動的主張，背道而馳。

英國兩座最早的田園城市，列區沃斯和威靈，就像霍華德在此鼓吹的——是由霍華德本人帶頭領軍的熱心人士組成的非正式組織所推動的。然而，他們迫切需要投資人同時滿足於有限的資本報酬，以及地方政府的法定服務事項。霍華德所討論的問題至今依然相關。也就是目前政治辯論討論的「公私合營」的利弊得失。

在此，霍華德提出一個激勵人心的原則，那就是工人應該成立自發性組織，將其勞力與微薄的儲蓄團結起來，為自己興建住宅。這在合作社運動中被明訂為最初的目標：作為開路先鋒的羅克戴爾合作社（Rochdale Society）於 1844 年的章程中明訂「興

建、購買和組合一些住宅，讓希望彼此互助，改善其住宅與社會條件的成員得以安居樂業」（Bailey, 1955, p. 19, quoted in Hall and Ward, 1998, p. 31）。但是，如同先前所言，在實務上合作社運動最終發展為消費者運動，而非生產者運動。

不過，在 1901 年有一個重大的例外，那就是在倫敦伊靈的避風港盾牌酒館（Haven Arms public house），一群工人和民主黨國會議員亨利・魏微恩（Henry Vivian）見面，共組合夥租屋（Co-Partnership Tenants）社團。接著他們在倫敦的布蘭森（Brentham）建造第一座田園郊區，又在萊斯特（Leicester）、卡地夫（Cardiff）和特倫特河畔的斯托克（Stoke-on-Trent）等城市的外圍郊區興建住宅。1909 年的住宅與都市計畫法案（Housing and Town Planning Act）讓這些「公用事業社團」（Public Utility Societies）能夠以低利向政府貸款。到 1918 年為止，共有一百多個這類社團成立，都得到霍華德的田園城市與都市計畫協會大力支持。

但是財政部不讓這些社團比照地方政府的條件貸款。1918 年之後這項規定框死了他們：地方政府的國民住宅取而代之（Jackson, 1985, pp. 73, 109-110; Reiss, 1918, pp. 85-86; Skilleter, 1993, p. 139）。諷刺的是，1918 年的都鐸・華特斯報告（Tudor Walters Report）就是由霍華德和雷蒙・歐文所草擬的。這份報告確定了我們在一、二次世界大戰之間稱之為「社會住宅」（social housing）的標準，預設了接受中央政府住宅補貼的唯一對象是地方政府。

直到二次世界大戰之後，公共住宅政策的破滅才導致住宅合作社的再生與擴張，並且重新發現自建團體的可行性，以及住宅合作社的復興。在 1970 年代全英國只有兩個住宅合作社；今日或許已經超過一千個。但是對於霍華德而言，這個數字還是微不

布蘭森的居民和股東在避風港盾牌酒館前聚集，決定出版布蘭森的歷史。100 年前就是在這個酒館，亨利‧魏微恩向布蘭森的先鋒們演說，說服他們應該以合夥的方式興建住宅。

足道。同時，保守黨和工黨兩政黨的住宅政策，都逼迫地方政府退出住宅供給（Ward, 1989）。

　　霍華德似乎正在發展一種和 40 年之後約翰‧梅納德‧凱因斯（John Maynard Keynes）的《一般理論》（*General Theory*）類似的觀點：貨幣快速流通的概念。他確實有掌握到貨幣只是交易媒介的概念，真正重要的是背後的經濟成長。

　　霍華德在原文附注中提及詹姆士‧席克‧白金漢的《國家之惡與務實的解決方案，一個模範城鎮的計畫書》（*National Evils and Practical Remedies, with the Plan of a Model Town*），於 1849 年在倫敦出版。

　　在原文附注中所提及的《產業生理學》（*The Physiology of Industry*）於 1889 年出版。作者約翰・愛金森・霍布森（John Atkinson Hobson, 1858-1940）是記者兼專業作家，也是活躍的費邊學社成員。他將自傳命名為《一個經濟異教徒的自白》（*The Confessions of an Economic Heretic*），或許綜合了他在世時許多人對他的看法。該書另一位合著者 A・F・蒙馬利（A. F. Mummery），更以熱愛登山著稱。

　　霍華德進一步發展他的貨幣流通概念，並且直接以純粹凱因斯的概念加以應用：他批評將儲蓄閒置在銀行裡面毫無用處，應該有生產性的將它用來投資，好讓失業人口重新獲得工作。霍華德聰明地將這個概念和他先前的論述加以結合：不只用來興建田園城市，創造土地價值，在建造田園城市的同時，它也會激發大量的都市就業，過去勞動力全都仰賴農業提供就業機會。

　　霍華德在此引述的亞瑟・詹姆士・鮑爾福（Arthur James Balfour, 1848-1930），是領導保守黨長達半世紀的政治人物。他來自一個顯赫的貴族家庭，是薩爾茲伯里伯爵（the Earl of Sailsbury）的外甥。他在舅父擔任首相的第一任政府任內（1885-1886）擔任地方政府委員會主席，兼任蘇格蘭大臣，然後在第二任政府任內（1886-1892）進入內閣，擔任愛爾蘭總理大臣，並成為愛爾蘭獨立統治的堅定反對者。1891 年成為下議院的議長，兼任財政大臣。在葛雷德史東政府任內（1892-1894），他成為反對黨領袖。在最後的薩爾茲伯里政府任內（1895-1902），由於叔父的健康漸差，他的權力日增。1902 年到 1905 年間擔任首相，1916 年到 1919 年間擔任外交大臣。

　　在 1902 年和 1946 年的版本中並未出現的圖（五），是下一章全篇的關鍵重點。少了它，就難以領略霍華德提案的激進本

亞瑟‧詹姆士‧鮑爾福的速寫畫像。
（Harry Furniss 繪）

質。它清楚地呈現出田園城市不同事業部門的屬性。「市政群組」（municipal groups）主要是由選舉產生的市政府所構成，透過工程、社會服務和公共控制三大部門，提供各項市政服務。在第七章討論過的「半市營事業」，是一群位於「水晶宮」內的市場營業許可事業，目的在於提供當地商家之間某種程度的競爭關係。在第八章討論的「代市政事業」，基本上是由公益團體或是慈善機構所經營的公共服務，包括為癲癇症患者所建立的農場、職業學校、住宅合作社等。在田園城市邊緣的「個人合作事業」（cooperative individualistic group），則是透過自願合作行動所產生的各種事業，包括小型企業、農場、工廠等；在接下來的章節中會有更充分的說明。

第九章

行政管理——
綜觀鳥瞰

　　瓦特經常被問到有關發明和發現的事情，他的回答總是建議，應該建立模型，進行實驗。他認為這在機械上是檢驗創新價值的唯一真理。

　　　　——《生活指南》（*Book of Days*），第一卷，頁134

　　自私、愛爭議的人是無法凝聚的；沒有凝聚，便無法成事。

　　　　——《人類的由來》（*Descent of Man*），第五章

　　我現在將六、七、八三章討論到的行政工作，彙整成一幅行政管理圖，呈現給讀者。

　　在圖中央的是具有強大協調與財務控制力量的市議會（參閱第六章），它是由各個事業部門主管所組成的核心組織。

　　和市議會密切相關的是公共控制群組，負責一般行政事宜的管理。（第六章）

　　接下來是工程群組，轄下的每一個部門都有專門負責的事業項目，彼此密切相關。所以它們的性質不在於個別的工作細節，而是應該整體考量。

　　再下來則是教育和社會群組，負責業務的人需要有關人類天

性的知識，而非有關生活周遭物質層面的技巧──在教育和社會群組裡面，婦女可以發揮較大的影響力。

　　然而，每一個群組之間刻意留有縫隙，代表一個不完整的圓，因為整個系統是有彈性的，必要時可以插入其他部門。

　　前述各個群組，代表田園城市的所有市營事業。然而，和市營事業息息相關的還有半市營事業。市議會對這些事業並無完全的掌控權，但是它們的成立是由自治市所決定，或是由市議會指派專人設計。至於相關事業的控制，則是由不同事業群組的成員，依據地方選擇權的原則加以決定，在第七章中已經有相當篇幅的討論。

　　接下來則是代市政群組。在此可以看到公共事業的高度展現。這個事業群組極少受到田園城市當局的干預，而是一群關心公共事務的工人，不求回報的奉獻付出（參閱第八章）。

　　在代市政群組之外的是個人與合作事業群組。這個群組裡面的事業，像是俱樂部、（生產）合作社等謀求個人利潤的小型營利事業，他們並無社會目標的雄心大志，只關心個人利益。儘管這樣的區分有其便利性，但是希望讀者不要將個人主義和社會主義，截然劃分。

　　個人主義和社會主義只是代表對於一件事情的兩種不同看法：如果一個社會制度有打壓個人成就的想法，那麼它就無法健全、進步；同樣的，如果人們沒有認清他的生活是廣大社會生活的一部分，那麼他也無法保障其最佳利益。因此，田園城市當局不會想要強制納入所有個人事業；他們寧可依賴公共意識和互信的成長──這必然會提升人們彼此的緊密團結──並以各種方式展現其團結的力量。

　　當這種公共意識持續成長之後，人們就會看到生活的雙重性

——也就是必須同時關注私人福祉和社會福祉——這種更周延的
觀點將會增進所有社會成員的生活福祉。

At Whitsuntide following, being taken ill, he prepared for death, but he lingered till the first day of the new year, when he finally took to his bed. He was laid so as to have a view of the altar of a chapel, and thus he followed the psalms which were sung. On the 19th of January 1095, at midnight, he died in the eighty-seventh year of his age, and the thirty-third of his episcopate. Contrary to the usual custom, the body was laid out, arranged in the episcopal vestments and crosier, before the high altar, that the people of Worcester might look once more on their good bishop. His stone coffin is, to this day, shewn in the presbytery of the cathedral, the crypt and early Norman portions of which are the work of Wulstan.*

Born.—Nicholas Copernicus, 1472; James Watt, 1736.
Died.—Charles Earl of Dorset, 1706; William Congreve, poet, 1729; Thomas Ruddiman, grammarian, 1757; Isaac Disraeli, miscellaneous writer, 1848.

JAMES WATT.

James Watt was, as is well known, a native of the then small seaport of Greenock, on the Firth of Clyde. His grandfather was a teacher of mathematics. His father was a builder and contractor—also a merchant,—a man of superior sagacity, if not ability, prudent and benevolent. The mother of Watt was noted as a woman of fine aspect, and excellent judgment and conduct. When boatswains of ships came to the father's shop for stores, he was in the habit of throwing in an extra quantity of sail-needles and twine, with the remark, 'See, take that too; I once lost a ship for want of such articles on board.'† The young mechanician received a good elementary education at the schools of his native town. It was by the overpowering bent of his own mind that he entered life as a mathematical-instrument-maker.

When he attempted to set up in that business at Glasgow, he met with an obstruction from the corporation of Hammermen, who looked upon him as an intruder upon their privileged ground. The world might have lost Watt and his inventions through this unworthy cause, if he had not had friends among the professors of the University,—Muirhead, a relation of his mother, and Anderson, the brother of one of his dearest school-friends,—by whose influence he was furnished with a workshop within the walls of the college, and invested with the title of its instrument-maker. Anderson, a man of an advanced and liberal mind, was Professor of Natural Philosophy, and had, amongst his class apparatus, a model of Newcomen's steam-engine. He required to have it repaired, and put it into Watt's hands for the purpose. Through this trivial accident it was that the young mechanician was led to make that improvement of the steam-engine which gave a new power to civilized man, and has revolutionised the world. The model of Newcomen has very

* The writer of this article acknowledges his obligations to the _Lives of English Saints_, 1844.
† Williamson's Memorials of James Watt. 4to, 1856. p. 155

134

fortunately been preserved, and is now in the Hunterian Museum at Glasgow College.

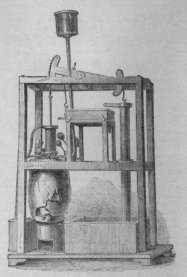

MODEL OF NEWCOMEN'S STEAM-ENGINE.

Watt's career as a mechanician, in connection with Mr Boulton, at the Soho Works, near Birmingham, was a brilliant one, and ended in raising him and his family into fortune. Yet it cannot be heard without pain, that a sixth or seventh part of his time was diverted from his proper pursuits, and devoted to mere litigation, rendered unavoidable by the incessant invasions of his patents. He was often consulted about supposed inventions and discoveries, and his invariable rule was to recommend that a _model_ should be formed and tried. This he considered as the only true test of the value of any novelty in mechanics.

CONGREVE AND VOLTAIRE.

Congreve died at his house in Surrey-street, Strand, from an internal injury received in being overturned in his chariot on a journey to Bath—after having been for several years afflicted with blindness and gout. Here he was visited by Voltaire, who had a great admiration of him as a writer. 'Congreve spoke of his works,' says Voltaire, 'as of trifles that were beneath him, and hinted to me, in our first conversation, that I should visit him on no other footing than upon that of a gentleman who led a life of plainness and simplicity. I answered, _that, had he been so unfortunate as to be a mere gentleman_, I should never have come to see him; and I was very

霍華德引述羅伯特・張伯斯（Robert Chambers）撰寫的《生活指南》內容。本書在 1879 年由 J.B. Lippincott and Co. 出版，共有三冊。

評注（十）

　　在 1857 年時，查爾斯・達爾文（Charles Darwin, 1809-1882）寫道：「你問我該不該討論人類的演化？當人們還充斥著偏見時，我覺得應該避而不談。」然而，隨著《人類的由來》在 1871 年的出版，也就是霍華德在此處引述的著作，達爾文開始將他在《物種起源》（*On the Origin of Species by Means of Natural Selection*, 1859）書中所發展出來的演化理論，應用在人類身上。

　　奇怪的是，霍華德似乎假設由選舉產生的市議會，其職權還包括任命公共事業的部門主管。同樣地，相關的官員也會是不同部門的成員，而不像一般英國地方政府的各局處，只是受邀到市議會報告和答詢。從這裡看不出來霍華德所建構的市政組織，是否得以有效運作。

　　霍華德再一次明確表示，女性應該有權成為田園城市市議會的正式成員——甚至擔任公職，儘管這一點並不十分清楚。

　　霍華德顯示，代市政群組項下的相關事業代表「不求報酬或回饋的……愛的勞務」；也就是公益組織。它與「個人與合作事業」之間的界線模糊，後者可能是為了謀求自身成員（亦即，各種俱樂部）的利益，或是純粹追求私利的組織。霍華德不遺餘力地強調，田園城市的市政當局旨在同時鼓勵私人企業和互助組織；他期待將來可以用「雙眼對焦」（stereoscopically）的視野來看待生活，屆時個人利益和團體互助是共伴相生的。

　　在此，霍華德又一次嘗試讓他的提案獲得各種不同政治立場讀者的支持，急於顯示在田園城市的興建上，大家都有可以扮演

的角色。然而，在實務上，田園城市是一種結合各種組織的混合經濟，這是毫無疑義的——包括公共、私人和公益事業。有趣之處在於，霍華德相當倚賴他後來逐漸認知到的社會資本的大量成長：包括各式各樣事業在內的公益組織複合體，不論是為了成員的共同利益或是為了慈善目的。羅伯特・普特南（Robert Putnam）最近指出，這股曾經在美國非常強大的社會動力，目前有衰退的跡象（Putnam, 2000）。

第十章

質疑與回應

　　共產主義或是徹底社會主義的問題在於，它妨礙人們有不同需求，以及設法滿足這些需求的自由選擇。或許，它能夠確保人人有飯吃，但是它忽略了人類不應該只為三餐而活。未來的希望在於社會主義或共產主義應該設法實現一個真正有機、充滿活力的社會和國家理念，讓個人主義和社會主義都各得其所，而非彼此鬥爭。因此，載著文明人及其財富的帆船，會在無政府主義和專制統治的航道之間，找到一條中庸之道。

　　　　　　　　　　　　　　—— 1894 年 7 月 2 日《每日紀事報》

　　在以具體而非抽象的方式描述了田園城市的目的和目標之後，或許該從讀者的角度來思考一下相關問題。例如：「你的提案或許頗吸引人，但是已經有許多類似的提案，有些甚至已經實行過了，但是成功者幾希。你的計畫和它們之間有什麼不一樣的地方？面對那些失敗的例子，你如何說服社會大眾支持你的想法，這是實現計畫所不可或缺的。」

　　這些問題是很自然的提問，也必須回答。我認為，的確有一些試圖邁向進步社會的實驗慘遭失敗，但這是邁向成功之路的必經過程。成功是奠定在失敗的基礎之上。如同韓福瑞・瓦德女士（Mrs. Humphrey Ward）在小說《羅伯特・愛沙彌爾》（*Robert*

Elsemere）中所言：「如同旁觀者所想像的，重大改變都是在無數偶然和不斷努力之後才發生的。」一項成功的發明或發現，通常是在緩慢的進展過程中，先在發明者腦海浮現，然後再實際操作，某些新元素被加進來，某些舊元素被拿掉，最後才臻於完美境界。的確，如果你看到一個眾人努力多年的實驗，那麼它最後一定會達成大家努力追求的成果。儘管免不了有失敗和挫折，但持之以恆的努力才是徹底成功的保障。追求成功的人要懂得將過去的挫敗轉化成未來的成功。他必須記取教訓，保留優點，摒除缺點，如此方能成功。

　　要窮盡所有社會實驗的歷史絕非本書所能勝任的，但是可以簡單扼要地討論一下本章開頭所說的問題點。

　　過去社會實驗失敗的主要原因可能是對於問題的核心元素——人性本身——有錯誤的認知。那些努力嘗試新的社會組織形式的人士，並未認真看待人類天性朝向利他傾向的程度。同樣的錯誤也發生在誤認某些原則無法與其他原則並存。就以共產主義為例。共產主義是一種卓越的原則，就某個程度而言，我們每一個人多多少少都是共產主義者，即使那些聽到這番話會震驚不已的人亦然。儘管共產主義優越，但個人主義也未必遜色。一個以優美音樂擄獲聽眾的偉大交響樂團，是由男男女女的團員們共同組成的，他們不只共同演奏，也會分開練習，甚至個別彈奏自娛和娛樂朋友們，但是效果就是稍遜於樂團的整體合奏。不僅如此，如果要確保合奏行動的最佳成果，個別、孤立的想法與行動，和共同結合的想法與行動，將同等重要。透過個別的想法，新的結合力量才得以實現；也唯有透過整體努力的實踐，個人的最佳作品才能夠充分展現。由此可知，一個健全、有活力的社會，唯有在個人和整體都在充分自由的情況下，才有可能存在。

　　現在，整個共產主義的一系列實驗之所以失敗，大部分肇因於此——人們沒有體認到原則的雙元性（the duality of principle），若是捨棄其他原則，只選擇一項原則加以實行，那麼不管這項原則本身多麼優越，整體而論，還是難以實現社會的整體目標。共產主義假設，因為共有財產是好的，眾志成城，可以化腐朽為神奇，所以所有財產都必須共有。相反地，個人努力可能是危險的，至少無濟於事。有少數極端的共產主義者，甚至主張全面廢除家庭制度。我相信，至少讀者們不會誤認，我們的提案是主張徹底共產主義的實驗。

　　再者，我想這個計畫也不會被視為是社會主義的實驗。社會主義者——他們被視為是較溫和的共產主義者——倡議土地和所有生產、分配、交換的工具，包括鐵路、機械、工廠、船塢、銀行等，都應該是人民的共同財產。但是他們在所有以工資形式發放給社區服務者的事項上，則是保留私有化的原則，只有一項但書。那就是這些工資不能用來經營生產事業，包括雇用一名以上的員工。社會主義者主張，所有具有酬金性質的雇用形式，都應該接受某種政府部門的組織領導，也就是嚴格的政府壟斷。但是，若要以社會主義的原則作為社會主義實驗能否成功的基礎，它承認人類天性裡面有部分個人面向和部分社會面向，則不無疑義。有兩個基本問題有待解決。首先，人類追逐私利的傾向，在確保個人使用和享受的前提之下，會讓人勤於生產；其次，由於人們喜愛獨立自主和採取主動，讓人產生事業心，因此不願意受到他人在整個工作安排上的干預、指導，這會讓他們失去獨立行動的施展機會，或是無法在新的事業型態上，位居領導地位。

　　即使我們可以通過人類追逐私利的第一項難題考驗——甚至我們可以假設有一群男女，他們共同努力的結果會讓每一個成

員可以享受到的生產成果，遠遠優於一般競爭方式可能達到的成果——也就是每個人各自奮鬥，我們依然得面對第二個難題的挑戰，那就是有關人類組織工作的較高秉性，而非較低秉性——人們愛好獨立自主和採取主動。人們的確喜歡群策群力，但是他們也熱愛個人努力，不甘滿足於社會主義社區那種僵化、有限的個人機會。人們並不反對接受有才能的人領導，但是有些人也希望自己成為領導者，享受組織工作的樂趣；他們喜歡領導別人，一如接受別人領導。此外，我們隨便也能夠想像到，有人內心充滿著服務社區的熱誠，但是目前整個社區還領略不到這些優點，在社會主義的制度之下，這些提案將無法實現。

目前在托波洛班波（Topolobampo）就有一個有趣的實驗正面臨失敗。這項實驗是由一名美國的土木工程師 A・K・歐文先生（Mr. A. K. Owen）所提出的，他在一大片由墨西哥政府所讓渡的土地上開墾。歐文先生採取一項原則，那就是：「所有就業必須透過家庭產業多樣化部門的安排。居民之間不能私相雇用，唯有透過聚落的安排，居民才能夠就業。」[1] 換言之，如果 A 君和 B 君對於管理不滿，不論是質疑管理者的能力或是誠信，他們都不能透過私下安排，為對方工作，即使它們的目的是為了社區的共同利益；他們只能離開移民聚落。後來有許多人果然因此被迫離開。

同樣的實驗在最近澳洲人移民巴拉圭的聚落，似乎比較成功。根據《每日紀事報》在 1894 年 7 月 21 日的報導，哈斯汀牧師（Rev. Hastings）最近拜訪該殖民地後表示：「目前大約有 110

---

1. A. K. 歐文著，《發揮效力的整體合作》（*Integral Co-operation at Work*）（紐約，美國圖書公司出版）。

人住在艾維卡（Eveca）牧牛。原先 200 個移民當中，大部分的人已經對蘭恩先生（Mr. Lane）的管理感到不滿，他是由尚未開始移民前的成員們選為公社的領導人。因此，他可以推翻任何拓荒者之間的合議，而人們對於他的獨斷作為，抱怨連連。」

在這一點上，托波洛班波實驗和本書所提倡的計畫之間，差異相當明顯。托波洛班波的組織宣稱壟斷所有的生產事業，每一個成員都必須由控制壟斷的人安排工作，否則就必須離開。在田園城市就沒有這種壟斷。任何人對於市府公共行政的不滿，並不會導致田園城市分崩離析。至少在田園城市的外圍，大部分事業都是由個人或是非市府員工的個人團體所經營的，就像任何一個城鎮一樣。目前現有的市營企業，相較於其他團體所經營的事業，比例還是很低。

一些社會實驗之所以失敗的其他原因，還包括移民過程中所產生的巨額費用、距離主要市場遙遠、難以事先知道當地的生活情況和勞動條件等。唯一的優點──廉價的土地──卻不足以彌補這些缺點。

我們現在或許可以看出，本書所提倡的田園城市計畫和大部分付諸實現、類似性質的計畫之間的主要差異，在於：其他計畫試圖將還沒有結合成較小團體的個人，或是已經離開小團體要前往加入大組織的個人，打造一個巨大的組織，但是我們的計畫不只針對個人，也訴諸合作者、產業家、慈善團體和其他組織，以及在這些人掌控之下的組織，讓人們來到一個沒有新的限制，只有更多自由的情境。再者，這個計畫的驚人特性是，許多已經落戶生根的居民不用被迫離開（除了位於市區和即將成為市區的人口），而是會自己形成一個具有價值的核心，開創事業、支付租金，這筆錢遠比支付購買土地貸款的利息意義深遠──他們會更

願意支付租金給平等對待他們，並且把顧客帶到家門口的地主。因此，組織工作已經斐然有成。建設的大軍已經就位，只差一聲令下，沒有毫無紀律的暴民需要處理。田園城市的實驗和其他實驗的差別就像兩部機器——一部需要從各種礦石中加以提鍊，先混合起來再鑄造成各種形狀；另一部機器則是所有零件都已經齊備，只差組裝而已。

評注（十一）

　　霍華德在此引述著名小說家韓福瑞‧瓦德夫人的小說《羅伯特‧愛沙彌爾》（雖然霍華德將 Humphry 的姓誤拼為 Humphrey）。瑪莉‧奧古斯塔‧阿諾德（Mary Augusta Arnold, 1851-1920）於1872 年嫁給湯姆士‧韓福瑞‧瓦德（Thomas Humphry Ward），並於 1881 年出版她的第一本小說《米莉與歐里》（*Millie and Olly*）。《羅伯特‧愛沙彌爾》於 1888 年出版，一上市就非常暢銷。和她的其他作品一樣，書中關注如何幫助窮人和弱勢者。然而，韓福瑞‧瓦德夫人在 1908 年的婦女參政權運動中，完全站在反對的立場，甚至成為反婦女參政聯盟的主席。在 1914 年時，據稱她是美國人最熟悉的英國女性，1915 年並成為首位訪問西點軍校的女性記者。

　　霍華德似乎想藉由嘗試錯誤的方式，發展類似「第三條路」（Third Way）的主張。

　　霍華德在此所說的「共產主義」可能有一些誤導：雖然《明日田園城市》比《共產黨宣言》晚了整整 50 年才出版，也比馬克思的《資本論》第一卷晚了 15 年出版，但是霍華德並沒有明確提及馬克思思想——即使在 1890 年代的倫敦知識圈，已經有許多關於馬克思思想的討論。相反地，霍華德在此所提到的共產主義是被馬克思貶抑為「原始共產主義」（primitive communism）的各種烏托邦社區，在整個 19 世紀，甚至更早以前，於英國鄉間起起落落地進行實驗。有關這些實驗及其失敗的完整描述可以

MINSTER LOVEL, OXON.

為紀念英國憲章運動（the Chartist movement）而命名的查特威爾（Charterville）在 1842 年成立，當時費爾加斯．歐康納爾（Feargus O'Connor）的全國土地公司在牛津郡的洛威大教堂（Minster Lovell）附近，從一位富農手中買下一塊 244 英畝的土地。整塊基地劃分為 80 個單元，每個單元包含了一塊耕地和一間小農舍。

參閱哈迪（Hardy, 2000）和達利（Darley, 1975）等人的相關著作。

曾經仔細關注這一個世紀以來社會主義和共產主義在各國實驗的讀者，可能會欣慰地同意霍華德對不同意識形態的看法，而其他關注於擴大公益合作範疇的讀者，也會同意霍華德在此的觀察──「那些努力嘗試新的社會組織形式的人士，並未認真看待人類天性朝向利他傾向的程度」。

缺乏 20 世紀社會主義政府的經驗，霍華德只能從墨西哥位於加利福尼亞灣的托波洛班波和位於巴拉圭的澳洲移民實驗汲取教訓。霍華德宣稱，他的發明不像早期的社會實驗，而是「所有零件都已經齊備，只差組裝而已。」然而，蘇聯在技術或生產創新上的明顯失敗，尤其是蘇聯瓦解前的最後幾年，也提供更多可供驗證的案例。

在托波洛班波殖民地背後的推動力量，來自亞伯特・金賽・歐文（Albert Kimsey Owen, 1847-1916）。他在《發揮效力的整體合作》（*Integral Co-operation at Work*）書中提出在殖民地組織勞動和分配成果的計畫，也就是霍華德引文的出處。第一批 27 名移民於 1886 年抵達。但是殖民地因為不同派別之間混戰，而告失敗。歐文本人在 1893 年離開，之後就再也沒有回去過。

威廉・蘭恩（William Lane）和 220 名澳大利亞人在 1893 年從雪梨出發，前往巴拉圭設立一個社會主義的殖民地。一年之內就成立了「新澳大利亞」（New Australia）殖民地，一個充滿激烈衝突的地方。蘭恩及其支持者選擇離開，並在該地南方 75 公里處另闢一個名為「康士美」（Cosme）的新殖民地。但是這個實驗也告失敗。新澳大利亞在 1897 年解散，康士美在 1909 年解散。蘭恩則是在 1900 年回到澳洲。

霍華德再一次主張，他的計畫可以讓各種人都進入到馬克思所說的「自由境界」，既不會面臨資本主義無可避免的勞動異化，也不會被獨裁的國家組織所窒息。他的願景裡面有大量各式各樣的小型事業，有些是朝向賺取適當利潤，有些則是純粹公益的非營利機構，人們在這樣的環境之下可以發揮最大的創造潛力。在本書撰寫的年代，有許多這一類的小型實驗，其中有不少是關注在推動手工業以對抗大規模的機器生產。關於這一點，威廉・莫里斯於 1881 年在倫敦莫爾頓大教堂（Merton Abbey）——當時這裡還是一個恬靜的鄉村地區——所設立的工場，和 1906 年在德國德勒斯登外圍的海樂盧田園城市所設立的德意志手工藝坊（the Deutsche Werkstätte für Handwerkskunst）之間，有直接的關聯。不幸的是，這一類的組織都維持不久。

托波洛班波：在蓋馬斯（Guaymas）舉辦的五月節活動。

拉濟會嘉年華（La Logia Fiesta）。第一地產信貸銀行的移民（the First Credit Foncier Colonists）於 1886 年 11 月 17 日抵達托波洛班波後的三周年紀念活動。

莫爾頓大教堂內的印花布區，攝於 1900 年代。

第十一章
綜合提案

　　人類目前的狀況，好比群聚的蜜蜂，大群地黏附在一棵樹幹上。牠們只是暫時棲身在此，準備轉換位置。每一隻蜜蜂都知道這個狀況，也急於移動位置，其他蜜蜂也都是如此，但是就是沒有一隻蜜蜂移動，直到整個蜂群飛起來。蜂群無法移動，是因為一隻蜜蜂挨著一隻蜜蜂，讓牠們無法和蜂群分離，所以牠們就繼續這樣耗著。乍看之下，每隻蜜蜂的位置似乎都沒有可供移動的空間，就像人類被社會的網絡所束縛著。的確，如果蜜蜂沒有翅膀的話，它們將無法移動。同理，如果每一個人不是活生生的個體，具有上天賦予人類領略基督生命意旨能力的話，那也沒有這個問題。問題是，如果蜂群可以飛，卻沒有一隻蜜蜂願意率先行動，那麼整個蜂群將無法移動位置。人類也是如此。如果領略基督生命意旨的人們都要等著別人先採取行動，然後才願意跟進，那麼人類將永遠無法改變現況。就如同要蜂群整個飛起來，就需要有一隻蜜蜂先振翅起飛，然後第二隻、第三隻、第十隻、第一百隻蜜蜂就會跟進。所以，要打破社會生活的神奇魔咒，從無望的枷鎖中解放出來，就必須有一個人站在基督的觀點審視生命，並且開始形塑他自己的生命，那麼其他人就會追隨他的腳步。

　　　　　　　　　　──列夫・托爾斯泰伯爵（Count Leo Tolstoy）

　　　　　　　《天國在你內心》（*The Kingdom of God Is within You*）

　　　　　　第九章（華爾特・史考特〔Walter Scott〕出版）

　　在上一章，我指出田園城市提案和其他一些曾經實際驗證過，但最終都以災難收場的社會改革之間，在基本原則上的重大差異，並且極力主張，正因為本計畫的特色和其他計畫之間的根本差異，因此不能以那些實驗結果來論斷田園城市計畫可能達成的成果。

　　我現在要指出，雖然田園城市計畫是一個全新的實驗，或許在某些方面它也應該被如此看待，但請大家注意，事實上本計畫是結合過去不同時期一些計畫的重大特色，以獲得各自最好的成果，但不會遭遇，甚至連原來作者有時候也逆料不到的困難和風險。

　　簡言之，我的計畫試圖結合一些我認為過去從未整合過的不同計畫，包括（1）威克菲爾德和馬歇爾教授所提出的計畫移民運動提案；（2）由湯姆士・史賓斯率先提出，而後由赫伯特・史賓塞大幅修改的土地制度；以及（3）白金漢的模範城鎮計畫（雖然有一點修改）。[1]

　　讓我們依序檢視這些提案。威克菲爾德在他的《殖民的藝術》（*Art of Colonisation*, 1849）書中主張，應該依據科學原則建立殖民地——此處他指的並非「本土殖民地」（Home Colonies）。他說：「我們派出四肢發達、頭腦簡單、胸無點墨的窮人到殖民地，其中多半是赤貧階級，甚至是罪犯；殖民地的社區只有單一階級的人口，而且是最無助於、也最不適合發揚祖國精神，難以

---

1. 或許我可以這麼說，人們在追求真理時，往往英雄所見略同，對於彼此的提案，也可能略有爭執，但是直到我的計畫進行到相當程度時，我才看到馬歇爾教授和威克菲爾德的著作，後者也簡單提及約翰・史陶特・彌爾的《政治經濟學原理》（*Principles of Political Economy*）。同樣的情況也發生在白金漢 50 年前出版的作品中，它們似乎很少受到世人的關注。

成為足以傳遞我們最珍惜的種族思想與情感習慣的一群人。相反地，在古代，他們會派出祖國各階級的代表作為殖民者。我們在田地裡種植藤蔓植物，卻沒有提供枝幹讓植物穩定地纏繞攀爬。一個種植蛇麻的田地卻看不到一根竿子，蛇麻就會在地面上和到處都是的毒薊或毒芹纏繞在一起，就像現在的殖民地那樣。古代殖民會先在一群主要的人選當中，挑選一個正直的軍官作為殖民地的隊長或領導人，就像蜂后領導工蜂那樣，即便他不是全國裡面萬中選一的最佳人選。君主國家會派出具有皇室血統的王子，封建社會會派出精選的貴族，民主社會則是派出最具影響力的市民。這些人自然會帶著在他們自己生活和底層階級之間的部分班底隨行——像是他們的夥伴和朋友，還有一些親密的家人，他們也被鼓勵這麼做。底層的人當然也樂於追隨，因為他們發現自己是跟隨而非背離他們過去曾經生活過的社會狀態。那是一個和他們出生和成長環境相同的社會和政體。為了避免給人任何可能偏離正道的印象，他們將當地迷信的原始祭祀改為莊嚴神聖的祭禮。簡言之，殖民者會帶著自己的神明、慶典和遊戲隨行，就好像依然生活在祖國的社會脈絡當中。只要是他們想得到、看得到和帶得走的，他們都會想辦法帶到殖民地。對於殖民者而言，新的殖民地就像一個縮小版的社區，基本上會和祖國和家鄉維持一樣。它是由家鄉各階層的成員所組成的，所以第一個殖民聚落會是一個成熟的狀態，具有從祖國帶來的所有成分。因此，人口的遷移並不會發生沒道理的退化，好像殖民者從較高級的地方被貶謫到較低級的地方。」

　　J‧S‧彌爾在《政治經濟學原理》第一卷第八章第三節中提到《殖民的藝術》：「威克菲爾德的殖民理論吸引了許多人的注意，毫無疑問地他會吸引更多人關注；他的制度安排在於確保每

一個殖民地首先都有一個和農業人口維持適當比例的城鎮人口，從事農業開墾的人不應該太過分散，以免距離遙遠，失去城鎮人口作為農產品市場的好處。」

　　前面已經提過馬歇爾教授試圖將倫敦人口有計畫移出的主張，其中有一段話值得引述：

　　　可能有各種不同的移民方式，但是整體計畫或許可以先成立一個委員會，不論是專門委員會或是一般委員會，為了倫敦人自身的利益，在遠離倫敦煙霧的地方成立一個殖民地。在當地購買或是興建適當的農舍之後，委員會應該和雇用廉價勞工的雇主磋商。首先，他們可以選擇固定資本較低的產業，而且幸運的是，如同我們所看到的，這些產業正好是應該搬遷的產業類別。委員會應該會找到真正關心員工不幸遭遇的雇主，應該會有很多這樣的雇主。透過他的帶領與忠告，人們可以成為這些產業的得力助手。委員會會告訴人們遷移的優點，甚至提供金錢援助，幫助人們遷移。他們會安排來回運送的工作，雇主或許會在殖民地開設一個代辦處。然而，殖民一旦成立之後，雇主就應該自行負擔搬遷工廠的成本，即使有時候是員工按照雇主的指示隨同工廠一起搬遷，因為在各種情狀之下，因此所節省下來的租金絕對抵得上這些遷移成本，如果院子裡種的蔬果可以抵稅的話，會更有誘因。或許最大的好處是，人們不必再為倫敦的悲哀而受到酒精的誘惑。當然，一開始的時候一定會遭遇到消極的抗拒，無知會讓人對一切都感到恐懼，尤其是那些已經失去自然活力的人。那些長期居住在倫敦合院陰霾之下的人們，可能會對自由的光線感到畏懼；和家鄉熟識的其他窮人一樣，

他們害怕搬到陌生的地方，沒有朋友。但是，只要溫和地堅持，委員會可以用各種方式說服人們，和熟識的朋友成群結伴，一起搬遷，並且用溫暖、有耐性的同理心，幫助人們破冰。只有艱難的第一步需要花費一些代價，接下來的事情就容易多了。不久之後就會有一個興盛的工業區，幡然矗立。然後，光是自利心就足以吸引雇主們將主要的工廠，甚至整座機房，搬到殖民地來。最終大家都會獲利，尤其是地主和連接殖民地的鐵路。[2]

比上述馬歇爾教授提案引文中更重要的一點是，必須先購買土地，那麼湯姆士・史賓斯令人稱羨的計畫才得以付諸實現，並且預防馬歇爾教授所預測的地租急遽上升。史賓斯在一百年前就已經提出的計畫中，再次指出如何確保我們希望達成的目的可以順利實現。他說：

你會看到人們支付給當地轄區財政局的租金，被轄區當局用來支付國會所要求上繳的租稅份額給中央政府，用來維持當地人民的就業問題和紓解窮人的失業問題，用來支付官員的薪資，用來興建、裝潢和維修房舍、橋梁及其他設施，用來建造和維護給人、車便利通行的街道、馬路和通道，用來建造運河及其他有利於貿易和航行的設施，用來開闢垃圾場，用來補助和獎勵農業或是任何值得鼓勵的事業；簡言

---

2. 將整個倫敦東區的工作移轉到鄉村，成立一個大型的倫敦製造業，是瑪莉安・費寧漢小姐（Miss Marianne Farningham）《1900?》（Jas. Clark & Co. 出版）書中的故事主題。

之，就是用來從事人民覺得該做的事情，而不是用來支持或
散布奢侈、虛榮及其他不好的事情。……不管是本國人或是
外國人，除了前述依據個人所擁有的土地數量、品質和便利
性所計算的租金之外，毋需支付任何費用或稅金。政府支
出、救濟窮人、興建道路等各項支出，都是由這項租金來支
應，而且所有的倉儲、製造和貿易，一律免稅。

— 1775 年 11 月 8 日在新堡哲學社團
（Philosophical Society in Newcastle）的演說稿

　　人們可以看得出來，本計畫和書中所提到的其他土地改革之
間的唯一差異，並非制度上的差異，而是興辦方法上的差異（這
是非常重要的差異）。看來史賓斯以為人們會在一聲令下之後，
立刻擺脫現在所有業主，並在全國各地廣設殖民地；而本計畫
卻主張先購買一塊土地，小規模地進行實驗，以充分了解它的優
點，然後再逐漸推廣。

　　在史賓斯的方案提出後 70 年，赫伯特・史賓塞（他是最早
提出所有人都有權使用地球土地的大原則，這是自由平等法實施
之後的必然結果）討論到這個主題時，強而有力地明確指出：

　　人們有權使用大地的基本原則會導引出什麼後果呢？是我
們必須回歸原始的生活型態，依靠採集和狩獵維生？或是我
們應該接受傅尼葉公司（Messrs. Fourrier）、歐文、路易士・
白朗克公司（Louis Blanc & Co.）的管理？二者皆非。這樣
的原理和高等文明一致，不會涉及商品的社群，也毋需對既
有制度採取激烈的革命手段，只需要改變土地制度，即可實
現。私人土地和公有共管將合而為一。農村將不再為個人所

擁有，改由一個龐大的事業體──社會──所擁有。農人不
必向個別地主租地，而是改向國家租地。他不必向約翰爵士
及其恩典繳納租金，只需繳納租金給社區的代理人即可。管
家也不再是私人的僕役，而是人民的公僕，租佃就是唯一的
土地租賃。如此有秩序的事物狀態，和道德法律完全契合。
在這樣的制度之下，人人都是平等的地主；所有人也都可以
如願成為佃農。A君、B君和C君可能像現在這樣，競爭一
塊空著的農場，其中任何一個人承接農場土地都不會違反公
平原則。所有人都有權決定自己要競標或是不續租。當農場
出租給A君、B君或C君時，所有當事人都是依照自己的自
由意願行事，獲選租用土地的人，必須支付某項金額給其他
被不續租的人。因此，顯然地，土地的劃定、占用和耕作，
完全遵照自由平等的法律原則。

　　　　──《社會靜力學》（*Social Statics*）第九章，第八節

　　儘管這麼寫著，赫伯特‧史賓塞先生後來還是發現自己的提
案有兩大難題，毫不保留地加以撤回。第一個難題是他認為這個
辦法和國有制度之間，有著難以區分的缺點（見1891年出版的
《公平正義》〔Justice〕附錄B，頁290）；第二個難題是史賓塞
先生認為，對於現有地主和回饋社區之間，難以公平兼顧。

　　如果讀者檢視史賓斯的計畫，它比赫伯特‧史賓塞的提案更
早提出，會發現史賓斯的計畫，如同本書所楬櫫的，可以完全自
由地對抗可能發生的國家控制。[3]在史賓斯的計畫裡，就如同我

---

3. 儘管赫伯特‧史賓塞先生似乎在反駁自己所說國家控制本來就不好的理論，但
是他說：「政治推論假設，在所有的情況下，國家都具有相同性質，必然導致
非常錯誤的結論。」

的提案，地租並不是由和人民脫節的中央政府來課徵，而是由人民居住的當地轄區（在我的計畫裡是自治市）來課徵。至於出現在赫伯特‧史賓塞先生心中的另一個難題，也就是在以公平價格取得土地和回饋給購買者之間難以兼顧的問題——他最終魯莽地得出二者不可能分離、難以解決的結論——在我的計畫當中則是以購買農地或荒地的方式，徹底解決，並且用史賓斯先生主張的方式出租，然後用威克菲爾德和馬歇爾教授的科學移民方式進行遷移，儘管後者的辦法顯得有些不夠大膽。

這樣的計畫，可將赫伯特‧史賓塞先生依然稱為「絕對道德的主張」（the dictum of absolute ethics）——也就是所有人都有平等使用大地的權利——帶入可行的生活領域，讓它變成信奉者可以立刻實現的事情，這是無比重要的公共事務。當一名哲學家告訴我們，由於前人在過去為我們設下一個不道德的基礎，所以我們現在無法奉行最高道德標準的生活，但是，「如果是現在的社會規範創造出那樣的道德情操的話，當人們站在尚未劃分領域的土地面前，他們就敢大聲主張人們具有公平擁有土地的權利，就像每一個人都有享受日光和空氣的平等權利」[4]——甚至「當現在的社會規範創造出那樣的道德情操」時機成熟時，人們可能會主張移民到外星球的權利。但是在面對一個新的行星，甚至「一個尚未被劃分領域的土地」時，除非我們真的迫切需要，否則也沒有必要移民。然而，我們已經證明，一個有組織的移民計畫，從過度發展、地價過高的地區移往相對原始和人煙稀少的地區，會讓所有嚮往平等自由生活的人都如願以償；一個

---

4. 《公平正義》第十一章，頁 85。

在地球上有可能立即實現有秩序、自由生活的理想，已經在人們心中萌芽。

　　除了史賓斯、史賓塞、威克菲爾德和馬歇爾教授的提案之外，我的計畫還結合了第三個提案，那就是詹姆士‧白金漢先生的提案。[5] 不過，我只採擷了該項提案中一個基本主張，並刻意忽略他的另一項基本主張。白金漢先生說道：「我的思緒集中在目前所有城市的缺點上面，以及另外成立新的模範市鎮的必要性。它必須避免所有這些明顯的缺點，代之以前所未有的優點。」他在提案中展示了一個占地 1,000 英畝，可居住 25,000 人，由大片農地所圍繞的基地計畫圖和城鎮草圖。和威克菲爾德一樣，白金漢看到結合農業社區和工業社區的優點，他主張「只要實務上可行，農業和工業的勞動可以結合，而各種織品與材料也應該加以混合，讓各種短期的勞動交替運用，以獲得一年到頭單一行業的單調和疲累所無法獲得的滿足和自由，而各式各樣的就業在身心發展上，也比單一職業要好得多。」

　　儘管白金漢先生的計畫在許多點上都和我的提案不謀而合，但是二者之間還是存在一個巨大的差異。白金漢認為，他找到了社會敗壞的源頭，那就是競爭、酗酒和戰爭，因此主張以充分合作來消弭競爭，以全面禁酒來遏止酗酒，並以完全禁絕火藥來終止戰爭。他提議以 4,000,000 英鎊的資金成立一家大公司，購買大片土地，在那兒興建教堂、學校、工廠、倉庫、食堂、住宅等，分別收取每年 30 英鎊到 300 英鎊之間不等的租金，用來興辦農

---

5. 白金漢的計畫是在一本名為《國家之惡與務實的解決方案》（*National Evils and Practical Remedies*）的書中所提出的，該書在 1849 年由彼得‧傑克森（Peter Jackson）出版社出版。

業、工業等各式各樣的生產事業，讓整個城鎮變成一個沒有敵對競爭的大事業。

就外部形式來看，白金漢和我的計畫都呈現出在一個廣大的農業土地上設立模範城鎮的共同特徵，因此可以用一種健康、自然的方式來進行工業和農業活動。然而，這兩種社區的內在生活卻截然不同——其中一群成員可以充分享受自由組織的權利，發展出各式各樣的私人企業和合作事業；另外一群成員則受到有如鐵籠般僵化的組織束縛，除非離開，或是將它打散成不同的部門，否則將難以逃脫這些束縛。

總結這一章，我的提案是，應該認真嘗試將人口從過度擁擠的中心城市，有組織地遷移到人煙稀少的農村地區；社會大眾不應該將它和未臻成熟的全國性實驗計畫加以混淆，人們應該聚焦和專注在這個大到足以吸引眾人注意和願意投注資源的單一實驗上面；在妥善安排這項遷移行動之前，應該向移民者保證，由於他們的遷移所帶來的土地價值上漲，會保留給他們；這可以藉由成立一個組織來達成，它允許成員們在從事這些人們眼中看來是好的事情時，組織應該提供他人不得冒犯的保障權利。這個組織可以收取「稅—租」，並且投注在殖民遷移所必需或有利的公共事項上面——因此得以免除，或是大幅降低任何強制徵稅的必要性；而這個大好機會就在於，準備定居的土地上面幾乎沒有什麼建築物或設施，因此可以充分加以利用，建造成一座田園城市。當田園城市成長時，大自然的禮物——像是新鮮空氣、陽光、開放空間和遊憩空間等——依然充分無缺，加上現代科學的資源，以人為藝術彌補自然之不足，必定可以讓生活充滿喜悅和幸福。

需要特別注意的是，這個一時之間難以說清楚的提案，並非

出自一個狂熱分子晝思夜想所提出來的瘋狂計畫，而是奠基在細心研究許多偉大心靈和誠摯靈魂所努力構思出來的許多計畫上面，而且每一個計畫都有一些獨到的可取之處。現在時機已經成熟了，只要稍加整合，就可以獲得無比豐碩的成果。

評注（十二）

　　霍華德在此所引述的華爾特・史考特（Walter Scott）並非蘇格蘭的小說家，而是激進的英格蘭出版商。他在 1894 年出版了托爾斯泰著名短篇的第一個英文譯本。1898 年在科茲沃爾德（Cotswolds）的懷特韋（Whiteway）建立一個托爾斯泰式的社區。那是一個著名的烏托邦農村公社（Hardy, 2000），後來變成相當成功的無政府主義社區，人們住在各式各樣以手工搭建的茅草屋、房舍和火車廂裡。目前仍然依照它成立之初的組成方式運作，是英國維持得最久的非宗教社區。

　　附注顯示霍華德大部分的想法都是自己想出來的。他可能只是因為在國會的委員會議中巧遇馬歇爾，所以讀到馬歇爾於 1884 年刊登在《當代評論》（*Contemporary Review*）上面的文章——最可能的時間點是 1891-94 年，馬歇爾擔任皇家勞工委員會成員期間（Keynes, 1933, p. 242）。

　　顯然，霍華德熟悉哲學家暨經濟學家約翰・史陶特・彌爾（John Stuart Mill, 1806-1873）的著作。作為功利主義者的彌爾，寫作議題廣泛，或許最為世人所熟知的是霍華德在此提及的《政治經濟學原理》（1848）。他在 1865 年獲選為西敏寺的國會議員，1866 年為艾茉莉・戴維斯和伊利莎白・賈瑞特所領導的婦女參政權運動請願。1868 年失去國會席次之後，彌爾回頭撰寫之前未完成的著作《婦女所受的壓迫》（*The Subjection of Women*），並於 1869 年出版，後來成為自由主義女性主義的經典代表作之一。

奧斯朋注意到：「霍華德將本段話誤認為威克菲爾德所言。威克菲爾德在他的《殖民的藝術》附錄中引用喀來爾大主教（Dean of Carlisle）辛德博士（Dr. Hind）《二次懲罰的反思》（Thoughts on Secondary Punishment, 1832）書中的論點。這樣的主張當然和威克菲爾德倡議澳洲和紐西蘭的殖民，應該在移民社群背景上取得平衡的想法一致。」（Osborn, 1946, p. 120n.）。

不知是否弄錯，霍華德在此提到威克菲爾德1849年出版的《殖民的藝術》一書，卻沒有提到這本書的出版是根據他在1836年推動自由移民南澳大利亞，而不是只有罪犯移民的實際經驗，這也是澳洲的第一個殖民地（霍華德在本書第十三章社會城市的章節，彌補了這項忽略）。這項計畫的要旨是，一個中心城市應該從外圍開始建立，並以此作為周邊社區的農產品集散地。威廉・萊特上校為南澳首府阿德萊德所做的精心規劃，提供霍華德設計田園城市實際計畫的關鍵借鏡（Bunker, 1998）。

在1826年（第二次）脫逃之後，愛德華・吉朋・威克菲爾德（Edward Gibbon Wakefield, 1796-1862）在獄中待了3年，這段期間他開始研讀經濟學和社會議題，發展出他的殖民理論。1830年他和其他人共同成立國家殖民學社（National Colonization Society）。由於他的聲譽不佳，被禁止在英國本土從事政治活動，於是轉而投入南澳大利亞和紐西蘭的殖民計畫。他協助成立紐西蘭協會（New Zealand Association），也就是後來的紐西蘭公司（New Zealand Company），於1839年建立了威靈頓。在1843年紐西蘭暴動（Wairau affray）中死了一名兄弟之後，他必須在英國為紐西蘭公司及其政策辯護。

1848年他領導創建了坎特伯里協會（Canterbury Association）來籌辦紐西蘭南島（South Island）的殖民地計畫，同時展開紐西

愛德華·吉朋·威克菲爾德畫像，大約繪於 1820 年。

蘭的自治運動，並未受到阻攔。他獲選進入威靈頓省政府，並擔任眾議院議員，但因為政治問題和健康不佳，結束了他的政治生涯。

　　馬歇爾必定知道由具有社會主義思想的雇主們所建立的工業村落，像是新藍納克（New Lanark）的羅伯特·歐文（Robert Owen）或是邦威爾的喬治·卡德伯里等，儘管後者是在霍華德出版《明日田園城市》5 年之前，才開始小規模實驗在工廠附近為工人興建住宅。而威廉·海斯吉斯·李佛的日照港則是 1888 年之後才出現的。這些雇主，像是理查·阿卡萊特（Richard Arkwright）甚至更早以前就在德比夏郡馬特洛克（Matlock）外圍的康福德（Cromford）興建工廠，有部分原因是迫於現實需要：他們希望在偏遠的地方興建工廠（阿卡萊特和歐文是在有水力資源的地方；卡德伯里和李佛則是希望在既有城市之外的便宜土地上建立更有效率的工廠），但是他們找不到工人，直到他們為工

人興建住宅為止。不過，歐文、卡德伯里和李佛等人還有一個嚴肅的社會目的；另一個巧克力品牌貴格（Quaker）的大亨，約瑟夫・朗特里（Joseph Rowntree），雇用了雷蒙・歐文和貝里・帕克在約克外圍的新厄斯威克為其規劃工廠社區，因此和首座田園城市列區沃斯有直接的關聯。但是當時馬歇爾正在發展如下的論述：如果一個實業家採取這個步驟就可以產生這麼多效益，那麼同時有好幾個實業家採取相同的步驟，會有多大優勢呢？它會因此產生工業區的聚集經濟（economies of agglomeration）——他在《經濟學原理》書中有扼要的闡述。

霍華德在附注中提到的瑪莉安・費寧漢（Marianne Farningham）是瑪莉・安・赫恩（Mary Ann Hearn, 1834-1909）的筆名。她在 19 世紀下半葉的福音圈中相當著名，有長達 50 年的時間為廣受歡迎的基督教報刊撰寫評論、詩歌、傳記和小說。

霍華德在此描述他的知識歷程：先從史賓塞具有無比影響力的土地國有化主張開始，特別是《社會靜力學》一書。赫伯特・史賓塞（Herbert Spencer, 1820-1903）原本是土木工程師，後來轉行做記者和政治作家，於 1848 到 1853 年間為《經濟學人》（The Economist）工作，他和湯姆士・卡利爾（Thomas Carlyle）、喬治・亨利・劉易士（George Henry Lewes）、劉易士後來的愛人喬治・艾略特（George Eliot）（真名為瑪麗・安・伊凡斯，Mary Ann Evans, 1819-1880），以及 T・H・赫胥黎（T. H. Huxley）等人，交往密切。

赫伯特・史賓塞的第一本著作《社會靜力學，或是人類幸福的條件：人類幸福的特定條件及其首要發展步驟》（Social Statics, or the Conditions Essential to Human Happiness: or the Conditions essential to Human Happiness specified, and the first of them developed）在 1851 年出版，

他是依據演化理論，說明人類自由發展的歷程，並且極力捍衛個人自由。他主張激進的措施——像是土地國有化、批評自由放任的經濟學和婦女在社會中的角色與地位等——這些主張後來大部分都被放棄了。

史賓塞的第二本著作《心理學原理》（*The Principles of Psychology*, 1855），就沒有那麼成功。由於精神方面的健康問題，他花費了 30 年才完成九大冊的《哲學思想大全》（*A System of Synthetic Philosophy*），有系統地闡述他對生物學、社會學、倫理學和政治學的見解。史賓塞對於知識性的報紙和雜誌有許多貢獻，非常著名，獲得不少激進思想家和著名科學家的景仰，尤其是約翰·史陶特·彌爾；史賓塞的演化理論和達爾文不相上下。

但是霍華德卻從這麼一個幾乎被世人遺忘的 18 世紀激進思想家的沒沒無名作品中，找到更好的解決方法。湯姆士·史賓斯（Thomas Spence, 1750-1814）出生於泰恩河畔的新堡（Newcastle upon Tyne），父親是織網匠和鞋匠，家中共有 19 個兄弟姊妹，從小由父親教導讀書識字，後來成為校長。他深受湯姆·潘恩（Thomas Paine）的啟發，於是在街上叫賣潘恩和自己所寫的小冊子。由於見證了

赫伯特·史賓塞的肖像。

湯姆士‧史賓斯所畫的代幣圖像,〈絞刑臺上的比特首相〉(**Pitt on the Gallows**),約在 **1800** 年所作。他曾經花了一整天的時間在倫敦街道上塗鴉,宣揚「史賓斯讓人民飽餐的計畫」和「土地是人民共有的農場」等計畫。毫無意外地,政府當局試圖將他拘捕入獄。

自由派人士和新堡公司對於鎮上公共土地使用權的訴訟過程,史賓斯發展出「史賓斯利他主義」(Spencean Philanthropy)的概念。

史賓斯於 1792 年搬到倫敦,販售集結短文的小冊子。剛開始是在商店裡面販售,後來改到街邊的攤子,書中盡是他鏗鏘有力的書寫方式,曾被政府以煽動罪名逮捕入獄多次。他在 1793 到 1796 年間出版了一個名為《豬食》(*Pig's Meat*)的激進刊物,用來回應艾德蒙‧博克(Edmund Burke)稱呼中下階級為「豬群」(the swinish multitude)的惡劣言詞。

史賓斯的小冊子《人類的權利,在新堡哲學學社之演說》(*The Rights of Man, as Exhibited in a Lecture, Read at the Philosophical Society in Newcastle*)在 1775 年 11 月出版,1882 年由社會民主聯盟(Social Democratic Federation)的發起人 H‧M‧海德曼(H. M. Hyndman)重新印行——海德曼加入自己的注解和評論之後,重新以《1775 與 1882 的土地國有化》(*The Nationalisation of the Land in 1775 and 1882*)為名發行(1920 年再版);霍華德應該是在 1882

年或是更晚之後發現史賓斯的著作。

　　史賓斯主張每一個轄區都應該變成一個事業體，以集體的力量掌握過去被地主所攫取的土地權利；因此，地租應該支付給這個事業體，並用於興建與維護住宅、道路等公共用途。這些租金會產生盈餘，可用來救濟窮人或作為社會支出。他的理想社區將由市民股東們所選出來的董事會加以管理（Beevers, 1988, pp. 21-23; Hall and Ward, 1998, pp. 9-10）。

　　但是史賓斯並未說明人們究竟應該如何利用公有土地──因此霍華德採用威克菲爾德的計畫移民和殖民方案。為失業者建立「本土殖民地」的想法是在 1880 年代初期由社會民主聯盟的凱爾‧哈迪（Keir Hardie）和新生活團契的共同創辦人湯姆士‧大衛遜共同提出的，在 1884 年成立的費邊學社是從新生活團契衍生而來。但是霍華德瞭解到，失業的城市工人將不會回歸農業，他們需要的是製造業的工作機會（Beevers, 1988, pp. 25-26）。

　　詹姆士‧席克‧白金漢（James Silk Buckingham, 1786-1855）10 歲出海，在海上擔任船員達 20 年之久，後來在印度改行做記者。他在 1832 到 1837 年間擔任雪菲爾選區的國會議員，後來到美國旅行和演說，撰寫旅遊書籍和評論時政的短文及小冊子。他的《國家之惡與務實的解決方案》（1849）一書提出許多經濟與政治改革主張，其中包括一個模範城鎮的計畫。後來他才明白這本書和克里斯多福‧雷恩（Christopher Wren）的倫敦重建計畫之間，有許多相似之處。

　　面積剛好是一平方英里的模範城鎮，在斜對角線上有寬闊大道連接中心廣場，還有全部以正方形形式排列，由邊緣到中心逐漸變大的住宅。這些住宅之間以開放空間加以區隔，開放空間裡設有食堂、澡堂、學校等公共建築，還有加上拱廊頂蓋的商店、

詹姆士・席克・白金漢的肖像，由畫家 Edwin Dalton Smith 繪於 1837 年。

白金漢設計的模範城鎮平面圖。

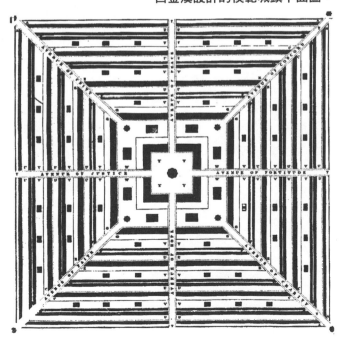

工坊和休閒空間。

　　位於中心的廣場又分為內、外兩區，裡面都是公共建築。外圈有教堂、博物館、美術館、音樂廳、技職大學和圖書館；內圈是一個大合院，有市政廳、郵局和開闊的散步遊憩空間，還有一個大鐘塔。

　　白金漢解釋道：「以同心矩形安排的住宅，將工人階級的住宅放在城鎮邊緣最接近綠地的位置，有利於他們的健康，也靠近工廠，可以節省通勤時間和體力。」再者，「在模範城鎮也禁止設立酒坊、菸館、當鋪、賭場和妓院，一經發現立即查禁，可以想像，各種邪惡在此將無藏身之處（參閱康乃爾大學約翰・雷普斯教授〔Professor John W. Reps〕的網路資料）。

　　霍華德在本章最後以典型的華麗修辭作結。但是他還是建立了他的中心論點：他整合了一些悉心建構和仔細討論的想法，絕非好論者輕浮的胡謅亂想。顯然，霍華德想極力避免得到這樣的評語。

第十二章

後續之路

　　一個人該如何學會了解自己？絕對不是靠反省而已，而是要靠行動。當你採取行動克盡己責的時候，你必須清楚前方的目標為何。但我們的責任是什麼呢？需要時間來證明。

──歌德（Goethe）

　　為了便於討論，請讀者暫時假設我們的田園城市實驗已經順利進行，而且非常成功，那麼接下來就必須考慮到它的重要影響，因為它對於社會改革的啟發，勢必會擴大到整個社會，所以我們必須思考田園城市發展之後的一些影響。

　　當今社會，或是所有時代，人們的最大需求莫過於此：有一個值得奮鬥的目標和可以實現目標的機會；也就是工作和值得工作的目的。一個人是什麼樣的人，或是會變成什麼樣的人，從他的理想就可以看出端倪。個人如此，社會亦然。到目前為止，我努力呈現給國人和世人的目標，再也沒有比眼前這個目的「更加高貴或更為適宜」，人們應該遵照這個典範，為自己和那些目前生活在城市擁擠貧民窟裡的人們，建造以田園加以分區的美麗家園。我們已經見識到如何建立一座這樣的田園城市；現在則是應該想想未來的改革之路，一旦認清方向，而且堅定地邁開步伐，那麼將會帶領整個社會邁向難以想像的崇高境界，儘管過去不乏

有志之士想像著這樣的未來。

　　過去也有一些發明或是發現，讓整個社會突然躍升到一個更高的嶄新境界。利用溪流可以產生巨大的力量，它的力量長久以來就為人所知，但是就是找不出適當的駕馭方式；然而，一旦有人找出讓溪流的力量變得更為強大的方式時，一個長期以來人們想望的美好生活，以及它所造成的改變，可能比原先預期的還大得多。

　　我們成功推出的田園城市實驗，究竟帶來如何明顯的經濟效益呢？那就是：透過創造新的財富形式，我們已經開創出一條通往新型產業制度的康莊大道，屆時會比目前更有效率地利用人類社會和大自然生產力所創造出來的財富，也會以更加公平的方式加以分配。換言之，社會可供分配的財富更多了，而且分配的方式也更加公平。

　　一般來說，工業改革可分為兩大陣營。第一個陣營聚焦在提高生產力的必要性；另一個陣營則是更加關心分配的公平性。前者總是說：「增加國家的財富，所有人都將受益。」後者則是說：「國家財富固然充分，但是可曾公平分配過？」前者擁戴個人主義的信念，後者則是相信社會主義的理想。

　　從個人主義的觀點來看，我要引述 A・J・鮑爾福先生（Mr. A. J. Balfour）於 1894 年 11 月 14 日在桑德蘭（Sunderland）所舉行的保守黨全國大會上所說的話，他說：「那些代表社會的人士彷彿分裂成兩大陣營，在爭論究竟彼此應該各分配多少總產出才算公平，這正是目前社會問題的癥結所在。我們必須這麼想，國家的產出並非一個固定的數額，雇主分多了，工人就少分了；或是工人分多了，雇主就少分了。對於我們國家的工人階級而言，首要問題或根本問題並不在於分配，而是在於生產。」至於社會主義

的觀點，則可以借用下面這段話來加以說明：「提升窮人的份額，卻沒有相對壓縮富人的份額，這顯然是相當荒謬的。」——法蘭克‧費爾曼（Frank Fairman）《簡明社會主義原理》（*Principles of Socialism made plain*）（W. Reeves, 185, Fleet Street, p. 33）。

　　我已經闡述過這個議題，但是希望在此能夠更清楚地指出，這是一個個人主義或是社會主義遲早都會踏上的康莊大道；因為我已經說得非常明白，在田園城市那個小而美的社會裡會比現在更加個人主義——如果個人主義是指人們有更充分、更自由的機會從事各式各樣他們想做的事業，不論是私人企業或是合作事業；另一方面，它也會變得更加社會主義——如果社會主義是指社區福利的生活條件得以確保，而且是藉由市政領域的擴展來彰顯這樣的集體精神。為了達成這兩種吾人渴望的目的，我從各種談論改革的書中抽取相關元素，務實地將它們整合起來。我也已經闡述過如何達成提高生產力的方式，因此沒有必要重複這些呼籲增產的內容；另一方面，其重要性與此不相上下的公平分配問題，我也指出這是輕而易舉且合乎憲法的事情，絲毫不會引起任何難過、怨懟或是痛苦；它毋需革命性的立法；也不會傷害到各種利益。因此，這兩派改革者的願望都能夠達成。簡言之，我已經遵照羅斯貝里勳爵的建議，「從社會主義借用合作和社區生活的基本概念，也保留了個人主義自利和自給自足的概念，藉由這些具體的說明，我想我並不同意班雅明‧奇德先生（Mr. Benjamin Kidd）的基本論點，他在著名的《社會演化》（*Social Evolution*）書中提到：「社會有機體和構成社會的個人之間的利益，在任何時間都是相互牴觸的；永遠無法協調；它們在天生和本質上都是不相容的。」（p. 85）

　　在我看來，社會主義作家都急於利用舊的財富形式，不論是

用購買或是課稅的方式，將業主趕出去。但是他們幾乎沒有想到，更正確的方法是創造新的財富形式，而且是在公平的條件之下創造。但是這樣的概念勢必適度地讓人瞭解到，大部分的財富形式都是短暫性質的；而且再也沒有比經濟學者更清楚瞭解到，除了我們所居住的星球和自然元素之外，幾乎所有的物質財富都是不易持久、容易腐壞的。例如彌爾就在《政治經濟學原理》第一卷第五章中說道：「目前英國財富價值的一大部分，是人們的雙手在過去一年當中所生產出來的，只有一小部分的財富，的確是 10 年之前所累積下來的。英國目前的生產資本當中，鮮少超過農、工製品和少數船舶、機具，即使這一部分的財富在多數情況下，如果沒有雇用人力加以維護，也很難維持。但是土地卻長存久在，而且幾乎是唯一持續存在的財富。」偉大社會主義運動的領導人們，都深諳其中的道理；但是當他們討論到各種改革方案時，這個根本道理就從他們的心裡消散掉了。他們似乎急於抓住現在的財富形式，彷彿它們具有持久和永恆的性質。

　　這些社會主義作家們強烈主張目前存在的大部分「財富」形式根本不是真正財富（wealth）──而是「財腐」（illth），並主張任何社會如果想進一步朝向社會主義的理想邁進時，就必須掃除這些既有的財富形式，另創新的財富形式。當人們記起這些時，他們前後說詞的矛盾，就更加明顯了。如此前後不一的嚴重程度，讓我們看到他們貪得無厭地想要擁有這些不只會快速消失，而且在他們眼中是毫無用處，甚至有害的財富。

　　因此，韓德曼先生於 1893 年 3 月 29 日在民主俱樂部（Democratic Club）的演講中說道：「社會主義者應該釐清和擬定他們的理想目標，並加以實現，讓目前所謂的個人主義瓦解，這是無可避免的事情。而社會主義者該做的第一件事情就是疏散市中心

過度擁擠的都市人口。這些大城市再也沒有辦法雇用大量的農村人口，數量不足和品質不佳的食物、受汙染的空氣，以及其他各種不衛生的問題，讓城市居民的身體健康迅速惡化，不論是生理方面還是心理方面。」的確如此；但是難道韓德曼先生看不出來，當社會主義者試圖掌握現有的財富形式時，他們已經弄錯對象？如果未來發生某些事情時，必須將所有倫敦人口，或是大部分倫敦人口，遷移到其他地方的話，那麼為什麼不趁現在就設法將這些人口移往他處呢？尤其是當倫敦行政當局，以及倫敦改革的問題，早已搖搖欲墜地呈現在世人面前時，此時不做，更待何時？

　　同樣的矛盾問題也在一本頗為暢銷的小書《美好的英格蘭》（*Merrie England*）（Clarion Offices, Fleet St.）書中被提及。作者「南況」（Nunquam）[1]在書的開頭就說道：「我們必須考慮，假設有一個國家及其人民，那麼人民該如何善用國家和他們自己的資源呢？」接下來作者就大力抨擊我們的城市，像是房屋醜陋不堪、街道狹窄、沒有庭院等，並且強調戶外工作的優點。他批評工廠制度，他說「我會派人去種植小麥和水果，還有供人食用的家禽和家畜。我會發展漁業，興建大型的湖泊、池塘和港灣，限制礦業、熔爐、化學廠和工廠的數量，只要足夠供給人民所需即可。我會停止燃煤所造成的煙霧，發展水力和電力。**為了達成這些目的，我會讓所有的土地、磨坊、礦場、工廠、商店、船舶和鐵路，變成人民共有的財產。**」（＊粗體部分為霍華德的強調）也就是說，人們努力不懈希望擁有工廠、磨坊、商店等，如果南況的願望獲得實現，至少有半數的企業需要關閉；至於船舶，如果我們要放棄對外貿易的話，它們將會擱置無用（參閱《美好的

---

1. 【譯注】Nunquam, 拉丁文，「從來沒有」的意思。

英格蘭》第四章）；至於鐵路，在重新分配全國的人口之後，也將廢棄無用。這種無用的奮鬥將會持續多久呢？我想請南況仔細思考，如果一開始先小規模實驗，這樣會不會比較好？讓我引述南況自己的話：「假設有 6,000 英畝的土地，讓我們設法讓它得到最好的利用。」到那個時候，由於已經有的一些經驗，我們會教導自己如何處理更大的區域面積。

請讓我用不同的方式，再次說明這些財富形式的短暫性，然後提出可以引導我們繼續前進的結論。社會，尤其是快速進步的社會，充分展現出當今文明的外顯形式。在過去 60 年間，它的公共建築和私人建築、它的通訊方式、它的工廠設備、它的機具、船塢、人工碼頭，以及戰爭工具與和平手段等，這些東西在過去 60 年間大多已經徹底改變。我相信每 20 人當中，大概只有一個人是住在屋齡 60 年以上的房子裡，每 1,000 個船員當中，只有一個人會駕駛 60 年以上的船隻出海，每 100 個工匠裡面，只有一個人會使用 60 年前的工具，或駕駛 60 年以上的馬車。自從第一條連接伯明罕和倫敦之間的鐵路完成至今已經 60 年，我們的鐵路公司已經擁有 10 億英鎊的資本投資，而我們的供水系統、瓦斯系統、電力照明和汙水系統，都是最近期間的產物。那些在 60 年前製造的東西，雖然有部分在作為紀念、範例和傳家寶方面，具有無比的價值，但是它們大部分都不是我們想拚死以求的財富。其中最好的財富是我們的大學、學校、教會、教堂等，它們應該會教導我們一些不一樣的事情。

任何一個明理的人，他在反省這些無數的進步和發明之後，還會懷疑 60 年之後的進步幅度嗎？有任何一個人會相信這些如雨後春筍般快速出現的財富形式，真的能夠永垂不朽嗎？除了解決勞動問題，以及為數以千計的閒置人力找到工作之外——也就

是我曾經闡述過的正確方案——究竟發明新的動能、新的交通工具、新的供水系統，或是新的人口分布方式，能夠提供多大的可能性？這些事情本身勢必使得許多物質形式變得無用、過時。為什麼我們要喋喋不休地爭論人們曾經生產過的財富，而不試圖瞭解人們究竟可能生產出什麼樣的財富呢？當我們決心這麼做的時候，我們或許會發現一個大好機會，它可以創造出更好的財富形式，同時也會發現，如何在更公平的社會條件之下進行生產。我要再次引述《美好的英格蘭》的內容：「首先我們必須確認，究竟哪些事情對我們的身心健康有益，然後組織人民，以最簡單有效的方式加以生產，這就是我們的目標。」

　　因此，財富形式的性質本來就是短暫易變的。此外，它們在不斷進步的社會狀態中，也容易被不斷興起的新的財富形式所取代。然而，有一種財富形式是最持久不墜的；即使是最神奇的發明也絲毫無法減損其價值與功用，只會使其價值更加彰顯，使其功用更為明確。我們所居住的地球已經存在千百萬年，而人類才剛剛脫離野蠻的狀態。我們當中那些相信大自然背後有著崇高目的的人，無法相信現在地球的發展，極可能已經找到一條加速發展的捷徑。而且，在瞭解其中的一些祕密之後，我們心中會燃起一線希望，人類千辛萬苦終於找到了自己的道路，朝向善用地球無限資源的更好方法。從所有現實的角度來看，大地都可以被視為是永垂不朽的。

　　現在，由於各種形式的財富都必須立基在地球的土地之上，而且必須將其組構部分安置在地表附近（因為地基具有無比的重要性），因此社會改革者必須先思考，地表如何為人類提供最好的服務。然而，我們的社會主義朋友們又忽略了這個重點。他們的專業理想是要讓社會成為土地以及所有生產工具的擁有者；但

是他們太過急於想要同時掌握這兩項重點,所以根本來不及仔細考慮土地問題獨特的重要性,因而錯失了改革的正途。

　　然而,還有一種改革者卻將土地問題無限上綱。對我而言,這也很難說服社會大眾。如果我沒有誤解的話,亨利‧喬治先生曾經在其著名的《進步與貧窮》一書中大聲疾呼,我們的土地法是造成社會經濟問題的根源,我們的地主比土匪和強盜好不到哪裡;國家愈早強制課徵他們的地租愈好。當這件事情達成時,貧窮的問題也就自然迎刃而解。但是試圖將目前社會的糟糕狀況,完全怪罪和處罰單一階級的人,不也是一大錯誤嗎?為什麼地主作為一個階級,會比一般人來得不誠實呢?如果讓一般人有機會成為地主,並且和地主一樣剝奪佃戶財產,那麼他馬上就會如法炮製。如果一般人有可能成為潛在的地主,那麼攻擊地主個人,就像自我控訴一般,而且是以一個特定階級作為代罪羔羊。[2]

　　但是,設法改變我們的土地制度和攻擊那些代表土地制度的人,是截然不同的事情。究竟土地制度該如何改變呢?我的回答是:藉由示範的力量,建立一個較好的土地制度,運用技巧結合各種力量和想法。的確,一般人有可能成為地主,也會隨時準備將土地的增值據為己有,就像現在他們大聲反抗地租的剝削那樣。但是一般人沒有太多機會,甚至不太可能,成為剝削他人土地增值成果的地主。因此,他最好想清楚這樣的做法,是否真的是誠實的上策,是不是有可能逐步建立一個更新、更公平的土地制度,讓他們雖然無法享受剝奪他人創造出來地租價值的特權,但卻可以確保免於遭受目前不斷發生的地租價值剝削。我們已經

---

2. 我希望這樣的批評不會因為我從《進步與貧窮》中獲得許多靈感,而被視為忘恩負義。

闡述過了，在小規模的情況下，這樣的目標是可以達成的；接下來我們要思考這樣的實驗該如何大規模地實現，這是下一章要討論的主題。

評注（十三）

　　約翰‧沃夫岡‧馮‧歌德（Johann Wolfgang von Goethe, 1749-1832）是德國最著名的詩人兼劇作家，著有《少年維特的煩惱》（ *Die Leiden des jungen Werthers, The Sorrows of Young Werther,* 1774）、《在陶里斯的伊菲革涅亞》（ *Iphigenie auf Tauris,* 1789），以及經典之作的《浮士德》（ *Faust* ）上（1808）、下（1832）兩部。霍華德引述的翻譯內容並未注明出處，顯然是很隨興的引述。

　　事實上，霍華德的書被大量翻譯成多國語言，勢必對許多國家產生影響，模仿列區沃斯建造他們自己的田園城市。不幸的是，如同丹尼斯‧哈迪在本書的後記中所言，它們大部分都不是真正的田園城市，而是田園郊區。

　　霍華德在此讓田園城市的理念回歸到相當於鐵路的發明。他清楚感受到，田園城市會像鐵路般徹底改變人們的生活和工作。諷刺的是，他忽略了一些同時存在的其他發明——像是電力、汽車和提供長期低利貸款的永久住宅營造合作社。這些發明讓維多利亞時期的城市得以大規模地郊區化，因此削弱了田園城市的力量。

　　霍華德提到在增加生產力和公平分配兩派之間的辯論，持續爭辯了一個世紀——前者的主張可稱之為「下滲理論」（trickle-down theory）：也就是經濟成長的利益，會雨露均霑到比較弱勢的族群，所以採取抑制成長的政策是不智的，不論這樣的主張看起來是多麼倒退。因此，經濟學家和政治人物爭辯著一個問題：

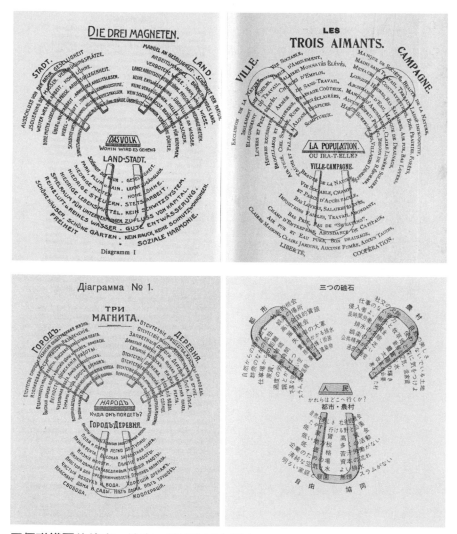

三個磁鐵圖的德文、法文、俄文和日文版本。

普遍的假設是，經濟發展一開始會擴大財富差異，但是隨後會因為大眾教育擴散技術，降低合格工人的經濟「租」，所以會逐漸縮減財富差異。但是這個假設在 1960 年代因為所得差異的擴大而受到動搖，至少 1980 和 1990 年代在英、美是如此。

霍華德似乎在發展一個概念，那就是田園城市的獨特區位會鼓勵新的小型企業，讓財富擴散。這裡隱含一個經濟高度動態的概念——這樣的概念後來由約瑟夫‧熊彼得（Joseph Schumpeter）在他的經濟發展理論中充分發揮，也就是透過「創新人」（new men）引進新的技術和組織創新。在 1898 年時，這絕對是一個嶄新的原創概念，儘管它的萌生可以追溯到馬歇爾的《經濟學原理》。

法蘭克‧費爾曼是假名，如同赫伯特‧史賓塞在 1884 年出版的《個人與國家》（*The Man Versus The State*）中告訴我們：「以法蘭克‧費爾曼作為假名寫作的這位紳士，指責我沒有積極捍衛他在《社會靜力學》中發現的勞動階級……」。

班雅明‧奇德（Benjamin Kidd, 1858-1916）是一名公務員和社會哲學家，在 1894 年出版了《社會的演化》一書。他挑戰達爾文的「適者生存」論點，主張藉由利他政策，社會將可以提升，而非淘汰，它的底層階級。

亨利‧M‧韓德曼於 1842 年出生於倫敦的富有家庭，後來成為一名記者，為《帕拉斯商場公報》（*Pall Mall Gazette*）撰文。他從 1869 年開始周遊世界，並於 1880 年立志從政，但是找不到一個他可以支持的政黨。後來開始對馬克思的理論感興趣，尤其是馬克思對於資本主義的分析。因此韓德曼在 1881 年成立社會民主聯盟（Social Democratic Federation），其成員還包括威廉‧莫里斯、班‧提利特、湯姆‧曼恩，以及馬克思的女兒愛蓮娜

大約在 1909 年時為了吸引產業到列區沃斯設廠所做的文宣。

（Eleanor）。由於政黨內部的衝突，導致威廉‧莫里斯和其他人在 1884 年退黨並成立了社會主義聯盟（Socialist League）。後來進一步的衝突又造成湯姆‧曼恩等人在 1890 年離開，加入獨立勞工黨（Independent Labour Party）。韓德曼接著在 1911 年成立英國社會主義黨（British Socialist Party），但隨後又分裂，他另組一個新的國家社會主義黨（National Socialist Party）。韓德曼於 1921 年去世。

霍華德接著主張田園城市將會創造新的事業和新的財富形式，儘管他並沒有明確指出這些事業和財富形式的性質。霍華德似乎和韓德曼的主張唱反調，他認為不必過於擔心現有企業所代表的舊有經濟秩序。但事實上，他早先就曾經坦承，有一些企業無法被田園城市所吸引，而這些產業可提供勞工移民所需要的工作機會。事實也證明，如何吸引產業前來，的確是列區沃斯的一大難題——為了克服這個問題，他的董事會同儕放棄了定期調漲「稅─租」的規定，而這卻是霍華德整個田園城市計畫的經濟基礎。

「南況」是羅伯特‧布拉特奇福德（Robert Blatchford, 1851-1943）的筆名。他的父親是一名演員，在他兩歲的時候過世。布拉特奇福德在青少年時期逃家從軍。1879 年離開部隊之後，成為一名自由記者。他擔任記者期間有關勞工生活的經驗讓他成為一名社會主義者。他在 1890 年成立曼徹斯特費邊學社，次年推出由自己擔任主編的社會主義報紙《號角報》（The Clarion），該報在英國鄉間由騎著腳踏車、吹著號角的童子軍派送，同時也在村莊綠地擺設攤位。在 1892 至 1893 年間，他在《號角報》以系列專欄的方式撰寫了《美好的英格蘭》，預測英國的農村人口將由獨立的小農戶重新占領。集結成書之後，《美好的英

格蘭》（*Blatchford, 1976, 1893*）在後來幾年狂銷了近百萬冊。這本書和布拉特奇福德在 1898 年出版的《土地的國有化》（*Land Nationalisation*），「強而有力地見證了一個深刻且持久的風潮，那就是土地改革的信條，已經深植在勞工大眾心中」（Douglas, 1976）。

在討論到布拉特奇福德的論點時，霍華德明白地表示，田園城市的發展將依賴新的技術，像是電力，再加上一些舊有的技術，例如水力。事實上，霍華德對於新科技的瞭解，顯然不及同時代的克魯泡特金。霍華德只是提醒我們，在維多利亞時代各種固定資本的創造力非常驚人，而且他預測在下一個世紀裡也會發生同

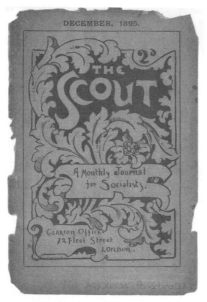

1895 年 12 月由位於倫敦艦隊街（Fleet Street）號角報辦公室所發行的《童子軍》（*The Scout*）封面。

羅伯特・布拉特奇福德肖像。

樣強大的資本積累。但是霍華德卻沒有看見，由於鐵路運輸和電力輸送，造就了從郊區到網路農舍的各種聚落形式，因此並不能保證田園城市將是唯一或無可避免的結果。

在此，霍華德罕見地特別提到包括「新的動能」和「新的交通工具」等新科技——儘管電力和汽車在當時已經存在了一段時間，例如電力已經存在了 20 年，而汽車也出現了 10 年之久。至於「新的供水系統」，他應該是指在書中附錄提及，利用風車將水由低處移到高處——顯然荷蘭早在 17 世紀就已經引進這項技術，用來排除低地的積水，所以它談不上是「新技術」。或許霍華德心中所想的是其他更具革命性的技術，像是人造雲——但是這不無疑問，因為英國的氣候根本不需要這樣的技術。

霍華德顯然預見到大規模的人口重新分布，儘管他未必明確掌握到可能發生的形式。事實上，在 1890 年代倫敦相較於以煤田附近為主的北方工業區，人口的確大幅成長。20 世紀之後，可以清楚地看到英國的人口分布重新回到前工業時期的模式，也就是所謂的「向南遷移」（drift south），先是出現在 1930 年代，後來則是在二次世界大戰之後，持續發生。

霍華德提及「行星地球」（planet earth），具有神奇的現代光環，讓他得以宣稱是環境運動的先驅。

亨利·喬治（Henry George, 1839-1897）幾乎已為當代世人所遺忘，他或許是 19 世紀美國最重要的經濟學家和激進的社會思想家，也是當時的大名人。他出生於費城，15 歲時出海航行。1859 年定居舊金山，從事記者和打字員的工作。1867 年擔任《舊金山時報》（*San Francisco Times*）的執行編輯。5 年之後，參與創辦《舊金山郵報》（*San Francisco Evening Post*）——以每份報紙一分錢的價格銷售，大獲成功。

　　1872 年他在《我們的土地與土地政策》（*Our Land and Land Policy*）書中，主張對土地課徵單一稅。6 年之後自行出版了《進步與貧窮》，甚至自己包辦了大部分的打字工作。該書相當感人，賣出了數十萬本之多，並且被翻譯成多國語言。在書中他主張「在暴富和極貧之間的懸殊差異」，肇因於資本家占據了市場的有利位置，不勞而獲地攫取了工人勞動所提升但未賺得的土地增值。因此，他主張對於這種工人無法賺取的土地利潤課徵「單一稅」（single tax），毋需再課徵其他租稅。

　　喬治在 1880 年移居紐約，並於 1886 年以勞工組織候選人的身分競選紐約市長，但是敗給民主黨的候選人，作弊之說甚囂塵上。1886 年他出版了《保護或是自由貿易》（*Protection or Free*

亨利・喬治的肖像。

Trade），1892 年寫了覆教皇里奧十三世（Pope Leo XIII）的致各教區主教書〈論勞動條件〉（On the Condition of Labour），1892 年又出版了批評赫伯特・史賓塞的《一個錯亂的哲學家》（*A Perplexed Philosopher*）。喬治死後，他的兒子替他出版了他自認為大師之作的作品《政治經濟學的科學》（*The Science of Political Economy*）。

霍華德一定曾經在喬治的巡迴演說中聽過他的演講，可能是 1881 年喬治和 H・M・韓德曼在倫敦的辯論場合上。霍華德對喬治的嚴厲批評，讓我們想起他早先對赫伯特・史賓塞土地國有化言論的駁斥：霍華德希望按部就班，甚至無聲無息地透過自由市場購買當地土地的方式逐步實現——儘管他後來也同意，當有足夠的力量時，是有可能採取以市場價格強制徵收的方式實現。

第十三章

社會城市

人類的本性不比馬鈴薯,如果好幾個世代一直重複在貧乏的土地上生長,將難以發揚光大。我的子孫在不同的地方出生,但只要他們的命運掌控在我手中,我就會讓他們在陌生的土壤中,生根茁壯。

——納撒尼爾‧霍桑(Nathaniel Hawthorne)
《紅字》(*The Scarlet Letter*)

現在引起人們興趣的問題是,我們現在已經獲得民主,但是該拿它來做什麼呢?藉由它的幫助,我們該建立什麼樣的社會呢?放眼倫敦、曼徹斯特、紐約和芝加哥,我們只看到無止境的喧囂和醜陋、錢淹腳目、各種不好的「角落」和「圈圈」、罷工,以及貧富懸殊的住宅,或許我們應該用藝術和文化來建造一個屬於眾人的社會,讓一些崇高的目標主宰人們的生活。

——1891 年 3 月 4 日《每日紀事報》

簡言之,我們現在必須處理的問題是:如何讓田園城市的實驗成果,變成普遍提升英國工業生活的墊腳石。假設最初的實驗成功,那麼勢必需要可以大加推廣的良策與妙方。因此,有必要仔細思考,在推廣過程中可能面臨哪些重大問題?

　　我想，可以用早期鐵路事業的發展模式來思考這個問題。唯
有具備充沛的精力和豐富的想像力，才有助於我們更仔細地看清
楚眼前這個問題的整體特性。最早的鐵路是沒有任何法令權力
的。它們只是小規模的興建，距離很短，只需要一個地主，或是
最多不超過三、五個地主的同意即可，因此這樣的私下協議和安
排，完全毋需動用到國家立法就可以達成。但是當火箭號火車
（Rocket）建造完成，[1]蒸汽火車頭的優勢地位也充分確立之後，
如果火車事業要大步前進，就有必要取得立法授權，否則就不可
能或至少會很困難，在所有地主之間取得公平的安排，因為他們
的土地可能涵蓋好幾英里的範圍。一個刁蠻的地主可能因為他的
土地占據有利的位置而漫天開價，因此掐死了火車事業。所以有
必要以公權力確保得以按照市場價格，或是至少不至於太離譜的
價格，強制徵收土地。一旦做到，鐵路事業就一飛沖天，國會一
年授權通過的鐵路興建資金高達 132,600,000 英鎊。[2]

　　如果國會的權力對於擴展鐵路事業而言是必要的話，那麼，
要讓一個規劃良好的新市鎮得以實現，並且讓人口能夠從舊城市
的貧民窟自然地遷移過去的話，可能也需要類似的公權力。人們
一旦理解到，整件事情就像讓一家人搬離破舊的出租住宅，再搬
進一個舒適的新居那樣容易。那麼，要建造這樣的城鎮，就必須
取得整個區域的大片土地。或許藉由與個別地主的協商，可以零
星地取得一些適合的土地；但是如果整個移民要以大規模的科學

---

1. 【譯注】火箭號是英國工程師羅伯特・史蒂文生（Robert Stephenson, 1803-1859）
　　在 1829 年建造的蒸汽火車頭，在當時是推力最大的先進設計。火箭號火車頭目
　　前陳列於倫敦的科學博物館。
2. 參閱克里福德（Clifford）的《私人託運立法的歷史》（*History of Private Bill Legisla-tion*）緒論（Butterworth, 1885, p. 88）。

方式進行，就必須取得比第一個田園城市實驗所需土地，更大的
區域範圍。因為，就像第一個短程鐵路，那是整個鐵路事業萌生
的根源，必須讓一些人瞭解整個鐵路系統遍布全國的網絡概念。
或許，我所描繪經過妥善規劃的田園城市想法，還沒有讓讀者充
分理解到，緊跟著田園城市之後隨之而來的必然發展——群集城
市（town clusters）的規劃與興建：群集城市之中的每一個城鎮，
或許會和其他城鎮有些許差異：而所有城鎮加在一起，又構成一
個更大的計畫——由特別設計的鐵路和水路所連接而成的完整系
統。而且必須在這些城鎮建造之前，就仔細想好整個計畫，就像
一個設計良好的房子，必須先想好樓梯和走廊的位置。

　　在此讓我獻上一個示意圖——圖（七），[3] 它代表一系列的
城市聚集。但是請讀者留意，該圖並非用來嚴格執行的實際設計
圖，只是用來闡述相關理念的示意圖；因為任何一個妥善規劃的
田園城市，或是一群妥善規劃的群集城市，都必須仔細考量它們
和基地之間的實際關係。儘管現在的工程科學和技術日新月異，
天然障礙所構成的限制已經愈來愈小，而且有愈來愈多的能人跳
出來掌控事物，讓大自然及其力量為人類服務。有了這些理解，
我在此所繪製的草圖，就有助於呈現接下來應該遵循的一些基本
原則。

　　從圖中可以看出，一個充分規劃的田園城市將會導向一群仔
細規劃的群集城市。它的設計讓一個人口相對稀少的城市居民，
可以藉由妥善安排的鐵路、水路和道路系統，運用這些迅速、方

---

3. 本圖在許多方面都很像我在《帕林吉尼西亞，或是地球的新生》（*Palingenesia, or the Earth's New Birth, Hay, Nisbet & Co., Glasgow*, 1894）書中所看到的插圖，但是在我繪製完成之後才注意到的。

便和便宜的交通設施，和區域內廣大的人口來往。所以，原本在大城市才有的群居生活優點，在此也可輕易獲得；而且，生活在這個美麗城市裡的每一個市民，都可以居住在空氣純淨的地區，只要幾分鐘的步程，就可以到達鄉村。

在圖中，整個社會城市的涵蓋區域為 66,000 英畝（比倫敦郡政府的區域範圍稍微小一點點），人口 25 萬——其中較小的自治市，面積大約是 9,000 英畝，人口 32,000 人；而位居區域中央的中心城市面積 12,000 英畝，人口 58,000 人。

水路系統以藍色的線條表示（編注：因尋得之彩圖褪色，請參考圖中文字標示），可以參閱圖（六）和附錄章節有關供水系統的討論，讀者將瞭解到，這個水路系統會自然而然地融入一個更大的供水系統。它將田園城市裡經常會上升到滿水位的溪流中所儲存的水，定期排放到葛雷德史東（Gladstone）等地，藉由水位高低落差產生動力，就像羅里斯威爾（Rurisville）從費城流來的水而獲得利益那樣。

快速鐵路運輸是居住在美麗的田園城市，以及社會城市區域裡的更大優點。從圖中可以清楚看到這個鐵路系統的主要特色。首先，位於最遠圓周距離只有 20 英里的外圍城市之間，有區間鐵路相連。所以從任何一個城市到達區域內的另外一個城市，最遠不會超過 10 英里的路程，大約 12 分鐘的鐵路車程即可到達。這些區間車將不停靠城市中間路過的地點，這些地方將由行駛在大馬路上的電車系統加以連結，社會城市區域裡將有許多這樣的電車行駛——每一座田園城市之間，只有直達的區間快車加以連結。

另外還有一個鐵路系統，連接每一座田園城市和位於區域中央的中心城市。從任何一座田園城市到達中心城市的市區，只有

3.25 英里的距離，大約只需要 5 分鐘的車程。

　　那些曾經體驗過，從倫敦某個郊區要到另外一個郊區交通之苦的人，只要稍微看一下這個圖，就會立即明白社會城市的諸多優點，因為它有一個完整的鐵路系統來滿足人們的交通需求，而不是一堆鐵路的混亂狀態。當然，倫敦的交通困境，亟需前瞻遠見和預作安排來加以解決。關於這一點，我想借用土木工程協會理事長班雅明・貝克爵士（Sir Benjamin Baker）於 1895 年 11 月 12 日在會員大會上的演說內容來做說明，他說：

　　倫敦人經常抱怨，大都會需要在鐵路和車站各方面做有系統的安排，否則倫敦人就得搭乘出租車往返於各大鐵路之間。我很確定，這個問題之所以存在，主要是因為 1836 年時，羅伯特・皮爾爵士（Sir Robert Peel）在下議院所提出的一項動議案，他提議所有尋求在倫敦設立終點站的鐵路法案，都必須先送交特別委員會審查，那麼在法案送交國會表決之前，這些各家方案之間就有可能產生一個完整的計畫，因此市區珍貴的土地，也就不必為一些彼此對立的細瑣方案，做出不必要的犧牲。但是，羅伯特・皮爾爵士反對該項動議案中有關政府的部分，他認為：「在國會表決通過鐵路計畫的原則和安排之前，應該先確立這項計畫是有利可圖的，否則不應該動工興建。」這些法案有一個公認的原則，那就是某項鐵路案的計畫在法案通過之前，必須證明它將足以維持永續利用的狀態，而地主將有權期待和要求國會提供這樣的保證。在這種情況之下，由於倫敦大都會缺乏一個中央車站，造成無法估算的傷害。事實也證明，以為通過一項法案就能保障一條鐵路的財務遠景，是多麼錯誤的假設。

　　但是英國的人民將永遠承受缺乏鐵路發展遠景夢想之苦嗎？當然不會。事情的自然發展是，第一個鐵路網絡幾乎不可能遵照真正的規劃原則加以建造；但是看看當前我們在快速交通上面所獲得的長足進步，現在正是充分利用這些進步手段的大好良機。如同我在圖中清楚地顯示，我們應該依照這樣的計畫興建田園城市。就便利的交通而言，到時候我們反而會比位於擁擠的城市裡面，更接近彼此，同時，我們也將生活在最健康和最有利的生活條件之下。

　　有一些朋友建議，這樣的社會城市非常適合新興的國家，但是對於一個已經建造許多城市，而且大部分地區都有它的鐵路「系統」和運河「系統」的世居國家，事情就截然不同。換言之，這樣的說法顯然是主張英國當前的財富形式是永恆不變的，而且它會永遠阻礙引進比現在更好的財富形式；那些擁擠、通風不良、缺乏規劃、難以動彈、不健康的城市——就像一個美麗面龐上面的膿瘡一樣——將橫梗阻礙我們引進具有開放空間和良好通風的城市，在那裡，現代的科學方法和社會改革的目標才得以充分施展。至少，目前的狀況不會長久維持。它或許可以阻擋一陣子，卻無法遏止進步的潮流。這些擁擠的城市該是退位的時候了；它們是自私自利的社會產物，它們的性質已經完全無法適應新的社會，在那裡，人類的社會本性需要獲得更大的承認——也就是人們對自己的愛，會導致對於他人的更大尊重。今日的大城市難以適應未來友愛精神的充分表達，就像過去將地球視為宇宙中心的天文學說，早已無法適應學校的課程需求了。每一個世代都應該建立符合他們需求的城市；因為我們的祖先居住在這樣的環境之下，所以我們也應該這樣住下去的說法，顯然已經不合時宜。就像科學昌明之後，我們還主張應該珍惜過去的迷信，那般

荒謬。因此，懇請讀者不要將過去人們曾經引以為傲的大城市，視為永恆不變的真理，就像過去的驛馬車系統在鐵路即將取而代之之前，還受到大加讚揚一般。[4] 我們需要面對，而且是勇敢面對的簡單問題是：在一個相對沒有開發的土地上，展開一項大膽的計畫，是否比讓現有的舊城市適應更新、更高的需求，來得更好？只要誠實面對，這個問題就只有一個答案；只要明確掌握這個再簡單不過的事實，社會革命將會加速展開。

英國有許多土地，我所描繪的群集城市可以在相對減少干預既得利益的情況下興建。因此，除了少數人需要加以補償之外，絕大多數人顯然都會欣然同意。當第一個田園城市實驗成功地推出之後，就不難獲得國會同意賦予購買土地的權力，也就可以逐步地展開必要的建設工作。各地的郡政府現在都希望獲得更大的決策權力，擔子愈來愈重的國會，也樂於釋放一些權力給地方政府。讓這些權力可以更自由的施展，讓地方政府被賦予更多自我管理的決策措施，那麼社會城市的示意圖所描繪的景象──由於結合了許多想法，會形成一個遠比現在的想法更好的計畫──將可以輕易達成。

或許有人會說，「你這樣不就是公開承認，會對英國的既得利益產生巨大的危害嗎？因為你的計畫會間接威脅到他們，讓他們與你為敵，因此立法通過的機會也就相當渺茫了。」我想不會，有三個理由可加以說明。首先，這些被認為會結合成反動勢力的既得利益者，在現有事件和現實情況下，只會分化為敵對的陣營。其次，由於地主們非常不願意惹是生非，譬如某些社會主

---

4. 例如，請參閱華爾特‧史考特爵士（Sir Walter Scott）的小說《中洛錫安之心》（*The Heart of Midlothian*）開頭的章節。

義者就不斷找他們的麻煩,所以他們寧可對合乎邏輯的事情讓步,以顯示自己毫無疑問的是和社會的改革進步,與時俱進。第三,由於最大、最主要和最有影響力的既得利益者——我是指那些憑自己勞力或腦力工作賺錢維生的既得利益者——當他們瞭解改變的本質之後,自然會加以支持。

　　接下來請讓我逐一說明這些問題。首先,我說過土地的既得利益者將分裂為彼此敵對的陣營。這種涇渭分明的情況過去曾經發生過。例如,在鐵路立法的初期階段,運河和驛馬車的既得利益者警覺到鐵路的威脅,就用盡所有的力量加以阻撓。但是其他的既得利益者對這些反對的聲音,則輕描淡寫地帶過。這些不同的既得利益者包括尋求投資的資本家和希望出售土地的地主們(第三種既得利益者——也就是尋求工作機會的勞工——當時幾乎沒有任何反對的聲音)。時至今日,像田園城市這樣可以輕易獲得成功的實驗,會對這些既得利益者產生極大的誘因,將他們分裂成好幾股力量,讓目前的立法朝向新的方向發展。為什麼田園城市的實驗足以證明它的強大威力呢?因為同樣的例子已經不勝枚舉。事實證明,在沒有開發的荒地上面(它必須是以正當手段取得的土地),會比已經具有高市場價值的土地,更容易獲得所需的健康和經濟條件;它也證明了這將會打開移民的大門,讓住在過度擁擠城市中,飽受高昂地租之苦的人民,現在可以用非常低廉的代價,回歸土地。這時候會出現兩種傾向。第一種傾向是都市土地的價格會開始下滑;另一個較不明顯的傾向則是農業土地的價格開始上漲。[5] 擁有農業土地的地主,至少那些願意出售土地的地主——其中有許多人甚至已經迫不及待——將展開雙

---

5. 主要的原因是農業土地相較於都市土地,它的數量實在太大。

臂歡迎田園城市的實驗擴大，因為它承諾重新將英國的農業帶到繁榮的景況；擁有都市土地的地主，在他們目前的自私心態之下，自然是恐懼萬分。因此，整個英國的地主會被分裂成兩大陣營，而土地改革的道路——它也是其他社會改革必須倚賴的基礎——將會相對容易。

　　資本也會被同樣的方式分裂為兩大陣營。資本的既得利益——也就是投資在當今社會認為屬於舊秩序的事業上的資本——會警覺到他們的價值會大幅滑落。而另一方面，尋求投資機會的資本，則會對於他們迫切需要的資金出路大表歡迎。對此表示反對的資本既得利益，還會因為其他考量而進一步削弱其力量。現有資本形式的持有者——即使必須做出犧牲——必然會出售部分過去自豪的股份，改投資在像是市有土地之類的新興事業，因為他們不希望「將所有的雞蛋都放在同一個籃子裡」；因此，這些具有負面影響力的資本既得利益就會自我抵銷。

　　但是我相信，土地的既得利益將會因為其他方式而受到更大的影響。有錢人，當他個人被攻擊和指責是社會的敵人時，他不會立即接受那些指責他的人所相信的事情。而且，當國家以強迫課稅的方式來驅逐他的時候，他會傾向採取任何合法或是非法的手段，來對抗這些計畫——而且往往還有一些成效。但是普通的有錢人，就不再是一群明顯有別於一般窮人的自私鬼。因為，如果他看到自己的房地產貶值，不是因為受到武力脅迫，而是生活在其上的人們已經學會為自己建造更好的房子，持有更具優勢的土地，讓他們的子女生活在更好的環境裡，那麼他必然會反身自省，甚至在更適當的時機時，歡迎這樣的改變，雖然這可能會讓他遭受比課稅打擊更大的金錢損失。因為每個人多少都有一些改革的本能；每個人也多少會考慮到其他人；當這些自然的情感和

他的金錢利益背道而馳的時候，結果是，對於這些人而言，反對
的心無可避免的會有某個程度的軟化。在其他人的情況下，它會
完全被一種希望國家變得更好的強烈欲望所取代，即使會因此損
失許多珍貴的財產。因此，原先不會對此有所讓步的人，可能因
為內心的衝動，而已經準備有所付出。

　　現在讓我花一點時間來處理這個最為龐大、最有價值和最持
久的既得利益團體——也就是具有技術、勞力、衝勁、才能和勤
奮的既得利益者。他們會受到什麼樣的影響呢？我的回答是：會
將土地和資本的既得利益者分裂為兩股敵對陣營的力量，將會調
和與團結那些靠工作維生的人，而且會引導他們和農地地主及尋
求投資的資本家團結起來，強烈要求國家必須立即開放重建社會
的機會。而且，當國家反應遲鈍時，他們會採取和田園城市實驗
所採取的類似做法，運用自願的集體力量來推動必要的改革，儘
管依據經驗加以調整是有必要的。像我在示意圖中所提出的興建
社會城市主張，將會啟發所有具有熱誠的工人，把所有具有高度
才能的人團結起來，包括各種工程師、建築師、藝術家、醫護人
員、衛生專家、景觀園藝家、農業專家、調查人員、營造業者、
製造業者、商人、銀行家、工會組織者、合作社組織，以及最單
純的勞工，還有介於其中的各類人士。它的確是一項可能會嚇壞
某些朋友的龐大工程。事實上，這正代表了它對社區價值的最佳
衡量，因為這項工程必須具有崇高的精神和遠大的目標，才可能
完成。如同我曾經多次主張的各項建設，這是目前最迫切需要的
事情。自從有文明以來，我們的社會還未曾開創過這樣的就業領
域，它需要在當前社會的外部紋理之上，運用我們在過去幾個世
紀所學到的所有知識和技術，重新建造一個全新的社會。19 世紀
前期呈現在世人面前的是，在全英國建造鐵路的「龐大秩序」（a

large order），它將所有城鎮和都市整合在一個巨大的網絡裡面。
相較於下列事項，例如為城市的貧民窟建造新的家園城鎮；為擁
擠的合院栽植美麗的花園；為氾濫的山谷建造宛延的水路；建造
一個科學的交通系統來取代混亂；為那些我們認為應該被淘汰的
自私自利土地制度建立一個更公平的辦法；為老人設立慷慨的年
金；為人們驅趕心中的絕望並喚起希望，讓憤怒的聲音消失，喚
醒公益與愛心的柔軟音符；將和平與建設交到強而有力的手中，
讓戰爭與破壞銷聲匿跡等等，龐大且具有相當影響力的鐵路事
業，只觸及人民生活的一小部分。上述各項工作可以團結大量工
人，善用他們的力量，但是目前對於這股力量的浪費，正是造成
貧窮、疾病和痛苦的原因。

評注（十四）

納撒尼爾·霍桑（Nathaniel Hawthorne, 1804-1864）出生於美國麻州的賽勒姆鎮（Salem）。他立志要成為作家，1828 年自費匿名出版了《范肖傳奇》（*Fanshawe: A Tale*），並在往後的 10 年裡寫了許多短篇小說。他在 1838 年和蘇菲亞·皮芭蒂（Sophia Peabody）訂婚，經由未婚妻的引介，參與了由雷夫·瓦爾杜·愛默生（Ralph Waldo Emerson）所領導的先驗主義運動（Transcendentalist movement）。在 1842 年間，霍桑曾經在布魯克農場的烏托邦社區（Brook Farm Utopian Community）居住了 7 個月，但不久之後就醒悟了。他和妻子在 1842 年結婚，婚後定居在麻州的康科特（Concord），以便就近和愛默生及其他作家來往。霍桑在 1850 年出版《紅字》，據說是美國第一本心理學小說。故事的背景設定在 1600 年代的波士頓殖民地，主人翁海斯特·白蘭（Hester Prynne）因為犯了通姦罪，被懲罰在胸前佩帶紅色的 A 字。霍桑在 1853 年被美國總統皮爾斯（President Pierce）任命為駐利物浦的美國領事，他在那兒居住了 4 年。

再一次地，霍華德顯然是將田園城市視為一種新發明：一旦它的用處為人們所知，大家就會爭相採用。但是，如同霍華德自己所承認的，這樣會帶來麻煩：一開始或許可以用臺面下的方式，購買未來作為田園城市之用的土地，但是後來就不可能這麼做了，因為地主已經知道發生了什麼事情。

本章是霍華德書中最引人入勝的章節之一。儘管他並不信任

國家，但是在此他認為某種立法是必要的。如同在建造鐵路的時候，必須以現在的土地使用價值強制徵收土地。

在此，霍華德引進他著名的「擺脫貧窮與煙霧的社會城市」（Group of Slumless Smokeless Cities）示意圖，該圖在 1902 年及後來的版本中都被刪除（以阿德萊德的計畫圖代替），但是該圖的理念卻不斷反映在近年來一系列的規劃文獻上面。當我們要紀念霍華德的《明日田園城市》出版百年之際，也有必要指出當前的住宅與規劃課題（Hall and Ward, 1998）。我們發現專家們一致同意，田園城市是最節省能源和最永續的新式聚落形式。在英國有邁可・布罕尼（Michael Breheny）與雷夫・洛克伍德（Ralph Rookwood）和蘇珊・歐文斯（Susan Owens）等人的著作可以佐證（Breheny and Rookwood, 1993; Owens, 1986），在美國的脈絡之下，則有彼得・卡爾索普（Peter Calthorpe）等人的見證（Calthorpe, 1993; Calthorpe and Fulton, 2001）。

基本上，人們的共識是圍繞在霍華德社會城市的線性形式上面，沿著大眾運輸的路線聚集了一些相對小型的步行社區（人口大約是 20,000 至 30,000 人），再以交通廊道通往人口大約是 200,000 至 250,000 人的較大中心城市（如同霍華德所建議的），這些中心城市也可以由既有的城鎮擴張而來。

在二次世界大戰之後，某種類似社會城市的聚落型態終於在英國赫福德郡成形：霍華德原本的兩座田園城市（列區沃斯和威靈），加上戰後興建的新市鎮哈特菲爾德（Hatfield）和史蒂芬尼區，還有既有的城鎮希特金（Hitchin）和紐布沃斯（Knebworth）村莊，形成沿著東北海岸線鐵路和 A1(M)（高速）公路展開的社會城市。它的型態可以從倫敦希斯羅機場（Heathrow）飛往阿姆斯特丹的飛機上，清楚地看出來。

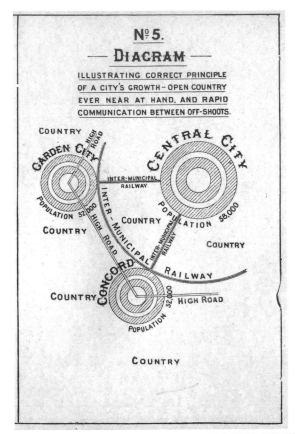

在 1902 年的版本中，霍華德將社會城市的示意圖換成這幅比較含蓄的圖，
它是根據萊特上校為阿德萊德及其衛星城市北阿德萊德所做的計畫繪製
而成。

　　霍華德指出他的社會城市概念和格拉斯哥的海伊・尼斯貝
特（Hay Nisbet & Co.）出版社在 1894 年所出版的《帕林吉尼西
亞，或是地球的新生》（*Palingenesia, or the Earth's New Birth*）一書，
理念相似。作者吉迪恩・賈斯博・奧斯里（Gideon Jasper Ouseley,

1835-1906）是一名愛爾蘭裔的英國牧師。他在都柏林接受教育，並於 1861 年被任命為英國國教的牧師。但是在 1870 年，他「接受基督及其門徒的教誨，自願放棄葷食、吸菸、飲酒等與人道和真正基督信仰不一致的事物」，被任命為天主教使徒教會（Catholic Apostolic Church）的神父。卻在 1894 年因為「反基督的觀點」而被停職。奧斯里於 1881 年創立了贖罪團結秩序聖堂社團（The Order of At-one-ment and United Templars Society），社團的格言是「一上帝一宗教，諸名與諸形」，目標在於協調折衷不同的想法、不同的事情、不同的人和不同的制度。它一直都沒有太多的信徒，不久之後就解散消失了。

　　奧斯里最著名的就是依據阿拉姆語（Aramaic）的版本翻譯了《12 聖徒福音書》（*The Gospel of the Holy Twelve*），據他說，這個版本的聖經比西元 325 年在尼西亞大公會議（the Nicene Council）修改制定的新約聖經版本年代更早（也比保羅信徒的版本早）。奧斯里宣稱，書中記載了已經失傳的有關耶穌教導素食、轉世和上帝的女性面向等內容，他也指控早期基督教神父刻意竄改這些內容是有罪的；並呼籲人們回歸原始的基督信仰，過著素食和禁絕菸酒的生活。這本書最早是以系列的方式在《林賽與林肯郡星報》（*Lindsey & Lincolnshire Star*）中連載，到 1901 年才集結成書出版。然而，在 1894 年奧斯里出版了具有象徵意義的《帕林吉尼西亞，或是地球的新生》，書中包括了〈完美生活的福音片段〉（Fragments from the Gospel of the perfect Life），據他說那是「在睡夢中看到的美麗景象」。在該書的序言中，奧斯里自稱為「女預言家」（The Seeress）；據說這本書是由聖公堂主教西爾索佛（Theosopho）和至聖所的女預言家愛羅拉（Ellora）合著的。

　　霍華德對於供水系統的看法在附錄中有更詳細的闡述，他建

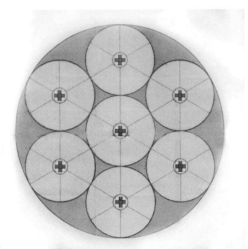

奧斯里對於七城系統（Heptapolis）的計畫圖。它共有七個教會，圍繞它們的郊區或是鄉村具有運河、道路等，可連接附近其他的七城系統，引自《帕林吉尼西亞，或是地球的新生》（1894）；如同霍華德所說的，它和社會城市極其相似。

議水資源應該循環使用，但是並沒有明確地說出來。在任何情況下，運河都是兼作送水和交通運輸之用——目前有人主張應該活化運河的交通運輸，用來運送沉重但不急迫的貨物，霍華德顯然有先見之明。

　　雷·湯姆士在為 1985 年再版的《明日的田園城市》寫序時，指出書中另外一個有趣的重點，也就是個人的移動性（personal mobility）。他認為霍華德的理念放到今日，可能比當時更加貼切：

　　　　霍華德預見個人移動的主要方式將是步行和有軌運輸。隨
　　　　著道路交通的成長……霍華德的遠見在好幾十年間都被視為
　　　　是時代錯亂的……。

在 1970 年代之前，政府對於汽車擁有率成長的因應之道，就是改善道路。但是 1973 年的石油危機，成為人們開始思考個人交通的轉捩點。顯然道路的改善會帶來更多的交通，卻未必能夠改善塞車的問題。人們終於理解到，汽車交通的成長，有可能使社會更加分裂，因為只有部分人口能夠享受個人化的交通工具——有駕駛執照的成人只占總人口數的 40%。人們理解到道路的改善經常使得問題更加惡化，因為它讓步行和大眾運輸的可及性變得更加困難（Thomas in Howard, 1985, p. xxv）。

如同雷・湯姆士的結論所言，私人汽車的實現所創造的問題，和它所解決的問題一樣多，「這讓霍華德用來設計社會城市的想法，重回舞臺。」電車在 1950 年代從英國城市的街道上消失，到了 20 世紀末期才在曼徹斯特、雪菲爾和克羅伊登（Croydon）等城市，重新出現。來自一些城市的報導顯示，便於使用的現代電車，說服了許多城市通勤者將汽車留在家裡。無論如何，霍華德的計畫和多核心的荷蘭都會區運輸系統，有著不可思議的相似度。荷蘭城市的當地交通主要是由品質極佳的電車提供服務（它比其他交通工具具有優先權），城市之間的交通則是由班次頻繁的火車以每小時 90 英里的速度加以連結——這和霍華德設定的社會城市鐵路系統速度相同——它們在中心城市的車站，有非常好的轉乘系統。

霍華德在此重新導入現在世人熟知的田園城市與鐵路發展的類比，二者都被他視為具有深遠影響的「發明」。諷刺的是，當他寫作本書之時，英國維多利亞時代最後一條主要的鐵路，以倫敦馬里波恩（Marylebone）作為終點站的大中部鐵路（the Great

Central Railway）正在興建，第二年才會通車。除了 1906 至 1910
年間修築了連接它與佩丁頓（Paddington）車站之間的支線鐵路
之外，這條鐵路正好是英國鐵路時代的終結。連接英法的海底隧
道鐵路（Channel Tunnel Rail Link）的第一階段工程在列區沃斯興
建百年之後的 2003 年開通，或許代表了第二個火車時代的來臨。

　　無論如何，霍華德應該已經看到另外一波的重大發明和投
資，而且那將不利於他的理想目標。首先是連接西堤和南倫敦的
地鐵（the City and South London Railway），也是世界上第一條
深層的地鐵路線，在 1890 年開通；接著連接滑鐵盧和西堤的地
鐵（the Waterloo and City Railway）在本書出版的 1898 年開通；
而工程更為浩大的中倫敦地鐵（the Central London Railway）則是
1900 年開通。原本集中在倫敦西堤區的地鐵，最後向外延伸到地
面上，對於倫敦中央辦公區的集中和郊區住宅的擴散，有很大的
助力。這是霍華德的支持者，極力反對卻難以遏止的發展。

　　然而，更大的影響卻是來自汽車，霍華德對此卻保持緘默。
但是即使到 1904 年，當時英國首次統計全國汽車登記的數量，
全英只有 8,500 輛的汽車（Plowden, 1971, p. 60）。當霍華德寫作
本書時，紅旗法案（Red Flag Act）才剛剛廢除，[1] 在英國道路上
行駛的汽車數量之少，根本微不足道。因此，霍華德忽略了汽車
對未來的重大影響，或許還情有可原——儘管如此，H‧G‧威
爾斯卻早在 1902 年時就準確預測到高速公路的到來，以及它對
郊區人口在全英國擴散開來的重大影響（Wells, 1902）。

　　霍華德的論述——也就是現有城市的投資者會面臨一群和他

1.【譯注】1865 年英國國會所通過的管制機動車輛道路安全的法案，包括在車頭
　　懸掛紅旗示警，故稱為紅旗法案。

中倫敦地鐵，倫敦第三條深層地鐵線，1900 年開通，連接河岸（Bank）
和薛波德林地（Shepherd's Bush）之間。第一次世界大戰之後，地鐵的
擴張讓倫敦的郊區快速成長。

們一樣有力的團體，急於投資在新的都市發展上面——原則上無
疑是正確的，正如同 20 世紀歷史所證明的。問題是，技術上和
組織上的主要力量——包括電氣火車和汽車，以及低廉的住宅貸
款——卻攜手讓現有城市擴張，而非朝向新市鎮發展。或許，如
果有比 1909 年的第一個都市計畫法更大的權力，事情會截然不
同。但即使當激進的工黨政府在 1946 年和 1947 年分別推動由政
府融資的新市鎮，以及有效的土地利用計畫，新市鎮最終還是只
滿足了快速成長人口當中的一小部分住宅需求。住宅市場或許曾
經被導向田園城市的興建，但是它更需要比任何一個 20 世紀英

國政府更強而有力的政府干預。

　　霍華德仰賴市場力量來降低現有城市的土地價值，並提升新建田園城市的土地價值。這種情況的確在隨之而來的 20 世紀發生，新的交通設施為早先遠離城市就業與服務的偏遠地區帶來可及性——但弔詭的是，這樣的發展同時也促使市中心的商業土地價值上升。在 21 世紀初期，這樣的弔詭還擴大到其他的英國省城：雖然土地市場在市中心持續旺盛，包括商業發展和住宅發展，但是城市周邊的外圍土地價值，卻遭崩潰棄市。對此，霍華德的預言可謂一語成讖——但是新一代的都市主義者認為，這種說法並非解決問題，而是製造問題。

　　霍華德的利他主義訴求，或許反映出他的美國經驗，在那兒慈善捐贈的傳統向來比英國強得多——特別是那些非常有錢和最成功的人士，從安德魯・卡內基（Andrew Carnegie）到比爾・蓋茲（Bill Gates），都樂善好施。

　　這是霍華德最具遠見的幾段話之一，儘管它的修辭意味濃厚。在此霍華德清楚地揭示他的計畫全面且激進的本質——在某個層次上，田園城市的興建，代表用來紓解失業問題的巨大公共工程，雖然它是透過一系列地方提案，而非仰賴國家計畫；但是在另一個層次上，它創造了一個鬆散的地方福利國家網絡，終結了維多利亞時期殘酷的貧窮法，為單親母親和子女提供較好的照顧，甚至還激發了全球性對抗窮兵黷武的和平運動——這無疑是受到南非日益惡化的殖民危機，所啟發的靈感。

第十四章

倫敦的未來

　　從締造英格蘭成為一個偉大軍事帝國強權的觀點來看，過去的王公貴族是偉大的：民主黨人和維新黨人讓英格蘭成為一個偉大的商業帝國，但我們主張，就大英國協的真正幸福而言，這並非真正的偉大。過去的偉大是指少數人之間的掠奪瓜分，並給予他們所有彰顯帝國的特權地位。帝國意味著戰爭、危機和落在勤奮大兵湯米・阿特金（Tommy Atkins）身上的負擔。我希望統治階級能讓外國政府臣服的所有能量，能夠導向行政、產業和讓我們子民幸福的事情上面，那才是真正的雄才大略，而非英雄主義。

——約翰・伯恩斯（John Burns）《遊手好閒之徒》

（*The Idler*），1893 年 1 月，頁 678

　　當新的田園城市和社會城市地區，為當今過度擁擠的城市提供大量就業之後，我們現在可以思考看看，它所產生的驚人效果，也希望讀者內心的一些疑慮，獲得釐清。成群的新市鎮在英國一些幾乎被人遺棄的土地上誕生；以當今世上最先進的科學發展而成的新式交通被建構起來；新的流通方式藉由降低鐵路費率和利潤拉近了生產者和消費者的關係，生產者得到的商品價格提升了，消費者付出的商品價格卻下降了；人們的生活空間裡設置了公園、花園、果園和樹林，可以就近享受這些設施；那些長久

生活在貧民窟的人們蓋起了屬於自己的房子，失業的工人有了工作；沒有土地的人們獲得土地，長期被壓抑的能量終於獲得施展的機會。當個人的能力適度地被喚醒之後，新的自由和喜悅之感，洋溢在眾人心中。他們發現這樣的社會生活，同時容許充分協調的行動和最大的個人自由，也就是人們長期追尋在秩序和自由之間──或是社會福祉和個人福祉之間──的協商之道。

　　它對我們過度擁擠的城市所產生的效果，經由對照，一眼就可以看出現有城市的老態龍鍾和憊憊無力，因此，也將對其特色產生深遠影響。為了仔細研究，就讓我們聚焦在倫敦上面。它是英國最大也最難駕馭的城市，所以也就最容易展現出這些影響的程度。

　　在本書開頭我就提到一個當今社會普遍的看法，大家一致認為鄉村地區的人口減少和大城市人口的過度擁擠，是一個亟需解決的問題。然而，我並沒有提到一個令人吃驚的事實，那就是，雖然每個人都建議應該立刻找尋解決之道，但是幾乎沒有人相信可以找出真正的解決之道。政治家和改革者的精細計算，依然依循著相同的假設前提，不只大城市的人口從未減少，而且城市人口持續成長的趨勢，在可預見的未來也毫無減緩的跡象。[1] 但是我們現在不再認為無法找出解決之道，而是有可能藉由極大的熱誠或是徹底執行，獲得實現。因此，或許我們也不意外聽到前任倫敦郡政府主席（羅斯貝里勳爵）宣稱，這個巨大城市的成長就像腫瘤的擴大一般──很少人會否認這個比喻的正確性──但是依然有部分都市專家，不相信用來改革倫敦的精力，應該放在減

---

1. 這樣的假設幾乎不用舉例說明，但是我想到一個例子，那就是倫敦會持續成長的假設，正是 1893 年皇家都會供水委員會調查報告的前提。

少倫敦人口上面，他們一味地主張以市府名義擴大建設的政策。如果我們真的找到這個大家遍尋不著的解決方案，他們所付出的代價，未免也太高了。

　　讓我們假設（如果讀者還有疑慮，就先把這當作一個假說）本書所推動的解決方案是有效的；新的田園城市將在全國各地自治市所在之處設立——這些市營事業的「稅—租」豐沛，足以形成一個公共建設的基金，運用現代工程的最佳技術和開明改革者的最佳構想，來進行市政建設，讓這些城鎮變得更健康、更有活力、更乾淨、更公平和更繁榮。接著自然就必須仔細考量這樣的發展，對於倫敦在人口數量、土地價值、市政負債、市政資產、勞動市場、人民住宅、開放空間，以及社會主義和市政改革者目前最關心的一些重大建設等各方面，究竟產生什麼樣的影響？

　　首先，請注意，倫敦的土地價值會大幅滑落！它在英格蘭 58,000 平方英里的土地中僅占 121 平方英里，但它強大的吸引力就像八爪章魚般吸引了全國五分之一的人口。只要倫敦在土地上的壟斷價格繼續存在，人與人之間的強烈競爭就會持續下去，只為了在倫敦的狹小土地上占有一席之地。這時候，田園城市的興起會讓倫敦的吸引力逐漸消磁，人們相信移民到其他地方可以改善他們的生活條件，那麼壟斷的價值還繼續存在嗎？它的魔咒已被打破，巨大的泡影也隨之幻滅。

　　但是倫敦人的生活和收入，也不會全部押在土地所有者的手中，他們每年在地租上所產生的 16,000,000 英鎊收益，代表著倫敦現在的土地價值，而且這個價值會逐年增加；然而，倫敦人也質押了 40,000,000 英鎊在市政府的負債上面。

　　請注意，市政負債和一般個人負債有一個重大的差別，那就是人民可以藉由移民來逃避償還的責任。當他搬離某個轄區範

圍，事實上他就立刻擺脫他對地主的責任，同時也擺脫了對於市府負債的責任。同樣真確的是，當他移民時，他也同時承接了新的市政稅—租，或許，還包括新的市政負債。但是在新市鎮，它僅代表一個極為輕鬆，且會逐年減輕的負擔，因而在此及其他方面，都構成強大的移民誘因。

讓我們仔細看看，每一個從倫敦移出的人，都讓那些留在倫敦的人減輕地租負擔，但同時也讓倫敦的納稅人增加稅賦負擔。因為，雖然每一個移民者都會讓那些留下來的人，可以和地主有更好的談判條件，但另一方面，市政負債的總額不變，而其利息負擔卻必須由愈來愈少的人來分擔，因此，勞工大眾因為地租降低所減輕的地租負擔被大幅增加的稅金負擔所抵銷。在這種情況之下，移民的誘因會持續下去，會有更多人口移出，讓債務的負擔壓力愈來愈大，直到無法承受為止，儘管地租也持續下降。當然，這樣的高額負債未必一定會發生。如果倫敦是在市有土地上興建而成，那麼它的地租不僅可以輕鬆應付目前所有的支出，而且也不需要為長期舉債課稅，甚至會設法擁有自己的供水系統和其他許多可以獲利的建設，而不是像現在這樣，擁有高額負債，卻只有少量資產。所以，一個惡性循環的不良系統最終注定要崩解，當這個崩潰的臨界點到達時，擁有倫敦債券的人就會像擁有倫敦土地的人那樣，如果他們不被允許在舊有的城市土地上以公平、合理的方式重建的話，那麼就必須和有辦法在其他地方移民，建造一個更好、更光明之文明的人，達成協議。

其次我們要注意的是，人口遷移對於兩大問題的影響——倫敦居民的住宅問題，以及留下來的人口的就業問題。現在倫敦勞動人口支付在住宅上的租金占所得比例愈來愈高，而往返於住家和工作地點之間所花費的時間和金錢，也有如被課稅一般，所以

是相當悲慘的。請想像一下，如果倫敦的人口開始減少，而且減少的速度相當快；移出者在地租非常低的地方建立家園，而且他們的工作地點離家僅步行的距離！顯然，倫敦的房地產在租金價值上會下滑，而且下滑幅度很大。貧民窟的房地產價值甚至會下跌到零。勞工階級會搬到比他們原本階級所得高出許多的住宅居住。原本得全家擠在一個小房間的家庭，現在可以租下五、六個房間，因此住宅問題會因為租屋人數的減少，而暫時獲得解決。

那麼貧民窟的房地產會變成什麼樣子呢？過去緊緊箍住倫敦貧苦大眾的力量已經消失殆盡，儘管它不再危害人們的健康，也不會進一步衰敗，但是它還是讓人礙眼的眼中釘嗎？不會。因為這些破敗的貧民窟將會被拆除，改建成公園、遊憩場所和市民菜園。而這個改變，連同其他許多改變，將會由地主階級支付相關的費用，而不是由納稅大眾來負擔：就此而言，至少這些地租目前還是由倫敦人來支付給那些依然保有這些土地出租權利的地主階級，所以改善城市的成本將由這些地主負擔。我想，這並不需要透過國會立法強制執行：或許只要藉由地主的自發行動，就可以改正他們長久以來犯下的不公不義，因為在納米西斯（Nemesis）的監督之下，[2] 無人可以逃脫良心的責罰。

接著，無可避免的事情就會發生。大量的就業機會在倫敦之外出現，除非在倫敦城內也提供同樣多的就業機會，否則倫敦必然衰亡，地主也會陷入悲慘的絕境。在其他地方，新市鎮陸續建立；屆時倫敦勢必得轉變。在其他地方是城市入侵鄉村；在倫敦，鄉村必須入侵城市。在其他地方是以低廉的土地價格新建城

---

2. 【譯注】納米西斯（Nemesis）是希臘神話裡面，主管刑罰的女神。

市，然後再將這些土地交付給自治市；在倫敦，也必須採取相應的措施，否則沒有人會願意重新建造城市。在其他地方，由於沒有太多既得利益者需要處理，所以各項改善計畫可以用科學的方法快速進行；在倫敦，只有當既得利益者願意接受看似荒謬的條件，類似的改善計畫才有可能執行。這就像製造業者經常發現，他們必須以非常離譜的低價出售原本價值不菲的機器。理由很簡單，那是因為市場上出現了更好的機器，面臨激烈的競爭，使用較差的落伍機器是無利可圖的。毫無疑問的，資本的流失會相當龐大，但是它所替換的勞動力，將會更大。有些人可能會變得相對較窮，但是也有許多人變得相對富有——這是好的改變，即使有一些隨之而來的小小缺點，我們的社會也有能力加以因應。

　　這些即將發生的改變是有跡可循的，就像打雷之前會先看到閃電一樣。目前倫敦可說是正在對地主們發出抗議之聲。已經想望很久的改善工程正在等待國會修法，好讓倫敦的地主們負擔部分成本。鐵路早已規劃好了，但是有些計畫尚未動工——像是埃平森林線（Epping Forest Railway）——因為最在乎降低工人火車費率的倫敦郡政府，正在國會的委員會中努力爭取，以確保一些在鐵路推動者看來是非常棘手和無利可圖的條件。但是如果鐵路計畫沿線的地主和不動產業者，不要獅子大開口地要求天價般的土地收購條件，那麼鐵路公司就可以得到相當好的報酬。這些對於企業的查核必然會影響倫敦現在的成長，因此也會減緩改善的速度；但是一旦揭開這個有關土地的不可告人祕密，當倫敦人發現，在不是以暴力攻擊既得利益者的情況下，也可以輕易地對他們先發制人，那麼倫敦的地主們和其他既得利益者，最好趕快出面協議。否則，除了葛蘭特・愛倫先生（Mr. Grant Allen）所說的「髒亂村莊」（a squalid village）之外，倫敦將會變成一個廢墟。

　　希望會有更好的計畫出現，讓新的城市得以在廢墟之中重建。但是這樣的工作將會無比艱鉅。相對容易的做法，是在一塊素地之上展開一座偉大城市的計畫，如同本書在圖（七）所展示的。即使所有的既得利益者都自我收斂，更大的困難在於──如何在舊有的土地上建造新的城市，而且上面還住有大量人口。但是至少可以確定的是，倫敦的人口數量不應該超過現有規模的，例如，五分之一（如果要考慮健康和美麗等因素的話，而不是只優先考慮快速生產的財富形式）；而且，如果要拯救倫敦的話，新的鐵路、水路、碼頭、供水、道路、地鐵、下水道、排水、照明、公園等系統，都必須加以興建，而且整個生產和流通系統也必須徹底改變，其變化程度就像從原始的以物易物，變成現在複雜的商業制度。

　　目前已經有一些重建倫敦的計畫被提出來。在 1883 年時，現在已經過世的威廉・衛斯特迦斯先生（Mr. William Westgarth），提供 1,200 英鎊給藝術學會作為獎金，徵求改善倫敦窮人住宅和重建倫敦中心區的優秀論文──它已經獲得一些可行的具體方案。[3] 最近有一本亞瑟・凱斯頓先生（Mr. Arthur Cawston）的書由史丹佛出版社出版，書名是《倫敦街道改善整體計畫》（*A Comprehensive Scheme for Street Improvements in London*），它在導論處出現一段令人吃驚的文句：「和倫敦有關的文獻儘管數量龐大、內容廣泛，卻沒有一個作品意圖解決對於倫敦人而言，關係重大的問題。由於倫敦人遊歷各地的經驗愈來愈廣泛，也由於來自美國和其他國家的批判，他們逐漸瞭解到首都倫敦的大幅成長，缺乏

---

3. 參閱《倫敦中心區的重建》（*Reconstruction of Central London*）（George Bell & Sons 出版）。

市政當局的管控方針，不僅造成世界上規模最大的住宅聚集，甚至也是最不規則、最不方便和最沒有系統的住宅聚集。從 1848 年開始，讓巴黎改變的整體計畫就已經逐漸發展；1870 年之後，貧民窟也在柏林銷聲匿跡；在格拉斯哥市區有 88 英畝的土地已經重新規劃；伯明罕也將 93 英畝的髒亂貧民窟改造為建築優美的寬闊街道；維也納剛剛完成城市外圍的改造，即將展開內城地區的更新計畫。作者引述這些例子的目的，只是要闡述這些被用來成功改造其他城市的手段，也符合倫敦的需求。」

然而，徹底重建倫敦的時機尚未到來──它最後終將來臨，而且其重建規模將遠大於巴黎、柏林、格拉斯哥、伯明罕和維也納的案例。在此之前，有一個比較簡單的問題必須先解決，那就是必須先建造一個小型的田園城市作為楷模，然後再建造一群社會城市，如同我在前一章所討論的。當這些事情都做到了，而且好好地做到了，那麼倫敦的重建勢必接踵而至，而且橫阻其中的既得利益，即便未能全數剷除，也已消除大半。

因此，讓我們先將所有的精力，投注在這裡面最小的事情上面，但是心中還是謹記著背後的遠大目標，並以此作為激勵當下行動的指引路線。如果這些小事在方法上和理念上都做對了，那麼它必能實現無比巨大的價值。

評注（十五）

　　約翰・伯恩斯（John Burns, 1858-1943）出生於倫敦，後來擔任工程學徒。經由同事的引介，他認識了約翰・史陶特・彌爾、湯姆士・卡利爾、約翰・羅斯金等作家。

　　1879 年伯恩斯前往非洲工作，對於非洲人所受到的不公平待遇震驚不已，於是成為一名社會主義者。1881 年返回英國之後，加入社會民主聯盟，但是在 1889 年時，因為和韓德曼意見不合而離開。

　　他在新成立的倫敦郡選舉中首次代表貝特西地區（Battersea）參選，在 1892 年進入下議院。但是 1900 年時伯恩斯拒絕參加新成立的勞工代表委員會（Labour Representation Committee），也就是工黨的前身，選擇繼續做一名民主黨人。當民主黨於 1906 年贏得大選之後，他出任地方政府委員會的主席，負責起草 1909 年的住宅與都市計畫法案。1914 年改任貿易部大臣，但因為反對英國對德宣戰而辭職。1918 年戰後伯恩斯並未重新投入選舉，選擇退休。

　　對於「湯米・阿特金」（Tommy Atkins）一詞的起源，也就是 1890 年代時人們對於英國傭兵的暱稱，有多種說法。但是其中流傳不朽的是吉卜林（Joseph Rudyard Kipling）在《營房謠》（*Barrack-Room Ballads*, 1892）詩集中的一首詩，裡面提到社會大眾對於沒有受教育的工人階級士兵的野蠻控訴，伯恩斯對這個典故必然相當熟悉。

約翰・伯恩斯的卡通線稿圖，由法蘭西斯・高爾德爵士（Sir Francis Carruthers Gould）在 1908 年所繪。

　　在 1904 年於倫敦政經學院舉行的一場研討會中，霍華德為派崔克・格迪斯（Patrick Geddes）所發表一篇名為〈作為應用社會學的公民課程〉（Civics as Applied Sociology）的論文開場，他整理了自己對於社會城市演進的一些預測。霍華德觀察到：「我們所生活的時代是密集、擁擠的大城市時代，對於那些細心觀察的人而言，已經有跡象顯示一個巨變的時代已悄然降臨，20 世紀將是一個人口大量出走的時代」（reprinted in Meller, 1979）。

　　霍華德的這番預測是正確的，儘管地產業者讓內城地區的土地價格和租金高得離譜。同樣地，霍華德也預測到「城市的綠化」，除了少數地區例外，內城的土地一直以來都被視為彌足珍貴，不適合作為公園和市民菜園等用途。但是地產的既得利益顯然比霍華德所想像的更具威力，光是都市計畫許可就足以讓土地價值上升 10 倍。

　　霍華德卻怎麼也沒想到，他的後繼者並未全力捍衛公共利益和打擊土地投機。有關都市房地產投機的操作方式可以參考彼得・阿姆布洛斯（Peter Ambrose）與鮑伯・柯爾納特（Bob Colenutt）的著作（Ambrose and Colenutt, 1975）。

　　當霍華德在寫作本書時，倫敦已經開始擴張了，因為中產階級發現了郊區生活的美好。在 1891-1901 年間的倫敦人口變遷圖顯示，人口成長的地區發生在倫敦郡政府的範圍之外，也使得在 1888-89 年間劃定的倫敦行政區顯得不合時宜。像是伊靈、哈洛山丘（Harrow on the Hill）、謬斯威爾丘（Muswell Hill）、布倫里（Bromley）和溫布頓（Wimbledon）等地，逐漸從沒沒無名的小地方變成頗具規模的城鎮。然而，由於整個倫敦地區的人口是來自英格蘭東南部的鄉村移民，所以在接下來的 40 年裡，郊區化的發展並未真正紓解倫敦內城地區的擁擠狀況：儘管倫敦的人口數量在 1901 年達到高峰，接下來緩慢減少，但是一直要到二戰時因為德軍轟炸，人口才大量減少。

　　霍華德假設，當都市的地方政府因為人口外移而流失稅基時，他們將會面臨財務危機。事實上，在 20 世紀期間，透過中央政府租稅補助的財務重分配，的確避免了這樣的後果。然而，在美國，由於缺乏這樣的緩衝機制，即使大城市也有可能面臨破產危機——其中最著名的就是 1970 年代紐約市的例子。

　　儘管 21 世紀的倫敦人，可能會對霍華德想像城市的住宅成本將會大幅下降，表示苦笑，但是在英國北方城市裡比較貧窮的居民，或許會同意霍華德的想像。的確，如同一些公共住宅的案例顯示，在這些城市的部分地區，土地價值已經崩盤，屋主在絕望之餘只好削價求現。霍華德似乎並未預見自有住宅的普及，以及土地價值下降，對於只有少數積蓄的普通人，究竟會造成什麼

樣的後果。

　　霍華德似乎忽略了一件事實，那就是即使在他寫作的當時，比較成功的都市中產階級，已經利用新的交通設施搬遷到郊區，原來的住處就被來自鄉村或是海外的移民所接收——包括在 1980 年代大量湧入倫敦東區的猶太移民。在官方檔案中對此有明確的記載，例如 1889 年入出境移民（外國人）的特別委員會報告，以及 1894 年貿易部有關新近來自東歐移民數量及影響報告。

　　這裡提到的埃平森林鐵路是倫敦運氣不佳的一個例子。原本在 1894 年提出的沃森斯托—埃平森林線（Walthamstow and Epping Forest railway），是從倫敦西堤區的芬斯伯里圓環（Finsbury Circus）向外延伸到沃森斯托，形成一個馬蹄形的大口徑地鐵，回程經由巴金—福音橡木線（the Barking-Gospel Oak line）連接肯特鎮（Kentish Town），再經由米德蘭鐵路（the Midland Railway）回到位於穆爾蓋特（Moorgate）的終點站（現在是泰晤士鐵路線的一部分）。這條地鐵一直沒有興建，沃森斯托一直要等到 70 年後維多利亞線（the Victoria Line）在 1969 年完工之後，才有地鐵連通（Barker and Robbins, 1974, pp. 37-38）。

　　面積 117 平方英里的倫敦郡政府轄區在 1901 年人口普查時，達到 4,536,000 人的人口高峰。到 1981 年時，倫敦人口下降到 2,297,000 人，幾乎是 1901 年時的半數。然而，1981 年之後，倫敦人口又再度回升。事實上，倫敦的確有許多大規模的新投資：例如 1890-1907 年間的地鐵興建，1920-1947 年間將地鐵向外延伸為地面鐵路，1909-1939 年間將泰晤士河南岸的鐵路電氣化，一、二次世界大戰之間則是廣建聯外幹道。但是，如同霍華德所說的，伯明罕在約瑟夫・張伯倫的領導之下，在大規模重建方面顯然給倫敦上了一課——在 1901 年分裂為倫敦郡政府和大都會

大約 1870 年時伯明罕的立區菲爾德街（Lichfield Street），原本是過度擁擠的貧民窟，後來拆除讓道給公司街（Corporation Street）。

自治市（Metropolitan Boroughs）的倫敦政府，並未展現出和伯明罕相同的決斷力。事實上，如同威廉・羅伯森（William Robson）所指出，在 1939 年時的倫敦郡政府紀錄顯示，它的建設比所取代的大都會工程委員會時期，遜色許多（Robson, 1939, pp. 62-63, 196）。霍華德所提議的重建計畫，一直要等到 1943-44 年時的阿貝克郎比計畫（Abercrombie plans），才付諸實現，但是規模比霍斯曼（Haussmann）的巴黎重建計畫小得多。

　　威廉・衛斯特迦斯（William Westgarth, 1815-1889）是一名澳洲商人、政治家，以及有關維多利亞殖民地的歷史學家。他著有《幸福的澳大利亞：有關菲力浦港的聚落說明》（*Australia*

大約 1899 年時伯明罕的公司街，它是約瑟夫・張伯倫有意打造的都市購物區。

Felix; an Account of the Settlement of Port Philip, 1843）、《維多利亞，後期澳大利亞的幸福》（*Victoria, late Australia Felix*, 1853）、《1857年的維多利亞和澳洲金礦》（*Victoria and the Australian Goldmines in 1857*, 1857）、《早期墨爾本與維多利亞的個人回憶》（*Personal Recollections of Early Melbourne and Victoria*, 1888），以及《澳大利亞半世紀以來的進步：個人回顧》（*Half-a-Century of Australian Progress; a Personal Retrospect*, 1889）等書。他發動了集體移民到澳洲的維多利亞，還有 1850 年時的一個德國殖民地（衛斯特迦斯鎮）。

　　亞瑟・凱斯頓（Arthur Cawston, 1857-1894）是 19 世紀晚期的倫敦建築師，以歌德式復興教堂的設計著稱，包括聖菲力浦教

堂（St Philip's）、白教堂（Whitechapel），以及前倫敦醫學院的
圖書館（現在倫敦大學的瑪莉皇后學院）（Queen Mary, University
of London）。

附錄

供水系統

　　美必須回復到實用的藝術。而純藝術和實用藝術之間的區別，也已經被世人所遺忘。如果我們忠實敘述歷史，勇敢地揮灑生命，那麼就難以區辨二者。正因為美是活生生的、會動的、可以再生的，因此它是有用的、勻稱的和豐富的。美不會因為立法而存在，它也不會在英國、美國或希臘的歷史裡重演。它總是在英勇和誠摯者的行動之間無預警地出現。要在舊的藝術中尋找天才，來反覆訴說它的奇蹟，注定徒勞無功；唯有仰賴直覺，才能在新的必然事實中，像是田野、路旁、商店和磨坊等，發現美麗與神聖。

　　不正是屬於偉大機械的自私，甚至殘酷特性——就像磨坊、鐵路和機具的特性——造就出它們所順從的營利動力？

　　當我們從愛中學到科學，而且它的力量是為愛所用，那麼這些力量將補充和延續物質文明的創造。

　　　　　　　　——R・W・愛默生〈論藝術〉（Essay on Art）

　　自然之美和人類的自私浪費——這在引文中有細膩的處理——或許在豐沛的水力作為一種免費的恩賜，以及人類可憐和卑鄙地利用它之間，可以清楚地得到絕佳的對比。這樣的事物狀態或許可以用兩段話來描述，它神奇地出現在同一天的晚報裡：

米德蘭地區（the Midlands）的洪水幾乎和西部地區一樣嚴重。現在有一條寬約 1 英里，長達 100 英里的水流，從北安普敦一路延伸到海岸。

—— 1891 年 11 月 19 日《星報》

在（倫敦）克萊爾市場（Clare Market）地區的居民，因為付不起水費而被迫斷水。

—— 1891 年 11 月 19 日《星報》

當社會中存在著如此多的饑荒時，社會生活的根基顯然出了大差錯——如果人類要和大自然和諧共處的話，就必須揭露出這個錯誤，並加以改正。在人類所有的物質需求當中，再也沒有比充足的給水更為急迫與必要；在人類所有的精神需求當中，再也沒有比學會行動更為重要，而且這樣的行動並非冷血密謀地對抗他人，而是充滿喜悅的相互合作。要完全滿足人們對於水的需求，必須先充分體認水在日常生活中的重要性——它能夠修補與洗滌人與人之間的情感與尊重。

「每年英國地表約降下 3 英尺水量的雨、雪和冰雹。將它平均分配給所有人口，平均每個人民每天可以分配到 19 噸的水。」[1] 換言之，每天每人可以從老天那兒免費得到 19 噸或是 4,456 加侖的降水，但是生活在克萊爾市場的窮人，那裡離皇家高等法院近在咫尺，卻連一天區區 25 加侖的水，也要活生生的被斷絕！

有人故意模仿古時候水手吟唱的歌謠：

---

1. 《水的組成、收集與分配》（*Water, its Composition, Collection and Distribution*）——約翰·貝里律師（John Parry, Esq., C. E.）。

水、水、水水水，遍布田野和山澗；

水、水、水水水，無奈滴水不得存。

水、水、水水水，逼得農人心慌慌；

水、水、水水水，無奈滴水不到田。

水、水、水水水，流過山巔和草地；

水、水、水水水，無奈滴水不成泉。

水、水、水水水，可怕冰雪和泥濘；

水、水、水水水，無奈泥水不得用。

　　但在本書中，作者的目的並非為了責怪目前的工業系統，而是為了說明如何逐步建立一個較好的系統。因此，我將進一步說明在田園城市裡如何防止水的浪費，以及大量積蓄的水資源該如何利用。儘管我深信接下來要描述的供水系統基本上是可行的，而且也有助於田園城市的成功推展，然而，在此我也必須言明，這樣的供水系統並非本書的核心部分。它只是一個附屬計畫，而且是一個很有用的附屬計畫，但是田園城市的成功與否，並不會因為此一附屬計畫的有無，而有所改變。

　　首先，田園城市的供水系統，雖然絕對合乎衛生而且數量充足，但是它在工程上面並無特殊發明。它最特殊的地方，在於它的經濟性。作為一個擁有 6,000 英畝土地的大地主，田園城市的自治市毋需以高昂代價從遙遠的水源地引水，就像有些城市現在的做法那樣，而是可以就近在自己的轄區之內獲得豐沛供水，並且確保水源純淨。的確，田園城市的工程部門可以選擇最有利的地點鑿井取水飲用，也可以在適當的高地築壩儲存雨水供民生和工業之用。因此，如果讀者對於接下來要討論的供水系統有任何

疑慮的話，請放心，這樣的系統絕對不會一開始就全面實施，而是會先以低成本進行小規模的實驗，如果有效才擴大辦理，因此不會因為它的實驗風險，危及整個田園城市的主要計畫。

在接下來所要討論的供水系統之下——當然，這個系統也需要進行各種修改以適應不同地點的現況，而不同地點也會充分考量區域內的自然差異（儘管現代工程已經愈來愈不允許天然限制阻礙計畫的進行）——田園城市所屬的自治市，不僅能夠以相對低的成本來滿足所有市民家庭與商業用水的需求，還會利用水力來產生機器運轉和電燈照明所需的動力。同時，它還可以作為船運、游泳和風帆等其他用途。此外，它將有效地排除洪水和灌溉田園城市的土地，並且帶來美麗的景觀。

整個供水系統的基本計畫相當簡單。它包括〔請參閱圖（六）〕：（1）一個下游蓄水區，它同時作為運河之用；（2）一個或多個以儲存為目的的中游儲水池；（3）一個或多個上游蓄水區。當水排放到下游和中游的蓄水區時，將可有效排除田園城市土地上的積水，當然不包括汙水在內。流入上游蓄水區的水，除了來自天空的直接降水之外，還包括用水車、幫浦或其他方式從中、下游蓄水區抽取過來的水，它會不斷向下流到中、下游的蓄水區，產生推動機器和發電照明所需的動能。

在運河、中游儲水池和上游蓄水區裡面的水，並不是拿來作為飲用水，而是適合用來灌溉花園、清洗街道、馬桶沖水、水池噴泉和其他用途。而且，當水從低處抽到高處，以及從高處流到低處，還有水在升降過程中自然產生的水流，都會給水帶來氧氣，讓水接觸到日光，在冬季還可以預防結冰。其中有一部分的水會被用來儲存、過濾，它的水質比倫敦的自來水好多了，因為倫敦的水大部分是取自排放水，而且是沒有將汙水排除的水源。

　　然而，我們並不滿意倫敦的水質，因此，田園城市的飲用水將從適當地點的深水井中抽取——或許可以從中央公園裡面的地點抽取，那樣就能遠離各種可能的汙染。

　　讀者心中可能有一些疑問，我可以在此簡單釐清。首先，是關於是否有充足的供水足以維持運河和蓄水區的正常水位？讓我們一起來看看。假設下游的運河系統長 3.5 英里，寬 45 英尺——大約是 19 英畝的行水區——深 6 英尺。如果運河水深 4 英尺，那麼就有 2,075 萬加侖的水。[2]在中央公園裡面環狀的景觀水道〔它很窄，也很淺，參見圖（六）〕約可容納 25 萬加侖的水。上游蓄水區滿水位時可蓄積 8,000 萬加侖的水，假設中游儲水池的蓄水量是上游蓄水區的一半，那麼中、上游的蓄水區共有 12,000 萬加侖的水。那麼我們預期它們能夠滿足多少的供水需求呢？雖然沒有明確的數字，但是我相信它們絕對可以提供令人滿意的供水量。田園城市的土地面積是 6,000 英畝，如果每年有 2 英尺的降水，那麼一年就有 326,900 萬加侖的雨水，相當於整個蓄水區 23 倍的水量。考量到（1）只有一部分的水會流到運河裡，（2）水氣蒸發的損失，還是會有足夠的水流入蓄水區；即使蓄水區無法完全蓄滿，我們還是可以利用地下水來補充。

　　第二個可能被提出來的疑問是，供水系統的成本會不會太高？我的回答是，就整體計畫而言，讀者愈是謹慎地提出這個問題，他就愈會驚訝於成本問題的無足輕重。首先，請注意，我曾經扼要說明過，這個供水系統是同時兼具排水、灌溉、運輸、發電、休閒和景觀等多重功能；它的整體設計是要以最有效率的方式同時滿足這些功能。如果這些水利工程只是針對單一目的而興

---

2. 1 立方英尺的水相當於 6.23 加侖。

建，例如蓄水發電，或是排水防洪，或是灌溉，或是運輸，或是划船、游泳和垂釣等休閒目的，那麼加起來的成本就會相當驚人；但是如果將「或」字改為「和」字，變成同時滿足許多目的，那麼它的成本就會變得非常低廉。換言之，以單一設計滿足多重目的是最經濟的。

還有一些關於成本的問題可以在此一併說明。首先，基地的成本並不會太高。20 英畝的運河，5 英畝的河岸，10 英畝的上游蓄水區和 10 英畝的中游儲水池，加起來總共 45 英畝。每英畝 40 英鎊，合計才 1,800 英鎊。我們必須承認，對於需要蓄水的整個地區而言，它實在是微不足道的金額。

再來是有關蓄水區的成本。就以上游的蓄水區來說好了，它將選擇最高和最便於設置蓄水區的位置。的確，除非田園城市某些土地的高低落差非常大，否則應該盡可能將上游蓄水區設置在較高的地點，以便獲得最大的位能。你看，我們用有組織的科學方法從舊城區移民到這塊新土地上，在興建蓄水區這件事情上面，儘管蓄水區裡蓄滿了水，但目前這些水都浪費地流掉了，而且還會嚴重危害作物。再者，不僅蓄水區內充滿了毋需花費任何成本的水源，最重要的是，上游蓄水區是利用開發過程中的廢土興建的，像是挖掘運河、地基、地下室、地下管道之類的廢土。因此：

6 英尺深，占地面積 20 英畝的下游運河所代
表的土量[3]   193,000 立方碼

---

3. 如果運河必須通過高低起伏的鄉村地區，那麼額外發生的費用將可用多產生出來的廢土來彌補。

10 英畝，21 英尺深的儲水區土量	338,000 立方碼
5,500 個建築基地，每個基地 40 立方碼	220,000 立方碼
商店、工廠等	110,000 立方碼
20 英里長的地下管道	352,000 立方碼
	1,213,000 立方碼

　　這些土方如果堆積起來形成一個表面積達 6 英畝的蓄水區的話，如果考慮最高水面和底部之間的坡度，它可高達 100 英尺，因此假設適合興建上游蓄水區的最高有利位置只比下游蓄水區高 40 英尺的話（在實務上來說，下游蓄水區將是所有土地中最低的地方），那麼利用廢土堆積起來的蓄水區就可以產生 140 英尺的落差。蓄水區毋需花費太多額外的費用就可以建得美輪美奐，從蓄水區往下看的景色將會非常壯觀；水向下流所產生的電力，在夜晚的時候還可以用來照明。

　　至於下游的運河蓄水區，它的成本大概每英里不會超過 5,000 英鎊，這是考文垂運河（the Coventry Canal）的成本，[4] 而儲水池的費用則不會太高。

　　但是，不僅我們的運河、中游儲水池和上游蓄水區裡面，會充滿不用負擔成本的水，上游蓄水區的興建，也將運用下游運河和一般城市興建時所產生的廢土；而且，興建上下游蓄水區所需要的勞動力，也是原本會被浪費掉的勞動力，所以它所需要的勞動成本，就某種意義來說，也可以視為免費的。因此，如果田園

---

4. 牛津運河（The Oxford Canal）每英里的成本是 4,400 英鎊。

城市有 5,000 人，平均每人每天比在倫敦通勤可節省 0.75 個小時，那麼所有人一年就可以節省 25 萬個小時，那麼整個田園城市一年就可以節省 20,000 英鎊，是購買整座田園城市土地所需的金額利息的兩倍。如果每人每天往返於工作場所和住家之間可以節省 2 便士的話，那麼田園城市所有人一年就可以省下 30,000 英鎊的錢；而工作地點離家近的好處是，工人中午可以回家與家人共進午餐——它比金錢上的儉省更有意義，因為舒適和幸福是無價的。

依照我們所設計的供水系統，我認為包括鑿井、埋設管線在內的所有工程費用，將不會超過 90,000 英鎊。除了興建和維護費用之外，在毋需負擔任何成本的情況下，如果以 2 年時間來計算的話，田園城市每個成年人在往返住家和工作場所之間所節省下來的時間和金錢，就足以享受一個絕佳的供水系統，而且它是可以終身享用的。這樣的滿足情況顯示，或許可以妥善利用大量的「剩餘勞動」（surplus labour）。

雖然 90,000 英鎊看起來似乎是一筆大數目，但實際上每個人所分攤的成本將比大城市少得多，加上它的供水品質優異多了，而且還兼具多重功能，這可能是舊城市的供水系統遠遠不及之處。我們不妨拿一、兩個例子來比較看看。例如伯明罕在付出數百萬英鎊之後，又獲得國會授權動用 6,000,000 英鎊（平均每個市民得分攤 10 英鎊）和圈起 32,000 英畝的公有土地作為補充水源之用；倫敦的水公司在前幾年也要求 33,000,000 英鎊，或是平均每個市民 6 英鎊的經費，用來擴建已經耗費數百萬英鎊的供水系統，然而，倫敦郡政府現在突然瞭解到它的缺失，正在認真考慮採取另一個花費數百萬英鎊從威爾斯引水到倫敦的計畫。

我們可能需要確認一下，上游蓄水區的儲存水力究竟代表

什麼？假設當風平浪靜，風車沒有汲水時，上游蓄水區內有
80,000,000 加侖的水，它在連續 6 天無風的情況下，一天 12 小時，
連續 6 天平均每分鐘會釋放 18,510 加侖或是 185,000 磅重的水量。
如果將 185,000 乘以 140，也就是水流可能垂降的距離，再除以
33,000，就可以得到 784 匹馬力的數值。[5] 如果扣除 25% 的損耗，
就剩下 588 匹馬力，也就是無風時，6 天可以得到的連續動能。
但是這是假設處於全然無風的狀態下。但事實絕非如此，因為在
這種情況之下，蒸汽引擎有時候會出現逆轉的情況，因此蓄水區
的水力在蒸汽引擎完全停止運轉的情況下，只能仰賴風車來汲
水。

　　在此，我要另外處理一個一般讀者心中可能產生的疑惑。那
就是「為什麼要用風車呢？這些古老的裝置不是早該被蒸汽動力
所取代了嗎？」的確，這大部分是事實，主要的原因是：風車的
動作是斷斷續續的，現代工廠的昂貴機器和大量工人在沒有風的
時候，絕對不可能停下來枯等。但是當風車被用來汲水時，而且
是以蓄水區作為儲備池（蓄電池）時，情況就截然不同。不規則
動作的問題幾乎不存在，我們的蓄水區將可儲存足夠整整 6 天無
風水的力量。至於其他不規則供水的問題，可藉由其他動能加以
儲備。至於風車的未來，或許讀者有興趣聽聽看權威的說法。
《泰晤士報》在 1892 年 8 月 9 日寫道：「有些工程師言之鑿鑿地
斷言，風車將在不久之後遭到淘汰；它的再次轉動，只是為了點
綴風景。」但是睿智的讀者可能喜歡明確的事實，勝於空泛的意
見。這裡多的是事實證明。1893 年 1 月 6 日《每日紀事報》記載：
「在堪薩斯（Kansas）、內布拉斯加（Nebraska）等美國西部各州，

---

5. 一馬力是指能夠將 33,000 磅重的東西向上舉起一英尺達一分鐘所需的動能。

人們用風車從深達 200-250 英尺深的井中汲水，有時候光一個地點就有上百座汲水用的風車。」

有時候風車會被當作儲存電力的蓄電池。因此，凱文勳爵（Lord Kelvin）在 1881 年對英國協會（British Association）的演說中（當時他還是 W・唐姆森爵士〔Sir W. Thomson〕）提及：「即使現在有人認為風力在某些地方勝過煤礦——例如照明，絕非荒唐的想法。的確，現在我們有了發電機和蓄電池，但是人們就是想用廉價的風車來做事情。」還有比我們的蓄水區更好的蓄電池嗎？蒸發所損失的能量，可能遠比蓄電池的損耗更低；而且，蓄水區還有其他實用和點綴景觀的用途。

我們已經注意到，田園城市供水系統的總成本，是由許多不同功用的個別成本加總而來，所以這些不同功能就成為分母，讓個別功能項下的成本相對降低許多。同樣的情況也適用於供水系統的維護成本上面。風車或蒸汽機在汲水時，除了水從高處落下產生馬力的功能之外，它們還提供許多服務給社區。這些汲水的動作讓運河增添許多美景和功用，可作為休閒遊憩之用。當然，我們應該盡可能地大量蓄水，只讓不得不放掉的水流向大海。最重要的是，要讓水保持流動，接觸空氣和陽光。到時候讀者才會恍然大悟，這樣的供水系統在幾乎沒有製造任何汙染的情況下，竟然可以提供給社區這麼多的利益。它所帶來的是健康、明亮、清潔和美麗，絕對是金錢報酬難以衡量的，儘管我們的供水系統在金錢方面的貢獻也不容小覷。不幸的是，在目前道德敗壞和自私自利的風氣之下，製造業者並不重視大眾的幸福，只是一味地追求廉價的動力，而且只追求對他個人成本最低的動力來源，甚至是以整個社會成本為代價。所以我們聽到有瀑布被某些產業所截流，一些美麗的景物也被破壞，像是製鋁業。再也沒有比不理

性地以自我為中心更讓人迷惘的；如果我們真心想追求社會的福祉，那麼瀑布就不應該被製造業所破壞，而是應該為它而創造。

　　我將引述馬基特哈伯勒（Market Harborough）市政府——那是一個有絕佳供水系統的城市——工程師暨調查員赫伯特·克利斯先生（Mr. Herbert G. Coales, A.M.I.C.E.）在演講中的一段話，作為本附錄的結論：

　　　　只要有水，就有動力。如果我們能夠自我提醒，每年英格蘭每一英畝的土地上大約有 3,000 噸的降水，那是不可等閒視之的水量，我們應該好好地加以利用。顯然地，只有一小部分的水可以有效地用來產生動力，因為降水還必須滿足大自然的其他需求。但是另一方面，水資源可以重複使用。不像蒸汽，一離開汽缸之後就蒸發掉了。持續運用對於蒸汽而言是不可能的事情。但是不斷地供應流水卻是可以辦到的，有些溪流是永不乾涸的。因此，我們有一個重大發現……。

　　　　在許多方面，水力的利用都和電力息息相關。每年有大量的水流向大海，它可以用來推動發電機產生電力供電燈使用。特別是在城鎮或村莊，引進這些設備將比現在更能夠吸引許多產業進來。如果要有效防止人們湧入大城市尋找工業生產的就業機會的話，水力資源就不應該被棄如敝屣，而是當前政治家急於尋求的目標。作為一群真正關心我們城鎮居民福祉的人，我們應該展開雙臂，迎接這個具有前瞻思維的供水系統。

評注（十六）

霍華德的附錄幾乎可以作為一個獨立的計畫。由於圖（六）被放在社會城市示意圖之前，只以文字表示相關說明將放在附錄裡面，這樣的安排有些唐突。因此，我們的評注只有短短的幾頁，讓附錄的內容自我解釋。

霍華德選擇美國作家雷夫・瓦爾杜・愛默生（Ralph Waldo Emerson, 1803-1882）作為楔子引文的來源，別具意義。愛默生原本是一神論教派（Unitarian）的牧師，但因失去信仰而轉向寫作和演講。透過《自然》（*Nature,* 1836）書中的短文，他成為波士頓地區先驗主義運動的創始人及領導者（1836-1844 年），霍桑也曾經是成員之一。讓愛默生蜚聲國際的《短文集》（*Essays*）共有上、下兩冊（1841 年和 1844 年出版）。霍華德是在 1872 到 1876 年間，在芝加哥的伊里—伯恩漢—巴特萊（Ely, Burnham and Bartlett）速記公司，經由同事，也是貴格教友的亞隆索・葛萊芬（Alonzo Griffin）引介，接觸到愛默生和霍桑的作品（Beevers, 1988, pp. 5-6）。

霍華德顯然花費了相當心力在供水系統上面，儘管他刻意為自己辯稱這些想法尚未經過全面的嘗試和檢驗。

霍華德提議汲取低水位水區的水，灌注到高水位的蓄水庫中，作為儲存和供應分配之用。類似的供水系統當時已經存在：在倫敦伊靈，大會合水利公司（Grand Junction Waterworks Co）於 1888 年興建的福克斯蓄水庫（Fox Reservoir）就是從丘約（Kew）

汲取泰晤士河水加以儲存，並以重力的方式供水給附近郊區的住戶。在坎辛頓（Kensington）的坎普頓丘（Campden Hill）也建造了類似的大型蓄水庫。不論霍華德是否知道這些計畫，他應該知道從 17 世紀就存在的新河（New River）運河，從 39 英里之外的赫福德郡流經史托克紐靈頓（Stoke Newington）和伊斯林頓，最後流到薩德・威爾斯劇院（Sadlers Wells Theatre）前的蓄水庫。

霍華德的一些想法讓他和當代的「綠」思維，產生連結。例如他主張將飲用水和其他用水的管線分開。或是他認為地方型和多功能的供水系統是最經濟的。而且，他還試圖運用先前用過的成本效益分析方式，將勞工每日節省在通勤上面的時間，計入勞動力當中。

霍華德也提醒我們，風車不只是「古老的裝置」，而是依然重要的設備，它不僅是最經濟有效的汲水方式，還可以為田園城市發電。他引述傑出物理學家暨數學家凱文勳爵（Lord Kelvin, 1824-1907）的演說顯示，霍華德提議利用風力來發電──這在 1898 年時，的確是一個非常新穎的想法。和書中其他地方一樣，霍華德在附錄中也顯示出，他在幫田園城市的主要計畫找尋各種有用的點子方面，具有驚人能力。

後記

　　霍華德這本由友人資助出版，每本只賣區區 1 先令的小書
——《明日田園城市》，它所產生的巨大影響，絕對是作者做夢
也想像不到的。1898 年出版之後，第二年就促成田園城市協會的
成立，又過了 4 年，第一座田園城市——列區沃斯，正式成立。
接下來就是一長串田園城市的歷史。第二座田園城市威靈在第一
次世界大戰結束後的 1919 年成立。後來又有好幾次試圖建造第三
座田園城市，卻都功敗垂成。然而，田園城市的理念，卻在戰後
1946 年工黨政府所推出更具野心的新市鎮計畫中（儘管有一些修
改），延續新生命。此外，世界各國在整個 20 世紀當中，嘗試
了各種形式的田園城市和新市鎮發展，更是大大地豐富了霍華德
原創想法的歷史。

　　在 21 世紀之初，最讓人驚訝的事情是，霍華德的《明日田
園城市》依然是啟迪許多人靈感的重要來源。有些人很輕率地說，
這種陳年舊書根本不值得重印，那都是緬懷過去的守舊思維。但
是對照侯彼得和科林・瓦德的評注閱讀《明日田園城市》的原始
文本，你會了解上述說法根本就是大錯特錯。作為一個貫徹始終
的倡議者，霍華德的書對於當代讀者而言，依然趣味盎然，即便
只是毫無目的地隨手翻閱，書中所閃耀的種種靈光，絕對值得一
讀再讀。它所探討的一些課題，即使有部分在今日看來不若當時
那麼顯著，但是依然能夠觸發批判與反思。有幾個理由讓我樂見
此書的重新出版。第一個理由是《明日田園城市》對於 20 世紀
的規劃理論與實務有非常深遠的影響，而且其影響力不僅限於發

源地所在的英國，而是遍及全世界。第二個理由是，即便過了一個多世紀，書中的原創主張對於當代的規劃者和政策制定者而言，依然息息相關。

昨日的《明日田園城市》

儘管本書在 1902 年以平裝再版，而且在最初兩年的銷售成績亮眼，二者都超乎霍華德的預期，但若要說它在 1898 年出版時對整個世界造成風潮，或許過於誇大。霍華德還受到一些激進同儕對於本書好評的鼓舞，像是影響力強大，主張土地國有化推動者的肯定。雖然霍華德反覆向同一陣營的信奉者灌輸田園城市的理念，但無可避免的，一些具有其他優先目標的人士，對於這些理念抱持相當懷疑的態度。政治評論家（尤其是一些左派的分支認為，除了激烈的革命之外，真正的改變只能透過增加工人階級在國會中的代表席次來達成）並不喜歡霍華德追求中道的做法，並且對於他認為，可以藉由理性論述改變資本家行為的主張，斥為無稽之談。對於這些批評者而言，霍華德是一個無可救藥的烏托邦主義者。

如果不是霍華德在 1899 年和另外 12 名志同道合者共同創辦了田園城市協會，他可能只是一個沒沒無名的作者（Beevers, 1988; Hardy, 1991a）。霍華德的目標只是要推展《明日田園城市》的理念，並且設法取得第一座田園城市實驗所需的土地。就像許多同時期成立的社團一樣，新成立的田園城市協會有可能在幾年之內，因為出席人數不足、財務困難和會員人數遞減等問題，而逐漸瓦解。但正好相反，這個理想不久之後就被一小群由知名律師雷夫・納維爾（他在 1901 年正式擔任田園城市協會的主席）和

擅於組織的湯姆士‧亞當斯（Thomas Adams）（他被任命為祕書長）所領導的自由派「重量級人士」（men of substance）所採納。經由這些人的努力，田園城市協會很快就變成一個目標明確的組織，意念堅定地矢志打造第一座田園城市。

　　對於霍華德本人而言，進步是必須付出代價的。他依然扮演「點子王」（ideas man）的發明人角色，但在其他方面，他逐漸被一些政治與財務眼光更為犀利的人士所冷落。而且，當田園城市的理念愈接近實現的時候，一些霍華德自詡為激進的理念，就愈被摒除在外。納維爾和他的商業夥伴（對照於 1898 年版本裡面的激進理念，這樣的組合看來格外唐突）一再努力說服投資人，這個計畫絕非祕密共產黨人的「合作共和國」（co-operative commonwealth）計畫（儘管霍華德本人寧可希望它是這樣的計畫）。當本書於 1902 年再版時，霍華德被說服將書名改為《明日田園城市》，避免提及「改革」（real reform）的字眼。而且，正當第一座田園城市即將建造完成之際，霍華德原始計畫中較有爭議的一些元素都被逐一排除，例如資本募集的方式、社區如何保有地租上漲的價值、田園城市的管理方式、公共服務的性質、土地所有權制度、地產的規模、農地保留、限制成長，以及土地利用型態的設計等重要事項，紛紛變了調（Hardy, 1991a, p. 55）。對於《明日田園城市》的讀者來說，若要說實際上的演變是難以辨識的，顯然是誇大其詞；但毫無疑問地，在政治的變局之下，原始構想中的一些重要元素，紛紛被捨棄了。

　　雖然政治是妥協的藝術，而且霍華德願意讓他的贊助人遂行其道，至少它有助於實現田園城市的部分理想。在募集到足夠的資金之後，第一座田園城市列區沃斯在首席建築師雷蒙‧歐文和貝里‧帕克的悉心規劃之下，終於在 1903 年奠定根基。雖然剛

開始時工程進度緩慢，但是剛剛成形的田園城市立即吸引成千上萬的參觀者，前往赫福德郡的鄉間一窺究竟。媒體對於這個新耶路撒冷的看法，則受到滿地泥濘和後來先期移民中一群古怪的人的影響，而稍有不悅。對於外人而言，田園城市的居民似乎是一群奇怪的組合，他們身穿像是修士般的長袍，腳上穿的是自製的涼鞋，只吃素食，而且奉行奇怪的宗教信仰。而且，當地社區的禁酒規定，更讓前來參觀的記者，渾身不自在。在田園城市的奇托斯酒館（the Kittles Inn）裡面賣的飲料是保衛爾（Bovril）[1] 和熱巧克力，根本難以取代真正的酒精飲料。當然，就是這些奇怪的事情才會變成頭條新聞，但也因此忽略了田園城市其他重要特色，例如作為田園城市支柱的模範住宅、進步學校、示範公園和各種社會設施等（Miller, 1989）。

　　剛開始時，田園城市成長緩慢，但是它所奠定的根基，的確足以作為擁戴者遵循的標竿。當時的田園城市協會期刊還會定期報導，其他商業開發如何刻意借用田園城市的概念來行銷。地產商很快就發現，加上田園城市的幾個字，就會讓原本只是商業投機的住宅建案，變得格外吸引人。其中最荒謬的事情，莫過於英格蘭南部海岸的安平港（Peacehaven）建案，那是田園城市的推動者查爾斯・納維爾（Charles Neville）本人，刻意以「海濱的田園城市」為名，拼湊一堆簡陋的小木屋和平臺小屋而成的大雜燴（Hardy and Ward, 1984, pp. 71-91）。

　　在純粹的田園城市信仰者眼中，可能比假借田園城市之名來行銷的住宅計畫更糟的事情，就是田園郊區（garden suburb）的日漸普及。田園郊區在當時是用來形容一般的郊區開發，儘管著

1.　【譯注】一種由牛肉萃取而來的濃稠狀肉泥，常用來塗土司或沖熱水當作飲品。

名的漢普斯特田園郊區先驅開發，採取了非常嚴格的高標準（這是帕克和歐文在完成列區沃斯計畫後不久，所設計的住宅開發案）。然而，人們對於田園郊區的批評，並非它在設計上有什麼重大缺失，主要是關注它對擴大城市邊界的影響。甚至漢普斯特的開發計畫，原本也是設定它的居民會從附近的郭德綠地（Golders Green）車站進出倫敦市區。根據田園城市推動者的想法，不論田園郊區如何悉心規劃，它都無法提供像《明日田園城市》書中那種全新聚落理念才能提供的優點。

在挑戰地方性的地產開發過程中，田園城市協會有可能冒著過於內縮的風險，陷入歷史的死胡同裡。對於這項隱憂，協會成員商議的結果，得到一個明智的結論，那就是未來真正重要的事情，是為全英國建立一個城鄉規劃的適當制度。田園城市協會認為，如果沒有規劃制度，那麼田園城市實驗無可避免地會變成一個孤立的個案，而整個田園城市的原則，就會被枉顧霍華德原始理念的其他計畫所汰蝕。因此，田園城市協會逐漸轉向以競選活動為主的政治舞臺，積極進行規劃制度的全國性遊說。配合首宗全國性規劃法案的通過，田園城市的遊說團體在 1909 年改組為田園城市與都市計畫協會（Garden Cities and Town Planning Association）。在這個逐漸擴展的過程中，田園城市不再是協會存在的唯一理由或主要目標，而必須仰賴霍華德及其核心擁戴者的努力，才得以延續它的原始火苗。1910 年愛德華國王去世，有人建議興建一座新的田園城市，並命名為愛德華王城（King Edward's Town）加以紀念，但旋即被愛德華國王的繼任者，喬治五世，公開拒絕，他表示比較偏好傳統紀念碑的紀念方式。

直到第一次世界大戰之後，在霍華德的個人提議和努力之下，順利取得了第二座田園城市實驗所需的土地，興建了後來吾

人所熟知的威靈田園城市。雖然當時英國政府信誓旦旦地說，要為返鄉的戰士興建住宅，但是霍華德始終抱持懷疑的態度，他說：「你要等政府幫你做事，可能得等到白髮蒼蒼」（Osborn, 1970, p. 8）。在不被看好的情況下，威靈田園城市逐漸成形，而且就像列區沃斯一樣，它大部分是由私人資本和民間力量所建造而成。它也和列區沃斯一樣，吸引了大眾的興趣和享有極高的知名度；有一段時間威靈還被戲稱為「每日郵報城」（the Daily Mail town），因為該報以威靈作為號召，宣傳它每年所舉辦的理想住宅展。

威靈有其激進之處，參觀者總是好奇地想看看一些被誤認為共產制度的例子。他們會參觀威靈田園城市商店和櫻桃樹餐廳（Cherry Tree Restaurant），讀一讀《威靈田園城市報》（*Welwyn Garden City News*）；然後他們會對威靈究竟是社會主義的烏托邦，或者是一個公司城的兩極化批評，難以回答。即便人們對於威靈的政治立場存有疑問，但是絕對無法否認，品質良好的住宅和規劃得宜的環境等明確事實。儘管威靈仍被視為是一座田園城市，但是霍華德的理念，在此又比在列區沃斯更加稀釋了。由建築師路易士‧迪索森（Louis de Soissons）所規劃的空間布局（比列區沃斯的格局更大）混合了現代與傳統的住宅特色，深受早期居民的喜愛，它絕對比當時英國各地的新開發案好多了（Osborn, 1970）。

這座世界第二個田園城市在興建的最初幾年，進展緩慢，卻也是最後一座這一類的田園城市。在 1925 年時，在格拉斯哥附近曾經規劃過第三座田園城市，卻因為資金不足而告失敗；在 1930 年代，在曼徹斯特南邊的威森雷爾（Wythenshawe）地區，也曾經提出一個野心勃勃的田園城市計畫，但是最後變成一個住宅開

發計畫，而非霍華德原始倡議的那種平衡發展的社區（Deakin，1989）。事實上，新的規劃趨勢已經逐漸朝向國家的積極介入。即便在田園城市與都市計畫協會（它在 1939 年又再度更名為城鄉規劃協會，反映出新的發展方向）內部，也逐漸接受這是未來新的規劃趨勢。

　　同時，伴隨著《明日田園城市》的出版，世界各國也同步開展出田園城市的發展史（Ward, 1993）。從一開始，部分原因是因為田園城市協會的成功推展，霍華德的理念吸引了歐陸各國和其他地區的廣泛興趣。不斷有訪客造訪田園城市協會的辦公室和列區沃斯田園城市。1904 年國際田園城市會議（International Garden City Congress）正式成立，並於倫敦舉辦第一屆代表大會。除了有來自德國、法國（他們都有自己國家的田園城市協會）和美國等國家的重要代表之外，還有來自布達佩斯、布魯塞爾和斯德哥爾摩等地的支持信函。在日本、澳洲和瑞士等地區，也不乏熱心支持者的聯繫。幾年之後，田園城市與都市計畫協會的主席在 1913 年提及：

　　　田園城市的理念，散布到英國之外的遠播程度，的確令人驚訝……我們接到來自俄國、波蘭和西班牙等國家的詢問信——由於我們的無知，我們一度以為這些國家在社會進展方面是比較落後的——他們現在已經在田園城市運動方面，迎頭趕上（Hardy, 1991a, p. 94）。

　　世界各國對於田園城市的熱衷，也促使一些實驗計畫具體實現。例如，法國在巴黎周圍興建了一些田園城市（cités jardins）——小型的聚落諸如萊斯利拉（Les Lilas）和德蘭西（Drancy），

大型的聚落則有夏塔尼—馬拉布里（Châtenay-Malabry）和布雷西–羅班松（Plessis-Robinson）——但是這些城市都只是部分的實驗而已。尤其是後期的開發計畫，更是涵蓋了公寓大樓和比較傳統的鄉村農舍。尚・皮耶・戈丹（Jean Pierre Gaudin）曾經指出，對於中產慈善家和社會主義改革者而言，這類實驗（它在一、二次世界大戰之間曾經擴展到法國其他地區）和霍華德的田園城市理念本身，都具有相當大的吸引力（事實上，這正是霍華德的意圖）。雖然法國的田園城市，並不像列區沃斯和威靈等田園城市，毋寧更像是井然有序的工業郊區，但是戈丹指出，這些實驗的重要性，有時候是在於它對公民權和都市政策等改革計畫的深遠影響上面（Gaudin, in Ward, 1992, pp. 52-68）。想必霍華德也會同意這樣的看法。

同樣地，在北歐地區也有一些田園城市的應用實例。例如，在社會住宅根基深厚的德國，事實上，它也是田園城市發展的先鋒，有一些英國的改革者，就是以它作為汲取靈感的來源，其中也包括霍華德在內。德國的田園城市學會於 1902 年成立，在田園城市（Gartenstadt）的基本概念之下，積極鼓勵各式各樣的住宅實驗。其中以位於德勒斯登外圍的海樂盧最富盛名。雖然更正確地說，它其實是一座田園郊區，但參觀者無不對其整體規劃之周延和建築工藝的品質印象深刻。尤有甚者，它在 1908 年設立之後，短短數年間就變成一個聚集了 800 多名藝術家、工匠和知識分子的社區，裡面還有一所著名的實驗學校（Buder, 1990, p. 137）。就此而言，海樂盧比列區沃斯更像田園城市。

在德國，另外一個著名的例子是位於埃森（Essen）邊緣的瑪格麗特高（Margarethenhöhe）開發案。田園城市熱衷者極度讚揚它的建築品質和簡潔有力的聚落空間安排。但是在其他方面，瑪

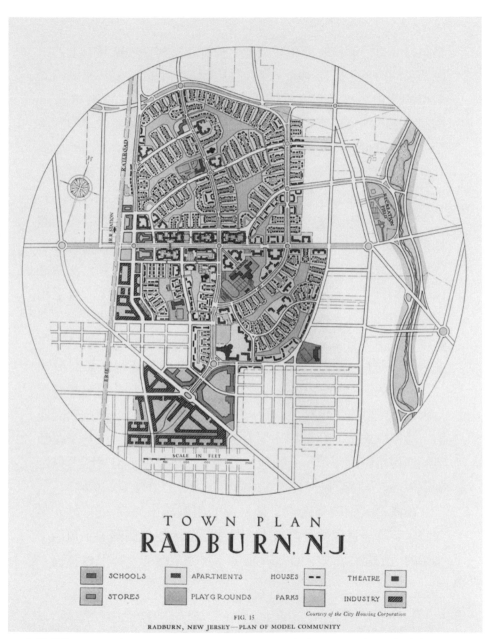

克拉倫斯・史坦（Clarence Stein）和亨利・萊特（Henry Wright）在紐澤西州的雷特朋（Radburn）計畫。

格麗特高更接近日照港和邦威爾等模範工業村莊。雖然有上述田園城市的例子，以及德國早年在住宅改革方面的聲譽，德國田園城市的歷史在第三帝國時期（the Third Reich）有了重大轉變。[2]那個時期的納粹規劃者從霍華德的田園城市理念中攫取了空間秩序的理性思維，在波蘭占領區的東部規劃了重新安置人口的激進計畫。他們想像田園城市能夠提供純粹日耳曼民族一個將異國土地徹底「德國化」的理想環境（Fehl, in Ward, 1992, pp. 88-106）。

　　納粹誤用田園城市的理念，純屬例外，其他運用霍華德田園城市理念的案例，都是心存善念的社會改革。這樣的社會實驗也不局限於歐洲。例如，日本的規劃者在參觀完早期的列區沃斯之後，回到日本就提出田園都市（den-en toshi）的概念，大致上和田園城市的理念一致。在實務上，這個理念促成了一些田園郊區的誕生，但並非真正自給自足的聚落。典型的例子就是 1911 年在大阪附近所推動的一些開發計畫。它是由美濃電氣鐵路公司（Mino Electric Railway Company），基於開發未來潛在顧客群所推動的住宅計畫，但結果只是以田園都市作為號召的傳統田園郊區。這種模式在 1913 年時，又在東京附近加以複製，由一家厚顏無恥地採用田園都市為名的地產公司，加以推動，但實際上只是製造更多的田園郊區而已（Watanabe, in Ward, 1992, pp. 69-87）。

　　在澳洲，田園郊區也是最常見的田園城市變種。在 1920 年代時，有許多這樣的計畫推出，其中最著名的三個例子，包括：雪梨附近的岱西維爾（Daceyville）、阿德萊德的萊特上校花園，

---

2. 【譯注】第三帝國，廣義是指在 1933-1945 年之間由希特勒統治的納粹德國。但又可細分為兩個階段，在 1933-1939 年間稱為第三帝國，是希望繼承中世紀的神聖羅馬帝國（第一帝國）和近代的德意志帝國（第二帝國），在 1939-1945 年間，則進一步更名為大德意志帝國。

以及墨爾本的田園城市。澳洲首都坎培拉，也深受田園城市理念的影響（Freestone, in Ward, 1992, pp. 107-126）。從一開始，田園城市協會就刻意在英國屬地推展霍華德的田園城市理念，不斷打著霍華德田園城市的旗號，大規模地巡迴推廣。協會的一名中堅分子威廉・大衛吉（William Davidge），在澳洲巡迴之後，帶回的消息是「在整個巡迴推廣的過程中，讓人感受到無比的熱情，從所得到的報告結果顯示，我們已經奠定良好的基礎」（Hardy, 1991a, p. 100）。

在美國，同樣地，田園城市的理念對於 20 世紀初期全國的住宅興建計畫，有相當廣泛的影響，儘管它們都不是純粹的田園城市。在 1910 到 1916 年間，有許多計畫意圖根據田園城市的原則加以興建，包括 1912 年紐約市著名的森林丘花園（Forest Hills Gardens）（Buder, 1988, p. 161）。然而，在這個例子中，所謂的田園城市，毋寧更像是田園郊區或是模範工業聚落。

在 1923 年時出現一個重要的轉捩點，那就是美國區域計畫協會（Regional Planning Association of America）的成立，這是一個純粹試圖推展田園城市理念的協力團體（Schaffer, in Ward, 1992, pp. 127-145）。該組織的重要領導人劉易士・孟福德指出，在建築師克拉倫斯・史坦（Clarence Stein）的鼓勵和提議之下，一連串的實驗計畫陸續誕生（Buder, 1988, p. 166）。史坦成功地將資本引進紐約，以支持都市住宅公司（City Housing Corporation）的成立，這是一家為了興建田園城市所設立的股份有限公司。可以追溯到 1924 年的陽光花園（Sunnyside Gardens），就是其中的實驗之一，儘管它是在紐約市的行政區內所建造的實驗計畫，而且更接近田園郊區而非田園城市。幾年之後，史坦和他的同儕建築師亨利・萊特（Henry Wright），受命負責一項大膽的計畫，準備

在紐澤西州的雷特朋地區（Radburn）打造一座田園城市。在史坦和萊特的創新計畫當中，他們有效地將一些田園城市的理念，以及汽車人口的新需求，加以結合。至少在小規模的尺度上，他們試圖有效達成「為了汽車時代所打造的城市，同時，也充分展現霍華德最初所想像的自給自足平衡發展」（Fishman, in ward, 1992, p. 149）。然而，事實上，雷特朋從未充分實現它在設計圖上所希望達成的田園城市理想。

在接下來的 1930 年代，透過羅斯福總統新政（New Deal）計畫中的綠帶城市（Greenbelt towns），美國對於田園城市的理念有了新的動力。綠帶城市是由一名經濟學家瑞克斯福德·泰格威爾（Rexford Tugwell）所推動的。他費了一番唇舌，重新闡述霍華德的基本理念：「我的想法是遠離人口聚集的核心地區，找一塊便宜的土地，建立一個全新的社區，吸引人們前來。然後再回到城市，全面拆除貧民窟，改建成公園」（Buder, 1990, p. 76）。泰格威爾原本打算建造 50 座綠帶城市，最終只完成 3 座，分別是馬里蘭州的綠帶城（Greenbelt）、辛辛那提北部的綠丘（Greenhills），以及靠近密爾瓦基的綠谷（Greendale）。

儘管田園城市的理念在英國和海外都有一些進展，但是就一般計畫的實質成效而言，它只是少數極端的小案例。在 20 世紀上半葉展開的新開發案，大部分都是商業算計的產物，而非為了社會改革所推行的計畫。如果要進一步延續田園城市的計畫聚落理想，事情就變得愈來愈清楚：光靠民間的自發性力量，是不夠的。要朝向田園城市的目標邁進，即使是霍華德的一些支持者也看得出來，可能需要放棄他的原始理念，加入一些新的現代元素。「新市鎮」（new towns）一詞適時地填補了這個空缺。

腓德列克·奧斯朋一開始是從事列區沃斯收租人的工作，後

來將其一生投注在田園城市的事業上面，他早在第一次世界大戰之前就理解到，要將新市鎮推展到所需要的規模，必須仰賴國家的支持。在《戰後新市鎮》（*New Towns after the War*）（奧斯朋以「新都市人」〔New Townsmen〕的筆名在 1918 年出版）書中，奧斯朋主張興建 100 座新市鎮（New Townsmen, 1918）。在某些方面，這本書再次確認和適時更新《明日的田園城市》的一些理念，唯一與霍華德不同的地方，就是奧斯朋認為國家的介入，勢所難免。

　　儘管奧斯朋的主張並未立即獲得支持，但是在 1920 和 1930 年代，他不遺餘力地結交達官顯貴。兩位未來的首相，納維爾・張伯倫（Neville Chamberlain）和拉姆齊・麥克唐納（Ramsay MacDonald），分別在不同時間表示，對於威靈田園城市和整個田園城市運動，興趣盎然。後來在 1930 年代，奧斯朋遊說各政黨的政治人物，試圖說服他們都市計畫的好處。他也努力尋求專業者的支持，當一名原先批評田園城市的建築師崔斯坦・愛德華（Trystan Edwards），轉而投入田園城市的事業時，他高興極了。愛德華過去曾經批評田園城市的原始理念有兩個問題。第一個問題是霍華德所提倡的住宅密度太低，難以形成具有社區感的地方鄰里。由於住宅分散，導致交通的距離拉長，而且它比集中的住宅發展，更容易損害農地。另一個批評則是針對霍華德既非城市，亦非鄉村，而是融合二者的建築風格。事實上，愛德華並不反對新聚落的理念本身，在 1933 年時，他曾經用退伍軍人的兵籍號碼 J47458 作為筆名，出版了《為英國建造 100 座新市鎮》（*A Hundred New Towns for Britain*）一書（Edwards, 1933）。在書中，愛德華擬定了一個在 10 年之間興建 100 座新市鎮的計畫，每個新市鎮的人口數量是 50,000 人，比田園城市運動所設定的人口密度

高。它和田園城市的理念有一些出入，但是有關新市鎮計畫的基本理念，卻和奧斯朋的想法一致。不論採取哪一種計畫，人口成長的壓力從四面八方而來，迫使國家在興建計畫聚落方面，不得不採取一些積極的行動。

在一、二次世界大戰之間，奧斯朋努力讓都市計畫登上政治舞臺。在二次大戰期間，則是設法讓好不容易贏得的承諾，得以實現。在這件事情上面，1945 年上臺的工黨政府和剛剛引進的城鄉規劃制度，特別針對新市鎮的興建，到國會提案（1946 年新市鎮法案）。這些新市鎮將成為「適合工作與生活，自給自足的平衡社區」（Aldridge, 1979, p. 48）。對於這一代積極推動田園城市理念的人而言，這代表著一個重大的里程碑。儘管現在換成新市鎮的名稱，但是田園城市的理想，已經從一開始一本廉價的小書，以及一群維多利亞時代的「怪咖」讀者，蛻變成由國會立法通過，即將在全國各地實施的龐大計畫。

第一座新市鎮史蒂芬尼區（Stevenage），在新市鎮法案通過的 1946 年被指定，反映出當時相當急迫的住宅狀況。在田園城市運動的歷史上，這是一個再生的時刻。而奧斯朋作為一個努力不懈的推動者，的確應該為自己的貢獻感到驕傲。他從霍華德的手中接下田園城市的棒子，繼續前進：「我想我個人在新市鎮政策的演進歷程中，扮演著決定性的因素，而這項演進在歷史上是非常重要的。如果沒有我的狂熱信念、持續寫作、演說，尤其是遊說，可能就沒有 1946 年的新市鎮法案」（Mumford and Osborn, 1971, p. 327）。

事實上，這段期間興建的新市鎮，被證實是原始田園城市理念的遠親：它比霍華德認為的理想聚落規模大，它多半是受到住宅需求的驅策，而非人民自由選擇住處的結果，商業考量的成分

較高（而且是以市民的考量為代價），在財務和其他方面也受到
政府單位的嚴格掌控。儘管如此，英國在戰後期間還是成功地推
出許多新市鎮。這些新市鎮的確非常不同於田園城市，但是至少
它們也提供了住在擁擠城市之外的其他生活選擇。在新市鎮成立
的最初 50 年間，英國共有 130 萬人口在 28 個新市鎮找到住所和
工作（Hall and Ward, 1998, p. 53）。如果把原本就居住在指定新市
鎮範圍之內的人口計入，這個數字就提升到 200 萬人。

　　新市鎮發展的第一個階段，標記了高度集中的發展模式，
在 1946-1950 年間執政的工黨政府，共展開了 14 個新市鎮的開
發計畫。其中有 8 個新市鎮是位於倫敦附近，主要是為了紓解首
都不斷向外擴張的燃眉之急。其他的新市鎮計畫，又可分為兩
類。第一類是位於大都會附近的新市鎮，主要是用來疏散都市
過度擁擠的人口，例如位於格拉斯哥附近的東基爾布萊德（East
Kilbride）；另一類是像彼特里（Peterlee）那種用來吸引產業到不
景氣地區設廠的新市鎮；或是像科比（Corby）新市鎮，則是被
選來支持新的鋼鐵產地。這些新市鎮都是戰後工黨政府，對於美
麗新世界的大膽實驗，從一開始就不乏批評之聲。當城鄉規劃部
的首任部長劉易士‧席爾金（Lewis Silkin），在 1946 年 4 月訪問
史蒂芬尼區的工地時，示威抗議者故意把鐵路的車站名稱改為席
爾金鬼站（Silkingrad），憤怒之聲直呼他是一個獨裁者。對於規
劃所帶來的種種變異性，讓人們深深懷疑規劃背後的動機。

　　事實上，當有些人對於新市鎮的想法感到不悅，或是有些人
指出第一批新市鎮的種種缺失時（尤其是和霍華德的原始構想
相較時），歷史紀錄顯示，第一代的新市鎮的確達成了一些具
體成就。例如大衛‧洛克（David Lock）指出，另一個非常靠近
倫敦的新市鎮──哈洛（Harlow），就深受居民喜愛。他將哈洛

的成功歸因於，首席設計師腓德列克・吉伯特爵士（Sir Frederick Gibberd）有效地將整個城鎮的設計，和當地高低起伏的地景，加以結合。他的設計具有整體感，從城鎮的不同地方，都可以清楚地看到相當突出的市中心，而且整個鄰里結構也相當明確，使得當地居民和外來的訪客，都能夠輕易地「閱讀」（辨識）。但是最令人滿意的地方，還是住宅的細膩設計與便利的服務設施：「人們真的非常喜愛」（Lock, 1983, p. 214）。

有 9 年時間是由保守黨執政的 1950 年代，由於他們對於新市鎮並不熱衷，所以這 10 年間只新增了一座新市鎮──康伯諾德（Cumbernauld）。這座新市鎮在一開始，就特別針對比較集中的都市型態，進行設計。這樣的環境對於格拉斯哥附近被重新安排住處的居民而言，相當熟悉。在早期階段，當時第一批居民還可以輕易地將這個新環境，和他們熟悉的格拉斯哥舊城區的惡劣環境，加以對照，所以大家對於新市鎮相當滿意。但是不可避免的，當整個新市鎮逐漸成長之後，各種批評之聲，一如人們對於當代英國都市環境的各種批評，也就隨之而來（Middleton, 1983, pp. 218-231）。

在接下來的 1960 年代，尤其是工黨在 1964 年重新執政之後，進入新市鎮發展的第三階段，共有 13 座新市鎮被指定興建。其中有幾座新市鎮是即將卸任的保守黨政府所指定的，像是史凱摩斯達爾（Skelmersdale）就是為了紓解利物浦的都市擁擠與擴張壓力。後期的新市鎮，反映出各種不同的規劃目的，同時規模也愈來愈大。其中包括 1967 年指定的指標性新市鎮，計畫人口高達 25 萬人的彌爾頓・凱因斯。或許比任何新市鎮都明顯，彌爾頓・凱因斯代表一種對於規劃的新取徑。它除了回應汽車時代的挑戰之外，也試圖保留新市鎮從一開始就強調的鄰里性。彌爾頓・凱

因斯是一個所有人都討厭的地方──住在當地的居民除外。它占地面積廣闊，棋盤狀的道路系統讓交通非常順暢，卻也因此失去了必須依賴汽車才能夠移動的旅客。而且為了自我推銷，有時候它會讓外地人覺得，太過花稍。批評者很容易找出各種缺失，但是整體而言，彌爾頓·凱因斯相當成功。它能夠有效地排除早期新市鎮的大部分問題，而且它的規模又大到足以提供各式各樣的服務設施。雷·湯姆士就宣稱，「彌爾頓·凱因斯的規劃，代表了極致的專業成就」（Thomas, 1983, p. 249）。儘管有這些成功之處，新市鎮的政策，還是逐漸浮現出幡然巨變的徵兆。

　　1973 年在格拉斯哥附近所指定的一座新市鎮──史東浩斯（Stonehouse），就是因為政策的急轉彎，而被迫撤銷。長期以來，在減輕大城市人口過度擁擠的傳統問題上面，新市鎮一直未能滿足人們對它的期待。到了 1970 年代，政治人物終於被迫面對，期待落空的事實。現在被稱為「內城」（inner city）地區的問題，無法再被漠視；再者，它也不單純是住宅失當的問題，而是結合了高犯罪率、高失業率、種族衝突威脅，以及後來稱之為「社會排除」（social exclusion）的複雜問題。已經到了必須集合所有可用資源，來對付內城失敗問題的時候了，這樣的決定在 1977 年時，由掌理都市問題的國務大臣彼得·索爾（Peter Shore）親口證實：英國將不再興建任何新市鎮。

　　自從 1946 年新市鎮法案通過之後的 30 年間，不僅在英國境內興建了許多新市鎮，這股新市鎮風潮，甚至吹到海外各地。自從第一個田園城市實驗展開之後，規劃者和建築師無不承認英國在這方面的領先地位，其他國家為了不同的理由，也紛紛期待新市鎮能夠滿足他們的聚落需求。像是荷蘭、以色列、香港、日本、法國和芬蘭等國家和地區，就是採用新市鎮的一些例子。弔詭的

是，儘管英國早已放棄新市鎮的政策主張，新市鎮的理念還是持續吸引其他地區的興趣。

今日的《明日田園城市》

　　田園城市和新市鎮，現在已經成為歷史學家名正言順的研究主題，而時尚的規劃碩彥，則認為它們應該被編入歷史教材當中。這本由一名速記員，同時也是維多利亞時代末期的發明家，所寫的小書，在現在這個完全不同的時代裡，究竟還有什麼價值呢？有多少我們現在認為理所當然的事情，可能連霍華德本人也不甚清楚。再者，從田園城市那個時代所發展出來的一些理念，在現代所呈現出來的魅力，未必亞於一百年前。它是針對特定文化環境所設計的方案，而且具有某種古老的癖性，但是經過證明，其中某些元素還是禁得起時間的考驗，可以廣泛運用於不同情況。像是霍華德喜愛的人性尺度社區規模、城市與鄉村的結合、田園城市獨特的管理方式，以及它從頭到尾的簡單特性，都讓田園城市的理念，深受當代評論家的青睞。

　　事實上，正當新市鎮政策被摒棄後不久，人們已經用一種嶄新的觀點來評論霍華德所主張的田園城市。在一篇 1975 年發表的〈DIY 新市鎮〉（The do-it-yourself new town）文章中，作者科林・瓦德就曾經主張過一種興建社區的新概念，那就是由居民自己投身規劃、設計和建造他們的家園和鄰里。在城鄉規劃學會的支持和鼓勵之下，瓦德的想法被廣泛地加以討論，到了 1979 年時學會出版了一個「第三個田園城市」的創辦計畫書大綱，為這個未來的新聚落進行簡報：

　　根據人性尺度；以合作經濟為原則；結合城市與鄉村；由
社區掌握自己的發展方向和它所創造的土地價值；彰顯社會
環境的重要性；讓個人和鄰人合作，共同發展自己的想法和
管理自己的事務（TCPA, 1979）。

　　在接下來的 1980 年代，有三項試圖延續和拓展《明日田園
城市》生命的嘗試。第一項嘗試，是在彌爾頓‧凱因斯指定地點
裡面，一些未開發土地上所進行的綠鎮（Greentown）計畫。第
二項嘗試，是在另一個被指定的新市鎮泰爾福德（Telford）範圍
內的萊特摩爾（Lightmoor）計畫。第三項嘗試，是在博肯海德
（Birkenhead）附近的康威（Conway）計畫。和前兩項計畫不同
的是，這是真的試圖提振當地既有社區的計畫。但是這三項計
畫，沒有一個達成支持者的期待，並非因為他們的努力不夠，而
是受限於政治和官僚體制的限制（Hardy, 1991b, pp. 173-192）。雖
然這些試圖重振霍華德田園城市理想的嘗試，並不成功，但卻宣
示了一個即將成為都市計畫主流的新趨勢。

　　尤其是從《明日田園城市》書中所擷取的兩項元素，對於當
代規劃別具意義：第一個元素是創造一個永續城市，第二個元素
是確保這樣的城市得以公平、有效地治理。每一個現代的規劃者
都贊同永續發展的基本理念；那是霍華德曾經提醒過的重要理念。
在這樣的脈絡之下，永續發展是指創造和管理城市，好讓我們現
在所做的事情，不會危害後代子孫的利益。這正是田園城市那時
候，試圖想做的事情。因此，就這點來說，田園城市的原始想法
本身，絕非過時的事物。

　　目前我們身處的世界，似乎離永續城市的創造愈來愈遠。然
而，永續城市的理念，是再簡單不過了。一開始，就以人性尺度

來規劃城市是有道理的，因為大部分的人口可以藉由走路、騎自行車，或是利用大眾運輸系統和現代化的遠距通訊，來接近基本的服務設施。霍華德當時並未處理私人汽車的問題，但是因為他已經如此設計了，所以他也毋需改變田園城市的基本型態。他必須面臨的問題，將是如何限制汽車的使用，如同現在一般。這和都市設計比較無關，而是和政治決心與社會行為密切相關──這個問題甚至在《明日田園城市》書中，有關社會治理的理念部分，曾經被討論過。

霍華德也喜歡小型的聚落，或許有人會認為 30,000 人左右的聚落在當時是很妥適的，但卻完全不適合現代社會。建築師和規劃者曾經耗費相當長的時間爭論，究竟多大才是理想的城市規模？但是實在看不出來擴大城市規模有什麼好處。重點是，不論過去一百年間發生過什麼事情，人還是人，而人性尺度也沒有太大的變化。如果有的話，那就是由於現代社會在其他方面，規模愈來愈大，反而更加凸顯出小地方的價值；在全球網絡的脈絡之下，更增添地方社區的意義。不同的是，現在有更多選項可以用來創造小型聚落，不論是選擇偏遠的地方，或是將它們像磚瓦那樣堆疊起來，形成一種更大的聚落。就某個程度而言，後者正是新市鎮曾經做過的事情，它讓地方鄰里或都市村落，得以和更高層級的服務設施並存；而遠距通訊的現代技術，又增添了更多的可能性。

同樣地，霍華德強調結合城市與鄉村的必要性，也是一種永恆的理想──它是現代社會所理解的永續發展，就像最初的田園城市，它是一種整體的宏觀理念。當然，田園城市本身，提供給人民的是城市和鄉村最好的那一面，這些城鄉結合的優點，清楚地羅列在他的「三個磁鐵圖」當中。霍華德設計了好幾種策略來

達成這個目標，包括以一圈農業地帶圍繞建成地區（這也就是現在環繞在許多現代城市外圍的綠帶前身）的做法，它標示出聚落的邊界，同時也提供近便的農產品。由於現代農業生產、消費者偏好，以及國際貿易的嚴重扭曲，這樣的理想幾乎難以複製。但是至少我們可以重新開始，農民市集的日漸普及，提供了一個可以擴大實施的鼓舞信號。

　　創造在不同層次具有不同意義的城市目標，以及體認城鄉一體的重要性，至今依然是深具吸引力的理念——這在當代的脈絡之下，可以有不同的解讀方式。剛好，城鄉規劃學會本身也透過一份報告——《為永續環境所做的規劃》（*Planning for a Sustainable Environment*）（Blowers, 1993），對這個議題的辯論，有所貢獻。在報告中確認了 5 項永續發展的目標，包括：用來捍衛土地及其他非再生資源的保育措施；與大自然和諧共存的建成發展；避免汙染和其他有害環境健康的事項；確保富有國家目標之達成不是以貧窮國家為代價的社會公平；社區營造和有效的政治參與。這些都是當代社會的目標，但是每一項目標也都和霍華德於英文書名副標題所說的「邁向真正改革的和平之路」（A Peaceful Path to Real Reform），相互呼應。為了釐清這一點，安德魯・波洛爾（Andrew Blowers）在報告中承認：「永續發展所需要的那種，比較平衡和自給自足的都市地區，就某程度而言，已經體現在霍華德的田園城市，以及後來的新市鎮當中」（Blowers, 1993, p. 174）。

　　在《社會城市》（*Socialble Cities*）書中，作者侯彼得和科林・瓦德描繪出霍華德社會城市的現代版本。他們認為「霍華德百年之前的田園城市處方，至今依然非常有用」（Hall and Ward, 1998, p. 209）。尤其是城鄉磁鐵圖和社會城市的概念，在當代社會依然

具有無比的應用價值。在滿足目前英格蘭東南部龐大的住宅需求議題上，侯彼得和瓦德提出一個發展廊道的計畫，在高速鐵路或是其他交通方式的連結之下，發展一系列的群集聚落，聚落之間則是以指定保護的地景，加以區隔。

霍華德的理念也在一些意想不到的地方出現。我們在建築與規劃實務上所知道的新都市主義（new urbanism）當代運動，就是其中一個例子。新都市主義者對於田園城市的傳奇，並非毫無批評，尤其是對於一些混合變形的極低密度開發，批評最甚（Garvin, 1998），但是在其他方面，則是和田園城市的理想，相當契合。新都市主義起源於美國，它的興起是為了回應美國都會地區的擴張蔓延，以及分區使用法規的僵化。新都市主義的倡議者，描繪它是試圖「創造及回復多樣化、可步行、密集、有活力、混合使用的社區……〔包含〕居民日常生活所需的住宅、工作場所、商店、休閒娛樂、學校、公園和市政設施，彼此都在步行可及的範圍之內」（www.newurbanism.org）。如果列區沃斯是田園城市運動皇冠上的珠寶，那麼新都市主義也有它們自己的傳奇亮點——位於佛羅里達海岸的海濱城（Seaside）。由安德烈‧杜安尼（Andres Duany）和伊莉莎白‧普萊特－齊伯克（Elizabeth Plater-Zyberk）兩位建築師所設計的海濱城，試圖重新掌握城鎮生活的古老價值。

在回顧究竟田園城市的哪些部分和今日世界最相關時，或許，我們一不小心就會投注太多注意力在田園城市的物質應用層面，但是霍華德《明日田園城市》書中，顯然還有其他更重要的精華部分，也就是有關土地價值和市政管理的創見，需要被看見。簡言之，透過田園城市的運作，後代居民有機會享受到社區共有土地增值的成果。它意味著，社會共有的理念，將受到長期的背

書。若能有效達成，那麼每一座田園城市，都將成為一個自給自足的福利國家。毫無疑問地，霍華德試圖透過每一個細節，來達成這樣的理念，這正是《明日田園城市》最具革命性的地方。

　　田園城市的原始理念可能已經剝落、褪色，然而只要親自造訪一下現在的列區沃斯，依然可以感受到這個簡單概念的強大威力。雖然霍華德的利潤分享計畫，在一開始就被列區沃斯的創建者所拋棄，但是在田園城市公司股東的適當報酬和回饋社區之間，還是有達到某種程度的妥協。唯一的問題就是，田園城市公司的成功，在長期會吸引房地產投機者和開發商的覬覦，它也導致 1960 年代發生了一系列的惡性併購。經過漫長的政治和法律角力，好不容易才以列區沃斯田園城市公司（Letchworth Garden City Corporation）的新型態扭轉回來。到了 1995 年，它又變身為列區沃斯田園城市襲產基金會（Letchworth Garden City Heritage Foundation），一個具有慈善性質的產業公益社團（Hardy, 2002）。

　　事實上，這個基金會坐擁 5,300 英畝列區沃斯土地，手中的資產超過 9,000 萬英鎊。儘管有許多個別的房地產是以終身保有（freehold）的方式存在，但是基金會還是直接掌控了許多房地產。基金會對於地方政府，也就是北赫福德郡區政府（North Hertfordshire District Council），具有相當大的影響力。北赫福德郡區政府是當地的規劃主管當局，受理各項開發計畫的申請，但是如果沒有基金會事先同意，這些申請案不太可能獲得地方政府同意。透過有效的設計準則，基金會設法將田園城市最好的部分都保留下來。不僅如此，每年基金會還會回饋給社區，遠超過這樣城鎮規模的地方政府，所能夠負擔的收益報酬。

　　儘管列區沃斯並未達到霍華德最初的願景，它還是比大部分

類似規模的地方，更能夠提供更好的生活與工作環境，這可以歸功於最初的計畫構想，尤其是受到社區共有和財富累積等想法所啟發的部分。城鎮信託的想法一點兒也不複雜，但遺憾的是，它在其他地方並未廣泛地被採用。

要瞭解這件事情，只需隨便造訪一個列區沃斯之外的現代城市，就可以看出它們所喪失的寶貴機會。事實證明，即使是英國新市鎮的指標性計畫，它們都和霍華德的簡單構想背道而馳。尤其是國家，她不願意和生活在這些城市裡的市民，有效地分享權力，以確保土地增值的成果得以共享。的確，當新市鎮的資產價值（正如霍華德對於田園城市的準確預測）愈持續上升，累積的財富就愈不可能回饋社區。因此，當 1959 年原來的開發公司到了該清算時，政府特別成立了新市鎮委員會（the Commission for the New Towns）來處理新市鎮的資產，20 多年後的首相柴契爾夫人，指示委員會將剩餘資產售給私人買家，並將利得收歸國庫。

在英國的其他地方，故事的結局就更淒慘。在這些年來，地方政府已經被愈來愈中央集權的繼任政府剝奪權力。即使是近年來新工黨所創造的市長制度，在一開始就不願意放手將原本就應該在地方層級決定的彈性預算，或是裁量權力，交給地方政府。地方政府積弱的結果，就是社區服務的品質不良：既無強而有力的副區，也看不見區域的領導力，更談不上有效提供真正地方層級基本服務的能力。

霍華德在撰寫《明日田園城市》時，當時的倫敦和其他城市的狀況，絕對比現在糟得多；19 世紀連續幾十年的人口快速成長，使得住宅供給和其他服務，無法齊頭並進。但這並非重點，事實上霍華德所提出的想法，是要指出當時的問題，並確保每個人都有更加光明的未來。他是一個永遠的樂觀主義者，同時也是

一個務實主義者。霍華德主張，「在人道主義的計畫中，人們不應該過於現實」。儘管他的書被批評為過於烏托邦，但事實上這本書是極其務實的（Howard, in Beevers, 1988, p. 184）。他的計畫都是腳踏實地，而非稀奇古怪的主張。只要加以實踐，哪怕只是一小部分，成效都是清晰可見的。悲哀的是，這麼有道理，而且很容易理解的想法，卻不見容於社會，不僅在《明日田園城市》出版的時代如此，在往後的日子裡，也是如此。

這種讓人義憤填膺的感覺，在 1917 年時，曾經有一個和腓德列克・奧斯朋同時期的田園城市支持者，C・B・普登（C. B. Purdom），如此表達過：

> 試想，如果不是零星地建造、新增大城市，而是同時興建 50 座或更多 50,000 人規模（比霍華德的理想市鎮規模大）的新城鎮，讓它們成為市民意識與驕傲的中心，用它們來重塑地方生活和習俗，豐富多樣化的國民生活，那麼，這對於英格蘭而言，會有多麼大的意義呀？（Purdom, 1917, p. 17）。

我們也可以想想，在 21 世紀之初，這又具有什麼意義呢？而且，不僅是對於霍華德所在的英格蘭而言，而是世界各地，和建造城市息息相關的所有國家而言。如果，我們能夠善用，並建立在霍華德精心構思出來的特性之上：一個全然更好的城市生活方式的烏托邦願景，加上讓它可以徹底實現的基本常識，或許《明日田園城市》的真正傳奇之處，在於告訴人們，如果我們真的這麼想，也就是結合遠見的胸襟和務實的細節，那麼就真的可以建造出一個超越目前想像的都市世界。

圖片來源

班・提利特的炭筆肖像 © National Portrait Gallery。

湯姆・曼恩的炭筆肖像 © National Portrait Gallery。

三個磁鐵圖 © Ebenezer Howard Archive, Hertfordshire Archives and Local Studies, Hertfordshire County Record Office。

萬能鑰匙圖 © Ebenezer Howard Archive, Hertfordshire Archives and Local Studies, Hertfordshire County Record Office。

約翰・羅斯金 © National Portrait Gallery。

碧翠斯和席德尼・韋伯夫婦 © National Portrait Gallery。

列區沃斯的農業地產 © Hertfordshire Archives and Local Studies, Hertfordshire County Record Office。

重繪的愛德華一世在位時的溫切爾西 © Winchelsea Museum。

約瑟夫・張伯倫 © National Portrait Gallery。

在避風港盾牌酒館前聚集的布蘭森居民和股東 © Brentham Heritage Society。

亞瑟・詹姆士・鮑爾福 © National Portrait Gallery。

蓋馬斯舉辦的五月節活動 © California State University, Fresno。

拉濟會嘉年華 © California State University, Fresno。

莫爾頓大教堂內的印花布區 © William Morris Gallery。

愛德華・吉朋・威克菲爾德畫像 © National Portrait Gallery。

詹姆士・席克・白金漢的肖像 © National Portrait Gallery。

《童子軍》封面 © Working Class Movement Library。

羅伯特・布拉特奇福德的肖像 © National Portrait Gallery。

倫敦第三條深層地鐵線開通時的印刷品 © London Transport Museum。

約翰・伯恩斯的卡通線稿圖 © National Portrait Gallery。

約 1870 年時伯明罕的立區菲爾德街 © Birmingham City Library Services。

約 1899 年時伯明罕的公司街 © Birmingham City Library Services。

參考文獻

Aalen, F. H. A. (1992) English origins, in Ward, S. V. (ed.) *The Garden City: Past, Present and Future*. London: Spon, pp. 28-51.

Aldridge, M. (1979) *The British Towns: A Programme without a Policy*. London: Routledge & Kegan Paul.

Ambrose, P. and Colenutt, R. (1975) *The Property Machine*. Harmondsworth: Penguin Books.

Ashworth, W. (1954) *The Genesis of British Town Planning: A Study in Economic and Social History of the Nineteenth and Twentieth Centuries*. London: Routledge & Kegan Paul.

Bailey, J. (1955) *The British Co-operative Movement*. London: Hutchinson's University Library.

Barker, T. C. and Robbins, M. (1974) *A History of London Transport*. Vol. II. The Twentieth Century to 1970. London: George Allen and Unwin.

Beaufoy, H. (1997) 'Order out of chaos': The London Society and the planning of London 1912-1920. *Planning Perspectives*, 12, pp. 135-164.

Beer, M. (ed.) (1920) *The Pioneers of Land Reform*. London: G. Bell and Sons.

Beevers, R. (1988) *The Garden City Utopia: A Critical Biography of Ebenezer Howard*. London: Macmillan.

Bendixson, T. and Platt, J. (1992) *Milton Keynes: Image and Reality*. Cambridge: Granta Editions.

Benevolo, L. (1967) *The Origins of Modern Town Planning*. Cambridge: Mass.: MIT Press.

Blatchford, R. (1976, 1893) *Merrie England*. London: Journeyman Press.

Blowers, A. (ed.) (1993) *Planning for a Sustainable Environment*. London: TCPA.

Breheny, M. and Rookwood, R. (1993) Planning the sustainable city region, in Blowers, A. (ed.) *Planning for a Sustainable Environment*. London: Earthscan, pp. 150-189.

Buckingham, J. S. (1849) *National Evils and Practical Remedies, with the Plan of a Model Town... Accompanied by an Examination of some important Moral and Political Problems*. London: Peter Jackson.

Buder, S. (1990) *Visionaries and Planners: The Garden City Movement and the Modern Community*. Oxford: Oxford University Press.

Bunker, R. (1998) *Process and form in the foundation and laying out of Adelaide*. Planning Perspectives, 13, pp. 243-256.

Calthorpe, P. (1993) *The Next American Metropolis: Ecology, Community, and the American Dream*. Princeton: Princeton Architectural Press.

Calthorpe, P. and Fulton, W. (2001) *The Regional City: Planning for the End of Sprawl*. Washington: Island Press.

Chase, S. (1925) *Goals to Newcastle*. The Survey, 54, pp. 143-146.

Cherry, G. E. (1994) *Birmingham: A Study in Geography, History and Planning*. Chichester: Wiley.

Clark, C. (1951) *Urban population densities.* Journal of the Royal Statistical Society A, 114, pp. 490-496.

Clark, C. (1957) *Transport: maker and breaker of cities.* Town Planning Review, 28, pp. 237-250.

Clark, C. (1967) *Population Growth and Land Use.* London: Macmillan.

Darley, G. (1975) *Villages of Vision.* London: Architectural Press.

Deakin, D. (ed.) (1989) *Wythenshawe: The Story of a Garden City.* Chichester: Phillimore.

Douglas, R. (1976) *Land, People & Politics: A History of the Land Question in the United Kingdom, 1878-1952.* London: Allison & Busby.

Edwards, A. Trystan (1933) *A Hundred New Towns for Britain.* London: Simkin Marshall.

Evans, G. E. (1983) *The Strength of the Hills: An Autobiography.* London: Faber.

Fishman, R. (1977) *Urban Utopias in the Twentieth Century: Ebenezer Howard, Frank Lloyd Wright and Le Corbusier.* New York: Basic Books.

Garvin, A. (1998) Are garden cities still relevant? *Proceedings of the 1998 National Planning Conference,* AICP Press (http://www.asu.edu/caed/proceedings98/Garvin/garvin.html).

Girouard, M. (1985) *Cities and People: A Social and Architectural History.* New Haven: Yale University Press.

Graybar, Lloyd J. (1974) *Albert Shaw of the Review of Reviewers: An Intellectual Biography.* Kentucky: University of Kentucky Press.

Hall, P. (1974) England circa 1900, in Darby, H. C. (ed.) *A New Historical Geography of England.* Cambridge: Cambridge University Press, pp. 674-746.

Hall, P. (2002) *Cities of Tomorrow: An Intellectual History of Urban Planning and Design in the Twentieth Century,* 3rd ed. Oxford: Basil Blackwell.

Hall, P. and Ward, C. (1998) *Sociable Cities: The Legacy of Ebenezer Howard.* Chichester: Wiley.

Hardy, D. (1991a) *From Garden Cities to New Towns: Campaigning for Town and Country Planning, 1899-1946.* London: E and FN Spon.

Hardy, D. (1991b) *From Garden Cities to New Towns: Campaigning for Town and Country Planning, 1946-1990.* London: E and FN Spon.

Hardy, D. (2000) *Utopian England: Community Experiments 1900-1945.* London: E and FN Spon.

Hardy, D. (2002) *Letchworth: A ticket to utopia.* Town and Country Planning, 72, pp. 76-77.

Hardy, D. and Ward, C. (1984) *Arcadia for All: The Legacy of a Makeshift Landscape.* London: Mansell.

Hoggart, R. (1958) *The Uses of Literacy: Aspects of Working-Class Life with Special Reference to Publications and Entertainments.* Harmondsworth: Penguin Books.

Howard, E. (1902) *Garden Cities of To-morrow: being the Second Edition of 'To-morrow: A Peaceful Path to Real Reform'.* London: Swan Sonnenschein.

Howard, E. (1946) *Garden Cities of To-morrow.* Edited, with a Preface, by F. J. Osborn. With an Introductory Essay by Lewis Mumford. London: Faber and Faber.

Howard, E. (1985) *Garden Cities of To-morrow.* New Illustrated Edition, with and introduction by R. Thomas. Builth Wells: Attic Books.

Hughes, M. R. (ed.) (1971) *The Letters of Lewis Mumford and Frederic Osborn* Bath: Adams and Dart.

Jackson, A. (1993) *'Sermons in brick': Design and social purpose in London Board Schools.* The London Journal, 18, pp. 31-44.

Jackson, F. (1985) *Sir Raymond Unwin: Architect, Planner and Visionary.* London: Zwemmer.

Jahn, M. (1982) Suburban development in Outer West London, 1850-1900, in Thompson, F. M. L. (ed.) *The Rise of Suburbia.* Leicester: Leicester University Press, pp. 93-156.

Keynes, J. M. (1933) *Alfred Marshall, in Essays in Biography.* London: Macmillan, pp. 150-266.

Kropotkin, P. A. (1899) *Fields, Factories and Workshops.* London: Hutchinson.

Kropotkin, P. (1985) *Fields, Factories and Workshops.* New annotated edition edited by Colin Ward. London: Freedom Press.

Krugman, P. (1991) *Geography and Trade.* Leuven and Cambridge, MA: Leuven University Press and MIP Press.

Kurgman, P. (1995) *Development, Geography, and Economic Theory.* Cambridge, MA: MIT Press.

Lock, D. (1983) *Harlow: The city better.* Built Environment, 9, pp. 210-217.

Marshall, A. (1884) *The housing of the London poor.* I. Where to house them. Contemporary Review, 45, pp. 224-231.

Marshall, A. (1920, 1890) *Principles of Economics.* London: Macmillan.

MacKenzie, N. and MacKenzie, J. (1977) *The First Fabians.* London: Weidenfeld and Nicolson.

Meller, H. E. (ed.) (1979) *The Ideal City.* Leicester: Leicester University Press.

Meyerson, M. (1961) *Utopian traditions and the planning of cities.* Daedalus, 90, pp. 180-193.

Middleton, A. (1983) *Cumbernauld: Concept, compromise and organizational conflict.* Built Environment, 9, pp. 218-231.

Miller, M. (1989) *Letchworth: The First Garden City.* Chichester: Phillimore.

Mullin, J. R. and Payne, K. (1997) Thoughts on Edward Bellamy as city planner: the ordered art of geometry, *Planning History Studies*, 11, pp. 17-29.

Mumford, L. (1946) The Garden City idea and modern planning, in Howard, E., *Garden Cities of Tomorrow*, London: Faber and Faber, pp. 29-40.

Mumford, L. and Osborn, F. J. (edited by Hughes, M. R.) (1971) *The Letters of Lewis Mumford and Frederic J. Osborn: A Transatlantic Dialogue 1938-70.* Bath : Adams an Dart.

New Townsmen (1918) *New Towns after the War.* London: Dent. New Urbanism (http://www.newurbanism.org)

Osborn, E. J. (1946) Preface, in Howard E. *Garden Cities of Tomorrow.* London: Faber and Faber, pp. 9-28.

Osborn, E. J. (1950) Sir Ebenezer Howard: The evolution of his ideas. *Town Planning Review*, 21, pp. 221-235.

Osborn, E. J. (1970) *Genesis of Welwyn Garden City: Some Jubilee Memories.* London: TCPA.

Owens, S. E. (1986) *Energy, Planning and Urban Form.* London: Pion.

Perkin, H. (1989) *The Rise of Professional Society: England since* 1800. London: Routledge.

Plowden, W. (1971) *The Motor Car in Politics* 1896-1970. London: The Bodley Head.

Purdom, C. B. (1917) *The Garden City after the War.* Letchworth.

Putnam, R. D. (2000) *Bowling Alone: The Collapse and Revival of American Community.* New York: Simon and Schuster.

Reid, A. (2000) *Brentham: A History of the Pioneer Garden Suburb* 1901-2001. Ealing: Brehtham Heritage Society.

Reiner, T. A. (1963) *The Place of the Ideal Community in Urban Planning.* Philadelphia: University of Pennsylvania Press.

Reiss, R. L. (1918) *The Home I Want.* London: Hodder and Stoughton.

Richardson, B. W. (1876) *Hygeia: A City of Health.* Reprinted (1998) in LeGates, R. and Stout, F. *Selected Essays (Early Urban Planning* 1870-1940, Vol. I), n. p. London: Routledge.

Robson, E. R. (1874) *School Architecture:* Being Practical Remarks on the Planning, Designing, Building, and Furnishing of School Houses. London: John Murray.

Saiki, T., Freestone, R. and van Rooijen, M. (2002) *New Garden City in the 21ˢᵗ Century?* Kobe: Kobe Design University.

Scott, A. J. (1986) Industrial organization and location: Division of labor, the firm and spatial process. *Economic Geography*, 62, pp. 215-231.

Scott, A. j. (1988a) *Metropolis: from the Division of Labor to Urban Form.* Berkeley: University of California Press.

Scott, A. J. (1988b) Flexible production systems and regional development: The rise of new industrial spaces in North American and Western Europe. *International Journal of Urban and Regional Research*, 12, pp. 171-186.

Scott, A. J. and Storper, M. (ed.) (1986) *Production, Work, Territory: The Geographical Anatomy of Industrial Capitalism.* Boston: Allen and Unwin.

Shaw, Albert (1895a) *Municipal Government in Great Britain.* New York: Century Company.

Shaw, Albert (1895b) *Municipal Government in Continental Europe.* New York: Century Company.

Shaw, G. B. (1919) *Heartbreak House, Great Catherine.* O'Flaherty V. C. The Inca of Perusalem. Augustus does his Bit. Annajanska, the Bolshevik Empress. London: Constable.

Skilleter, K, J. (1993) *The role of public utility societies in early British town planning and housing reform,* 1901-36. Planning Perspectives, 8, pp. 125-165.

Stern, R. A. M. (1986) *Pride of Place: Building the American Dream.* Boston: Houghton Mifflin.

Stone, P. A. (1959) *The economics of housing and urban development.* Journal of the Royal Statistical Society A, 122, pp. 417-476.

Stone, P. A. (1973) *The Structure, Size and Costs of Urban Settlements.* Cambridge: Cambridge University Press (National Institute of Economic and Social Research, Economic and Social Studies, XXVIII).

Tarn, J. N. (1973) *Five per cent Philanthropy: An Account of Housing in Urban Areas between* 1840 *and* 1914. Cambridge: Cambridge University Press.

Thomas, R. (1983) *Milton Keynes: A city of the future*. Built Environment, 9, pp. 245-254.

Thomas, R. (1996) *The economics of the new towns revisited*. Town and Country Planning, 65, pp. 305-308.

TCPA (1979) *A Third Garden City Outline Prospectus*. Town and Country Planning, 48, pp. 226-235.

Wakefield, E. G. (1849) *A View of the Art of Colonization, with Present Reference to the British Empire; in Letters between a Statesman and a Colonist*. Edited [or rather written] by E. G. W. London: n. p.

Ward, C. (1989) *Welcome, Thinner City*. London: Bedford Square Press.

Ward, C. (ed.) (1993) *New Town, Home Town: The Lessons of Experience*. London: Gulbenkian Foundation.

Ward, S. V. (ed.) (1992) *The Garden City: Past, Present and Future*. London: E and FN Spon.

Wells, H. G. (1902) *Anticipations of the Reaction of Mechanical and Scientific Progress upon Human Life and Thought*. London: Chapman and Hall.

原書索引

A

Act of Parliament 國會法案強制徵收稅金非必要 172（見 Parliament）

Administration 行政管理　第六、七、八、十章；圖（五）；（對其不滿意不會大於任何其他自治市 227

Agricultural Land 農業土地（與市地比較價值低）121；（未來價值可能上升）243

Allen, Mr. Grant, Description of London 葛蘭特・愛倫先生（對倫敦的描述）298

Allotments 市民農園（有利情況）126；（通常收取高租金）126

Ancient Mariner 古水手（歌謠）310

Appropriation of wealth-forms advocated by Socialists 社會主義者主張的財富利用形式 256；（作為新創造的對抗計畫）261

Austen, Professor Roberts, on the despair of London Statuses 羅伯茲－奧斯汀教授（論倫敦雕像的慘狀）93

B

Bakeries 麵包店 195

Balfour, Right Hon. A. J. 鮑爾福議員（論移民城市）208；（工人階級的真正問題在於生產，不在分配）256

Baker, Sir Benj. 班雅明・貝克爵士（倫敦的汙水）125；（倫敦的鐵路）277

Banks, Penny 小額銀行 204

Barwise, Dr. 白懷斯醫師（德比夏郡的水荒）94

Beauty and Utility, Emerson on 美與效用（愛默生談論）309

Bees, Tolstoy on 蜜蜂（托爾斯泰談論）235

Binnie, Sir Alexander 亞歷山大・畢尼爵士（倫敦的汙水）125

Birmingham 伯明罕（瓦斯利潤）172；（供水成本）316

Blake's resolve 布萊克的決心 105

Boffin, Mr. and Mrs 博芬夫婦 181

Bruce, Lord, Liquor Traffic 布魯斯勳爵（談酒的稅收）88

Brussels, Boulevard du Midi 布魯塞爾（米地大道）108

Buckingham, J. S. 白金漢（的綜合計畫）243

Building lots 建地（數量與規模）138；（預估租金）139

Building Societies 住宅合作社（的領域）204

Burns, Mr. J., M. P. L. C. C. 伯恩斯國會議員 205、293

C

Canals 運河 275，276，附錄，圖（六）、（七）

Capital 資本（如何籌措）106、121；（安全保障）169-172（見 Wealth Forms and Vested Interests）

Cawston, Arthur 亞瑟‧凱斯頓（倫敦改善計畫）299

Central Council 市議會（的權利、權力與責任）182；（權力的委派）183；（如何組成）184

Chamberlain, Right Hon. Joseph 約瑟夫‧張伯倫議員（自治市的限制）180

Charitable Institutions 慈善機構 111、171

Children and water famine 兒童與水荒 93；（臨近學校）147

China 中國（鴉片的影響）88

Churches 教堂 109、138

Circle, Railway 環狀鐵路 109；（成本）164、166；（鐵路及運河法案）166

Cities, growth 都市（成長警訊）88；（真正的成長模式）149

Clifford, on growth of railways 克里福德（論鐵路成長）274

Coales, Mr. H. G., Water power 赫伯特‧克利斯先生（水力）319

Cobbette, on London 科貝特（論倫敦）89

Common ownership of land 土地共有 204；（如何產生）262

Communism, Difficulties of 共產主義（的困難）223-225

Compensation for improvements 土地改善的補償 126

Competition 競爭（決定地租）106、109、184；（系統測試）108；（價格效果）194

Consumers' League 消費者聯盟 196

Co-operative farms 合作農場 109

Co-operative kitchens 合作廚房 108

Co-operative organization and disorganization 合作社組織及其解體 206

Co-operative stores 合作商店 196

Co-operative principle 合作原則（大量成長空間）110、181、196

Country, depopulation of 鄉村（人口減少）88

Country life and town life contrasted and combined 鄉村生活與城市生活的比較與結合 91-95

County Councils 郡政府（較大權力）279

Cow pastures 牧地 109

Cricket fields 板球場 169

Crystal Palace 水晶宮 88、107

D

Daily Chronicle《每日紀事報》（重新安置成本）89；（伊斯特波恩的學校）168；（社會主義和個人主義之間的中道）223；（巴拉圭的實驗）226；（庶民藝術與文化）

273；（論風車）317

Daily News《每日報》（村莊生活）90

Darwin, Chas, on necessity for coherence 查爾斯‧達爾文（論凝聚的必要性）217

Debentures A A 類債券（利率及保障）106、169

Debentures B B 類債券（利率及保障）144、145、169

Departments, The 事業部門 182

Diagrams 圖（三磁鐵圖）；（田園城市圖）；（地租遞減要點圖）；（行政管理圖）；（供水系統圖）；（社會城市圖），卷首彩頁

Dickens, Chas. 查爾斯‧狄更斯（對家的訴求）163

Distribution of wealth（更公平的）財富分配（結合更大產出），圖（五）

E

Eastbourne, School at 伊斯特波恩（的學校）167

Echo《回聲報》（論牛奶）125；（論學校的遊戲場）143

Electricity 電力（在曼徹斯特的利潤）172

Electric light 電燈 124；附錄 319

Emerson, R. W. 愛默生 309

Estimates 估算 165

Experimental method, James Watt's（詹姆士‧瓦特的）實驗之道 217

F

Factories 工廠 109；圖（三）；（估計地租）140

Failures foundation of success 失敗是成功的基礎 223；（過去失敗的原因）第十章

Fairman, Frank 法蘭克‧費爾曼（無法扶助窮人而不壓迫富人）257

Farningham, Miss Marianne 瑪莉安‧費寧漢小姐（《1900?》）239

Farquharson, Dr., on rings of middlemen 法克森博士（論層層的中間商）124

Farrar, Dean, Growth of cities 法拉爾主教（談論都市成長）89

Floods and water famine 洪水和水荒 93、310

Force without compared with impulse within 未與內在衝動比較的資本力量 281

Freedom 自由（見 Liberty）

G

George, Henry, All blame on landlords 亨利‧喬治（全怪罪地主）262

Goethe, Duty is the demand of the hour 歌德（談責任需要時間證明）255

Gorst, Sir John, on growth of cities 約翰‧歌爾斯特爵士（論都市成長）89、95

Grand Arcade 拱廊大街（見 Crystal Palace, Local Option）

Green, J. R., on sudden changes 格林（論突然改變）87

Ground rents 1s. 1d. per head 每人每年繳納 1 先令 1 便士的土地租金（如何適用）138

H

Hastings, Rev., on Paraguay experiment 哈斯汀牧師（論巴拉圭的殖民實驗）226

Hawthorne 霍桑（論人類天性像馬鈴薯，需要移植）273

Hobson, Physiology of Industry 霍布森（產業生理學）207

Hugo, Victor, on Parasitism 維克多‧雨果（論寄生）121

Hyndman, Mr. Views of 韓德曼先生（的觀點）258

Hygeia 海吉雅 121

I

"Impossibility," An, becomes a reality 「不可能」成為現實 209

Increment of land value secured by migrants 移民所保障的土地增值 122

Individual taste encouraged 鼓勵個人品味偏好 108

Individualism and Socialism 個人主義與社會主義（二者不應截然劃分）218；（結合的原則）224；（羅斯貝里勳爵主張的實現原則）257；（社會必須更加個人主義和更加社會主義）256

Inspection 檢查 107、183

Insurance against accident or sickness 意外與疾病保險 93

Interest 利息（見 Debentures）

Irrigation 灌溉 312、313

Isolated efforts, necessity for 各自努力的必要性 224

Issues, distinct, raised at election times （選舉時產生的明顯）課題 185

J

Jerusalem, Blake's Resolution 耶路撒冷（布萊克的決心）105

K

Kelvin, Lord 凱文勳爵（無風時）318；（論風車）318

Kidd, Mr. Benj. 班雅明‧奇德先生（論社會與個人間的利益衝突）257

L

Labour leaders, a programme for 勞工領袖（的計畫）206

Labour saving machinery 省力機械 153

Land compared with other wealth forms 土地相較於其他財富形式 258、261

Landlord 地主（一般人潛在成為）262；（地主會分裂為兩大陣營）280、281；（地主的監督）296

Landlord's rent 地租（名詞定義）106；（地租遞減要點）123；（在田園城市地租數額不高）93

Land system may be attacked without attacking individuals 土地系統可能遭受影響但不影響個人 121、262、279

Large farms 大型農場 109

Laundries 洗衣店 195

Lawn tennis courts 草地網球場 169

Leases contain favourable covenants 有利的租約 138

Liberty, Principles of 自由原則 110、203、224、242、294

Library, Public 公共圖書館；圖（三）；（成本）138、145

Lighting 照明 95、110、172，附錄

Local option and shopping 地方選擇權與購物 192；（對價格、品質與工資的影響）194；（風險遞減）194；（減少營運費用）195；（檢查是否剝削勞工）195；（適用酒稅）79

Local Self-government 地方自理（問題的解決）184

London 倫敦（羅斯貝里勳爵論倫敦的成長）88；（高租金）122；（高租金即將下跌）294；（汙水系統）126；（區域相對於人口太小）137；（與田園城市比較）148；（學校用地與建造成本和田園城市比較）147；（住宅成本）150、151；（供水系統成本）326；（商店數量過多）191；（期待鐵路系統）275；（和田園城市系統比較）276；（它的未來）第十四章；（普遍預測它的持續成長）293；（導致倫敦郡政府的錯誤政策）294；（它的龐大負債與小額資產）295、296；（人口持續外移使得土地價值下降和每人平均負擔的稅金增加）296；（往來工作的交通成本不斷增加）296；（對此和田園城市的比較）300；（貧民窟的房地產價值降至零）296；（倫敦的轉變）296；（倫敦對抗地主的罷工）297；（除非徹底重建，否則會變成荒廢的「髒亂村莊」）297；（現行的重建提案）298

M

Machinery 機械 106

Magnets, The Three 三磁鐵 92

Manchester 曼徹斯特（電力利潤）172

Mann, Tom 湯姆・曼恩（論鄉村的人口減少）90

Manufactures 製造業（工人的選擇）106

Markets 市場 106；（城市形成農民的天然市場）106、110

Marshall, Professor 馬歇爾教授（論倫敦的過度擁擠）137；（論組織移民）148

Marshall, A. and M. P. 馬歇爾夫婦（論倫敦商店數量過多）191

Mason, Mr. Chas. C. E. 查爾斯・梅森先生（論地下管道）152

Master-Key 萬能鑰匙 91

"Merrie England" 《美好的英格蘭》（提案中的不一致）259

Mexico experiment 墨西哥實驗 226

Middlemen 中間商（數量的減少）125

Migration 移民（a. 結合城鄉優點）第一、二、三章等；（b. 充分提升土地價值）122；（有關商業干擾補償的節省）149、208；（d. 大幅降低鐵路運費）124、149；（e. 良好規劃城市的優點與經濟效益）149；（f. 在其地域之內的良好供水系統）附錄；

（g. 工人接近工作的近便性）152、313；（h. 大幅的地方自理）183；（i. 空間遼闊及避免擁擠）205；（k. 逃避目前自治市責任的方法）296；（l. 失業人口的工作領域）207；（威克菲爾德倡議的移民）237；（馬歇爾教授倡議的移民）238

Milk 牛奶（運費節省效果）125

Mill, J. S. 彌爾（對威克菲爾德的背書）237；（論財富的短暫性質）258

Misgovernment 政府管理不當（的稽核）181

Money not consumed by being spent 資金花費並未消耗 206；（從非必要用途釋出的重要性）207；（自由運用）208

Monopoly 壟斷（非僵固）110；（在商店經營可避免壟斷，確保競爭）193

Morley, Right Hon. J. 約翰‧莫雷議員（論禁酒改革）87；（論逐漸採取新觀念）203

Motive power 動力 附錄

Mummery and Hobson 蒙馬利與霍布森（產業生理學）207

Municipal enterprise 市營企業（成長如何決定）110；（限制）180；（相較於私人企業規模尚小）226

N

Nationalisation must be preceded by humbler tasks 國有化必須以更謙卑的方式進行 205

Neale, Mr. V. 尼爾先生（論倫敦的商店過多）191

Need, An urgent （迫切）需求 255

Nunquam 南況（見 Merrie England）

O

Old age pensions 老人年金（見 Pensions）

Order and Freedom, reconciliation of （重新協調）秩序與自由 293

Ornamental waters 景觀用水 附錄

Over-crowding, prevented （預防）過度擁擠 205

Owen, A. K., Experiment of 歐文的實驗 226

P

"Palingensia; or the Earth's New Birth"《帕林吉尼西亞，或是地球的新生》275

Paraguay, Experiment of 巴拉圭的實驗 226

Parasitism, effect of suppression of, Victor Hugo on （維克多‧雨果論）寄生（的遏制效果）121

Parks and gardens 公園和庭園 107、138；（的成本）167

Parliamentary powers unnecessary in the early stage of railway enterprise, but requisite later; so in relation to the reform initiated by proposed experiment 國會力量在鐵路企業發展初期毋需介入，但後期則需仰賴（有關實驗提案的改革）273-281

Parry, Mr. John 約翰‧貝里先生（論及每人每天 19 噸的水量）310

Pensions 年金 122、171

Philanthropic Institutions 慈善機構 111、171

Plan 計畫（在建造城市上的重要性）149

Playgrounds 遊戲場（見 Parks）

Police 警察 171

Poor law administration 不良的法律管理 171

Population, England and Wales 人口（英格蘭和威爾斯）123

Prices raised to producer, diminished to consumer （生產者提高的）價格（對顧客而言會遞減）124、293

Private and public enterprise 私人與公營企業（見 Municipal）

Production 生產（鮑爾福議員論提高生產的必要性）256；（確保提高生產與分配之間必須更加公平）256

Pro-Municipal enterprise 代市營企業 第八章

Public-houses 酒坊（見 Temperance）

R

Railways 鐵路（其快速成長）274；（仔細規劃的鐵路系統）276；（在倫敦的混亂情形）276；（鐵路系統的建造是一個龐大秩序）；（更龐大的鐵路系統有待實現）282

Railway rates 鐵路費率（的降低）124、149、166、293

"Rate-rent" 「稅－租」（名詞定義）127；（由競爭所決定的稅－租收益）106、108、121、183；（承租人有某種偏好）126；（由委員會評估）183；（估計從農地而來的稅－租）第二章；（估計從市地而來的稅－租）第三章；（這些收益的用途）第四、五章

Rates levied by outside bodies 由當局之外所課徵的稅金 165、171

Rates Receipts of Local Authorities for1893-4 1893-4 年度地方當局所課徵的稅金 123

Recreation 休閒娛樂（划船、游泳、放風箏）（見 Parks）

Rents 租金（計算英格蘭和威爾斯所得到的）123

Revolution, Social, at hand（眼前的）社會革命 279

Rhodes, Dr. 羅德斯博士（論城市的成長）89

Richardson, Sir. B. W. 理查生爵士（論海吉雅）121

Richardson, Mr. 理查生先生（該如何實現）147

Risk of shopkeepers 店主的風險 194

Roads 道路（維護成本低）108、109；（估算的道路成本）165-167

Rosebery, Lord 羅斯貝里勳爵（將倫敦比喻為腫瘤）89；（論借用個人主義和社會主義的想法）257

Ruskin, Mr. J. 羅斯金先生（死寂的空氣不會甜美）105

S

Sanitation 衛生 93；（理查生爵士論衛生）121

St. James Gazette《聖詹姆士公報》（論危險的都市成長）90

Schools 學校（用地）109；（與倫敦比較）146；（預估的建造與維護成本）165、166

Semi-municipal industry 半市營產業（名詞定義）191、192

Sewage 汙水下水道 109；（維克・雨果論）123；（下水道系統的成本）165；（在倫敦的困難）126

亞伯特・蕭先生 Shaw, Mr. Albert（論城市生活的科學）179

Shaw-Lefevre, Right Hon. G. J. 蕭－列斐爾伯爵（論倫敦的混亂成長）143

Shops, factories & c. 商店、工廠等（預估租金）140；（在倫敦數量過多）191；（預防倍增）192；（店主的風險降低）194（見 Local Option 及 Crystal Palace）

Sinking fund for land 土地償還基金 106、121、160、142；（機具償還基金）164、172

Slum property declines to zero 貧民窟房地產價值降至零 296；（貧民窟土地清除改設公園）296

Small holdings 小型農場 109

Smoke, absence of （沒有）煙霧 259

Social cities 社會城市 圖（七），第十三章

Socialism complete 完全社會主義（的困難）（《每日紀事報》）223；（社會主義計畫不代表實驗可以順利進行的基礎）225；（社會主義作家之間的不一致）258；（他們忽略土地問題）262；（其威脅不受重視）279；（其努力甚少成功）281

Spencer, Herbert 赫伯特・史賓塞（擁護國家管理的土地共有）236；（他撤銷提案的理由）（a. 國家控制的壞處）241；（但是我的計畫，就像史賓塞的計畫，可免於這壞處）241；（b. 以平等條件取得土地並讓購買者合算的困難）241；（在我的計畫中可完全摒除這些困難）242；（在我的計畫中可實現所有人皆有權使用地球土地的「絕對倫理格言」）243；（他從自己口中說出反對國家控制的原則）241

Star, The 《星報》（論鄉村人口的減少）70

Stereoscopic view of life 生活的雙重觀點 218

Strand to Holborn, new street 河濱大道到霍爾本的新街道 89

Strikes 罷工（真假）206；（倫敦反對地主當權的罷工）297

Subways 地下管道（的需求與日俱增）152；（撐起蓄水池所挖掘的泥土）314

Sun, The 《太陽報》（論地下管道）152

Sweating 血汗剝削（為公共良知表達反對的機會）196

T

Temperance 禁酒（約翰・莫雷議員論）87；（布魯斯勳爵論）88；（可能導向禁酒的實驗）196

The Times 《泰晤士報》（論突然改變）90；（論風車）317

The Times 《泰晤士報》（三磁鐵）圖

Tillett, Mr. Ben 班・提利特先生（論鄉村人口減少）90

Tolstoy, Count Leo 列夫・托爾斯泰伯爵（以一群蜜蜂作比喻）235

Topolobampo experiment 托波洛班波實驗 226

Town life and country life contrasted and combined 城市生活和鄉村生活的比較與結合 91

Tramways 電車 172、276

Trees 樹木 108、138

U

"Unearned increment" a misnomer 「不勞而獲土地增值」的誤稱 121

United States, Cities of 美國城市 149、150

V

Variety in architecture 建築的變化 108；（對土壤的培育）109；（相關就業）243、244

Vested Interests 既得利益（間接威脅，分化）279；（過去發生過相同事情）280；（具有技術、勞力、衝勁、才能和勤勉的工人既得利益和土地、資本兩股既得利益結合在一起）282

Villages, Depopulation of 村莊的人口減少（見 Country）

W

Wages, Effect of competition upon 工資的競爭效果 195

Wakefield, Art of Colonization 威克菲爾德（殖民的藝術）237；（J. S. 彌爾對此的意見）238

War 戰爭（終止）282

Ward, Mrs. Humphrey 韓福瑞・瓦德女士（所有改變都是不斷努力之後才發生）223

Wards 區塊（寬闊大道將市區劃分為）107；（每個區塊可視為一個完整的市區）144；（實務上完成一個區塊後再展開另一個區塊的建造）145

Washington, U. S. A.（美國）華盛頓（的壯麗街道）89

Waste product 廢物（利用）149

Water 水（在鄉村缺水）93；（在倫敦）310；（洪水與水荒）310

Water-supply usually a source of revenue 供水通常是收益來源 172；（新的供水系統）圖（六），圖（七），附錄；（供水系統並非工程的基本部分）310

Water-falls 降水（讓我們創造降水並不會有失體面）319

Watt, Jas. 詹姆士・瓦特（論建構模型的重要性）217

Wealth-forms for the most part extremely ephemeral 大部分極其短暫的財富形式 258；（J. S. 彌爾論財富形式）258；（對財富形式的進一步觀點）262

Westgarth, Mr. William 威廉・衛斯特迦斯先生（提供獎金徵求重建倫敦的論文）298

Wilkinson, Rev. Frome （論對市民菜園收取高額租金）126

Windmills 風車 317

Winter Garden 冬季庭園（見 Crystal Palace）

Women may fill all offices in municipality 女性適合擔任自治市各種公職）218

Work, plenty of （大量）工作 153、207、261、282、297

Workmen's train 工人火車 297

評注索引

Adams, Thomas　湯姆士・亞當斯　325

Adelaide (South Australia)　阿德萊德（南澳）　74、246、285

Administration　行政管理　187-190

agricultural depression 農業大蕭條　98、131

　　reaction to 的反應　133

altruism　利他主義　292

anarchist basis (of Howard's vision)　（霍華德願景中的）無政府主義基礎　187、223

Australia, garden city/suburb development　澳大利亞，田園城市／郊區發展　247

avenues and boulevards　大道和寬闊大道　98

Baker, (Sir) Benjamin　班雅明・貝克（爵士）　134

Balfour, Arthur James 亞瑟・詹姆士・鮑爾福　213

Bellamy, Edward　愛德華・貝勒米　73

Binnie, (Sir) Alexander　亞歷山大・畢尼（爵士）　135

Birmingham　伯明罕　177、304

Blake, William　威廉・布萊克　112、69

Blatchford, Robert　羅伯特・布拉特奇福德　268

Booth, Charles　查爾斯・布茲　160

Boundary Estate (London)　（倫敦）龐德里公寓住宅　97

Bournville (near Birmingham)　邦威爾（鄰近伯明罕）　74、118、160、247

Breheny, Michael　邁可・布罕尼　285

Brentham garden suburb (Ealing, London)　布蘭森田園郊區（伊靈，倫敦）　211

British New Towns 英國新市鎮　112、88

　　financing of 財務　156、131、132、142、156、347

　　and legislation 立法　291

　　locations 位置　157、189、285、286

Buckingham, James Silk　詹姆士・席克・白金漢　74、212、251

Burnham, Daniel　丹尼爾・伯恩漢　114、116

Cadbury, George　喬治・卡德伯里　74、118、247

Calthorpe, Peter　彼得・卡爾索普　285

Cawston, Arthur　亞瑟・凱斯頓　306

Central Park (in Garden City)　（田園城市裡的）中央公園　114

Chamberlain, Joseph　約瑟夫・張伯倫　70、188、304

Chambers's Book of Days　張伯斯的《生活指南》　220

Charterville (Oxfordshire)　查特威爾（牛津郡）　230

colonization schemes　殖民計畫　246

communism　共產主義　229

cooperative enterprises　合作企業　215

cooperative movement　合作社運動　200、210

co-partnerships　合夥　200、211、212

cost-subsidization　成本補貼　141、142

Crystal Palace　水晶宮　115、199

Cumbernauld New Town　康伯諾德新市鎮　338

Darwin, Charles　查爾斯・達爾文　219、249

Davidge, William　威廉・大衛吉　333

Davidson, Thomas　湯姆士・大衛遜　71、251

Davies, Emily　艾茉莉・戴維斯　190、245

de Soissons, Louis　路易士・迪索森　117、328

development land costs　開發土地成本　98、157

development rights, nationalization of　開發權利（國有化）156

Dickens, Charles　查爾斯・狄更斯　174

Difficulties considered　考慮到的困難　229-231

economics, Howard's grasp of（霍華德掌握到的）經濟學　99、198、212、213、264

Edwards, Trystan　崔斯坦・愛德華　335

electricity generation systems　發電系統　177

Emerson, Ralph Waldo　雷夫・瓦爾杜・愛默生　284、320

environmental thinking (of Howard)　（霍華德的）環境思維　270、320

Evans, George Ewart　喬治・艾瓦爾特・伊凡斯　102

expenditure considerations　支出考量　155-178

Fabian Society　費邊學社　69、99、131、213、251、268

factory belt/zone　工廠帶／區　77、118

farmers' markets　農民的市場　189、199

'Farningham, Marianne' (Mary Anne Hearn)　「瑪莉安・費寧漢」（瑪莉・安・赫恩）
248

Farrar, Frederick William (Dean of Canterbury)　腓德列克・威廉・法拉爾（坎特伯里
大教堂主教）　97

financial calculations　財務計算　157、113、157

food, long-distance transport of　食物（的長途運輸）　134

Forest Hills Gardens (New York)　森丘園（紐約）　156
France, garden city/suburbs developments　法國田園城市／田園郊區發展　326

Garden Cities and Town Planning Association　田園城市與都市計畫協會　211、327
Garden City 田園城市
　　administration of　行政管理　187-221
　　commercial changes made to concept　商業改變的想法　113、188、268、324、326
　　conflict between Trustees and Board of Management　信託人與管理委員會之間的衝突　188
　　financing of　財務　78、113、131
　　international developments　國際發展　328-334
　　land prices affected by　受影響的土地價格　78、113、131
　　origin of name　名稱來源　68
　　population limit　人口限制　78、341
　　purchase of land for　購買土地　77、131
　residential density　住宅密度　113
　　size　規模　78、113
term misused　名稱誤用　326
Garden City Association　田園城市協會　57、61、70、323、324
garden suburbs　田園郊區　117、160、201、211、264
Garrett, Elizabeth　伊利莎白‧賈瑞特　190、245
Geddes, Patrick　派崔克‧格迪斯　302
George, Henry　亨利‧喬治　70、270
Germany, garden city/suburb developments　德國田園城市／田園郊區發展　67、231、329-333
Gibberd, (Sir) Frederick　腓德列克‧吉伯特（爵士）　338
Goethe, Johann Wolfgang von　約翰‧沃夫岡‧馮‧歌德　264
Gorst, (Sir) John Eldon　約翰‧艾爾登‧歌爾斯特（爵士）　97
Green, John Richard　約翰‧理查‧格林　96
Greenbelt, Maryland　綠帶城，馬里蘭　334

Hall, Peter, 'social cities' concept　侯彼得的「社會城市」概念　342、343
Hampstead Garden Suburb　漢普斯特田園郊區　201
Hardie, James Keir　詹姆士‧凱爾‧哈迪　99、251
Harlow New Town　哈洛新市鎮　303
Hawthorne, Nathaniel　納撒尼爾‧霍桑　284、320
Hearn, Mary Anne　瑪莉‧安‧赫恩　248
Hellerau Garden City (Germany)　海樂盧田園城市（德國）　67、231、320
Hobson, John Atkinson　約翰‧愛金森‧霍布森　213

'home colonies'「本土殖民地」　71、251

housing cooperatives/communities　住宅合作社／社區　210、215

Howard, Ebenezer　埃伯尼澤・霍華德

　　As Congregationalist lay preacher　作為公理教的俗家傳教士　104

early life　早年生活　70

and economics　與經濟學　99、198、211、213、264

mistrust of State　不信任國家　157、284

Osborn's comments about　奧斯朋的評論　57、70、156、246

Portrait(s) 肖像　57、328

Howard, Elizabeth (Howard's first wife)　伊莉莎白・霍華德（霍華德的第一任妻子）104

Hugo, Victor, Les Misérables　維多・雨果《悲慘世界》　130

Humphry Ward, Mary Augusta　瑪麗・奧古斯塔・韓福瑞・瓦德　229

Hyndman, Henry M.　亨利・韓德曼　69、266、268、272、301

industrial villages　工業村莊　73-74、78、118、159、247、330

interest rates　利率　142

inventions　發明　67、160、230、264

Japan, garden city/suburb developments　日本田園城市／田園郊區發展　332

John Lewis Partnership　約翰・劉易士合夥企業　200

Kelvin, Lord (William Thomson)　凱文勳爵（威廉・唐姆森）　321

Keynes, John Maynard 約翰・梅納德・凱因斯　338

Kidd, Benjamin　班雅明・奇德　266

Kropotkin, (Prince) Peter　彼得・克魯泡特金（王子）　69、73、79、102、132

Labour Party　工黨　268

land municipalizaions　土地市有化　71、159、250

Land Nationalization Society　土地國有化學社　71、75

land reform discussions　土地改革討論　69-71、75、96

land taxation　土地課稅　71

land value, retention by community　土地價值（社區持續持有）　112、115、131、141、155

Lane, William　威廉・蘭恩　231

L'Enfant, Pierre-Charles　皮耶―查爾斯・郎法特　115、117

Letchworth Garden City　列區沃斯田園城市　58、61、63、67、99、131、160、200、210、248、264、268、285、323

　　Central (Urban District) Council members　市議會（都市區域）成員　219

directors' decision on rents　主席對租金的決定　113、188、268

factories　工廠　104、264、265

purchase of land for　購買土地　98、131

Skittles Inn　史濟陀斯客棧　201、326

Letchworth Garden City Heritage Foundation　列區沃斯田園城市襲產基金會　344

Lever, William Hesketh　威廉・海斯吉斯・李佛　77、118、247

Libraries　圖書館　253

Light, (Colonel) William　威廉・萊特（上校）　74、246

local authorities　地方政府

and central government　與中央政府　303、346

conflicts with New Town Development Corporations　與新市鎮開發公司之間的衝突 189

see also municipal administration　（見 municipal administration）

local food production　地方食物生產　134

locational considerations　區位考量　71、99、157

London　倫敦　301-307

growth of　成長　70、291

Kingsway development　國王道開發　201

planning of　計畫　155

slums　貧民窟　97、201

suburbs　郊區　201、302

London Country Council　倫敦郡政府　70、97、155、201、177、304

London School Board　倫敦教育局

Buildings　建築　174

Members　成員　190

Lowell, James Russell　詹姆士・羅素・洛威爾　85、102

Mann, Tom　湯姆・曼恩　99、112、226、268

Margarethenhöhe (Germany)　瑪格麗特高（德國）　330

'marriage' of town and country　城市與鄉村的「結合」　77、104、328

Marshall, Alfred　阿弗雷德・馬歇爾　71、72、99、248

Marshall, Mary Paley　瑪麗・帕禮・馬歇爾　198

Marx, Karl　卡爾・馬克思　68、229、231、268

Metropolitan Board of Works　大都會工程委員會　134、160、304

Migration　移民　71、72、270

Mill, John Stuart　約翰・史陶特・彌爾　68、70、245、248、301

Milton Keynes　彌爾頓・凱因斯　141、142、156、157

Model-city plans　模範城市計畫　71、72、251、247

Morley, John　約翰・莫里　97、210

Morris, William　威廉・莫里斯　68、72、127、268

motor cars, effects of　汽車的影響　115、289、341

municipal administration　自治市的行政管理　187-190、215-219

municipal markets　城鎮的市場　198

municipal ownership　市有　70、72、159、250

mutual aid societies　互助社團　210

neighbourhood units　鄰里單元　115、142、156

Neville, Charles　查爾斯・納維爾　326

Neville, Ralph　雷夫・納維爾　324

New Earswick (near York)　新厄斯威克（紐約）　159、247

New Lanark　新藍納克　159、247

New River (Hertfordshire/London)　新河（赫福德郡／倫敦）　321

New Town Development Corporations　新市鎮開發公司　142、189

New Town Act (1946)　新市鎮法案（1946 年）　291、336、338

New Urbanism　新都市主義　343

New Zealand, colonization of　紐西蘭（殖民）　246

Olmsted, Frederick Law　腓德列克・羅・歐姆斯泰德　115、117

Osborn, Frederic　腓德列克・奧斯朋　335-336

　　portrait(s)　肖像　68

　　quoted　引文　57、112、68、156、336

Ouseley, Gideon Jasper　吉迪恩・賈斯博・奧斯里　286、288

Owen, Albert Kimsey　亞伯特・金賽・歐文　231

Parker, Barry　貝里・帕克　72、115、247、324

Parks　公園　115、302

parkway concept　公園大道的概念　116

Peabody Trust　皮巴迪信託　97

Peacehaven (East Sussex)　安平港（東薩塞克斯）　326

Perry, Clarence　克拉倫斯・培里　115、156

philanthropic institutions　慈善機構　97

Pointe Gourde principle　波音特・郭爾德原則　156

polycentric clusters　多核心群聚　78、284、289、341

Port Sunlight (near Liverpool)　日照港（鄰近利物浦）　71-73、74、159、247

printing history of To-Morrow　《明日田園城市》出版歷史　57、61、67

pro-municipal undertakings　代市政事業　210-215、219

public services, ownership of　公共服務的所有權　177、187、189

public-houses　酒坊　201

Purdom, C. B.　普登　347

Radburn (New Jersey, USA)　雷特朋（紐澤西，美國）　334

Railways　鐵路　118、289、290、304

rates　稅金　135

rent　租金　135

　regular rises in　定期調漲　78、112、187、268

residential density　住宅密度　112、130

retail shops　零售商店　142、198、200

revenue considerations　收益考量　130-142

Richardson, Benjamin W.　班雅明・理查生　130、157

Road works, avoidance of　（避免）道路工程　160

Roberts-Austen, William Chandler　威廉・錢德勒・羅伯茲─奧斯汀　102

Robson, Edward Robert　愛德華・羅伯特・羅伯森　174

Robson, William　威廉・羅伯森　304

Rookwood, Ralph　雷夫・洛克伍德　284、342

Rosebery, Lord　羅斯貝里勳爵　97

Ruskin, John　約翰・羅斯金　72、112、114、301

sanitation, in rural areas　（鄉村地區的）衛生　102

schools　學校　174、175

Schumpeter, Joseph　約瑟夫・熊彼得　266

Scott, Walter　華爾特・史考特　245

Seaside (Florida, USA)　海濱城（佛羅里達，美國）　344

self-build housing　自建住宅　211、340、341

semi-municipal undertakings　半市營事業　198-201、215

settlement size　聚落規模　78、284、341

sewage disposal　汙水處理　251、130、134

Shaw, Albert　亞伯特・蕭　187

Shaw, George Bernard　蕭伯納　68、96、132

Shaw-Lefevre, George John　喬治・約翰・蕭─列斐爾　155

shopping malls　購物中心　113、115

shorthand writer, Howard as　（霍華德擔任）速記員　68、96

sinking fund　償還基金　135、175

social capital　社會資本　219

social cities　社會城市　284-292

Social City　社會城市

　modern realization(s)　在現代的實現　285、342、343

　origin of concept　概念起源　71

　population limit　人口限制　78、284

Social Democratic Federation　社會民主聯盟　70、250、268、301

socialist experiments　社會主義實驗　71、229、230

South Australia, colonization of　南澳大利亞殖民　71、246

Spence, Thomas　湯姆士‧史賓斯　70、72、248、250

Spencer, Henry　亨利‧史賓塞[1]　68、70、72、248

State, Howard's view on　國家（霍華德的看法）　156、284

Stein, Clarence　克拉倫斯‧史坦　115、332、333

Stevenage New Town　史蒂芬尼區新市鎮　286、336

suburbs, spread of　郊區（的擴散）　160、210、302

sustainable urban development　永續都市發展　78、284、341

technological advances　技術進步　269、270

Thatcher, Margaret　瑪格麗特‧柴契爾　142、156、344

Thomas, Ray　雷‧湯姆士　112、288、338

Three Magnets diagrams　三磁鐵圖　75、99、100、264、342

Tillett, Ben　班‧提利特　98、112、268

Tolstoyan community　托爾斯泰式的社區　245

Topolobampo Bay colony (Mexico)　托波洛班波灣殖民地（墨西哥）　230

Town and Country Planning Act (1947)　城鄉規劃法（1947年）　112、156、291

Town and Country Planning Association　城鄉規劃學會　328、339

town estate　都市地產　141-142

town planning, comprehensive　綜合計畫　159

trams　電車　160、177

transcendentalist movement　先驗主義運動　284、302

transport considerations　交通考量　115、116、160、288、304

Tugwell, Rexford　瑞克斯福德‧泰格威爾　333

unemployment, relief of　減輕失業　213、292

United States, garden city/suburb developments　美國田園城市／田園郊區發展　332

Unwin, Raymond　雷蒙‧歐文　72、104、155、210、247、324

urban densities, factors affecting　都市密度（影響因素）　97、157

urban land values, fall in　都市土地價值（下降）　292、303

utilities　設施

　　access to services　接近服務設施　160

---

1. 【譯注】Spencer, Henry 亨利‧史賓塞應為誤植，正確為 Spencer, Herbert 赫伯特‧史賓塞。

provision of　提供　120、177、189
'utopian' communes/communities　「烏托邦」公社／社區　78、284、341、345

Wakefield, Edward Gibbon　愛德華・吉朋・威克菲爾德　70、71、72、246
walking-scale communities　步行尺度社區　78、284、341、344
Wallace, Alfred Russel　阿弗雷德・羅素・華勒斯　70
Ward, Colin, 'social cities' concept　科林・瓦德（「社會城市」概念）　342、343
water supply　供水　102、177、287、324、325
Webb, Beatrice　碧翠斯・韋伯　131、200
Webb, Sidney　席德尼・韋伯　68、131
welfare provision, local　地方福利的提供　78、112、131、345
Wells, H. G.　威爾斯　100、131、289
Welwyn Garden City　威靈田園城市　115、210、285、328-329
Welwyn Garden City Stores　威靈田園城市商店　198、329
Westgarth, William　威廉・衛斯特迦斯　304
Windmills　風車　270、325
women's suffrage　婦女參政權　190、229、245
Wright, Henry　亨利・萊特　332、333
Wythenshawe (Manchester) garden suburb　（曼徹斯特）威森雪爾田園城市　115、328

現代名著譯叢
百年眾望經典‧明日田園城市

2020 年8月初版　　　　　　　　　　　　定價：新臺幣420元
有著作權‧翻印必究
Printed in Taiwan.

著　　　者	Ebenezer Howard	
評 注 者	Sir Peter Hall	
	Dennis Hardy	
	Colin Ward	
譯 注 者	吳　鄭　重	
叢 書 主 編	黃　淑　真	
特 約 編 輯	廖　珮　杏	
校　　　對	馬　文　穎	
內 文 排 版	極　翔　企　業	
經典譯注計劃		
封 面 設 計	兒　　　日	

出　版　者	聯經出版事業股份有限公司	副總編輯	陳　逸　華	
地　　　址	新北市汐止區大同路一段369號1樓	總 編 輯	涂　豐　恩	
叢書主編電話	（02）86925588轉5322	總 經 理	陳　芝　宇	
台北聯經書房	台 北 市 新 生 南 路 三 段 9 4 號	社　　　長	羅　國　俊	
電　　　話	（ 0 2 ） 2 3 6 2 0 3 0 8	發 行 人	林　載　爵	
台 中 分 公 司	台 中 市 北 區 崇 德 路 一 段 1 9 8 號			
暨 門 市 電 話	（ 0 4 ） 2 2 3 1 2 0 2 3			
台中電子信箱	e-mail：linking2@ms42.hinet.net			
郵 政 劃 撥 帳 戶	第 0 1 0 0 5 5 9 - 3 號			
郵 撥 電 話	（ 0 2 ） 2 3 6 2 0 3 0 8			
印 刷 者	世 和 印 製 企 業 有 限 公 司			
總 經 銷	聯 合 發 行 股 份 有 限 公 司			
發 行 所	新北市新店區寶橋路235巷6弄6號2樓			
電　　　話	（ 0 2 ） 2 9 1 7 8 0 2 2			

行政院新聞局出版事業登記證局版臺業字第0130號

本書如有缺頁，破損，倒裝請寄回台北聯經書房更換。　　ISBN　978-957-08-5566-1 (平裝)
聯經網址：www.linkingbooks.com.tw
電子信箱：linking@udngroup.com

國家圖書館出版品預行編目資料

百年眾望經典‧明日田園城市/ Ebenezer Howard著．
吳鄭重譯注．初版．新北市．聯經．2020年8月．392面．14.8×21公分
（現代名著譯叢）

譯自：To-morrow：a peaceful path to real reform.

ISBN 978-957-08-5566-1（平裝）

1.都市計劃 2.區域計劃 2.土地利用

445.1   109009234